石油工程技能培训系列教材

钻井柴油机工

张吉平　主编

中国石化出版社

内 容 提 要

《钻井柴油机工》为《石油工程技能培训系列教材》之一，与《石油钻井工》《石油钻井液工》共为钻井专业技能培训教材。本书共 11 章，分别为：柴油机基础知识、基本结构、钻机动力传动系统、辅助设备及工具、设备安装、使用操作、维护保养、维修调整、修理工艺、调试验收、故障排除等，先理论后实操，先简单后复杂，能够强化读者的动手能力和解决现场实际问题能力。

本书为钻井柴油机技能操作人员技能培训必备教材，也可作为相关专业大中专院校师生的参考教材。

图书在版编目（CIP）数据

钻井柴油机工 / 张吉平主编 . — 北京：中国石化出版社，2023.7

ISBN 978-7-5114-7144-4

Ⅰ . ①钻… Ⅱ . ①张… Ⅲ . ①油气钻井－柴油机 Ⅳ . ① TE924-62

中国国家版本馆 CIP 数据核字（2023）第 121101 号

中国石化出版社出版发行

地址：北京市东城区安定门外大街 58 号
邮编：100011 电话：（010）57512500
发行部电话：（010）57512575
http：//www. sinopec-press. com
E-mail：press@ sinopec. com
北京富泰印刷有限责任公司印刷
全国各地新华书店经销

*

787 毫米 ×1092 毫米 16 开本 21.75 印张 474 千字
2023 年 9 月第 1 版 2023 年 9 月第 1 次印刷
定价：88.00 元

《石油工程技能培训系列教材》编写工作指导委员会

《钻井柴油机工》编审人员

主　编：张吉平

编　写：赵守山　刘东章　潘跃明　李新跃
杨德刚　赵　莉　孟祥卿　袁赞兵
王　斌

审　稿：高　峰　王敦则　曹　靖　杨志杰
周宏宇　乔建华　周永红

序

PREFACE

习近平总书记指出："石油能源建设对我们国家意义重大，中国作为制造业大国，要发展实体经济，能源的饭碗必须端在自己手里。"党的二十大报告强调："深入推进能源革命，加大油气资源勘探开发和增储上产力度，确保能源安全。"石油工程是油气产业链上不可或缺的重要一环，是找油找气的先锋队、油气增储上产的主力军，是保障国家能源安全的重要战略支撑力量。随着我国油气勘探开发向深地、深海、超高温、超高压、非常规等复杂领域迈进，超深井、超长水平段、非常规等施工项目持续增加，对石油工程企业的核心支撑保障能力和员工队伍的技能素质提出了新的更高要求。

石油工程企业要切实履行好"服务油气勘探开发、保障国家能源安全"的核心职责，在建设世界一流、推进高质量发展中不断提高核心竞争力和核心功能，迫切需要加快培养造就一支高素质、专业化的石油工程产业大军，拥有一大批熟练掌握操作要领、善于解决现场复杂疑难问题、勇于革新创造的能工巧匠。

我们组织编写的《石油工程技能培训系列教材》，立足支撑国家油气产业发展战略所需，贯彻中国石化集团公司人才强企战略部署，把准石油工程行业现状与发展趋势，符合当前及今后一段时期石油工程产业大军技能素养提升的需求。这套教材的编审人员集合了中国石化集团公司石油工程领域的高层次专家、技能大师，注重遵循国家相关行业标准规范要求，坚持理论与实操相结合，既重理论基础，更重实际操作，深入分析提炼了系统内各企业的先进做法，涵盖了各相关专业（工种）的主要标准化操作流程和技能要领，具有较强的系统性、科学性、规范性、实用性。相信该套教材的出版发行，能够对推动中国石化乃至全国石油工程产业队伍建设和油气行业高质量发展产生积极影响。

匠心铸就梦想，技能成就未来。希望生产一线广大干部员工和各方面读者充分运用好这套教材，持续提升能力素质和操作水平，在新时代新征程中奋发有为、建功立业。希望这套教材能够在实践中不断丰富、完善，更好地助力培养石油工程新型产业大军，为保障油气勘探开发和国家能源安全作出不懈努力和贡献！

中石化石油工程技术服务股份有限公司

董事长、党委书记

2023年9月

前言

FOREWORD

技能是强国之基、立业之本。技能人才是支撑中国制造、中国创造的重要力量。石油工程企业要高效履行保障油气勘探开发和国家能源安全的核心职责，必须努力打造谋求自身高质量发展的竞争优势和坚实基础，必须突出抓好技能操作队伍的素质提升，努力培养造就一支技能素养和意志作风过得硬的石油工程产业大军。

石油工程产业具有点多线长面广、资金技术劳动密集、专业工种门类与作业工序繁多、不可预见因素多及安全风险挑战大等特点。着眼抓实石油工程一线员工的技能培训工作，石油工程企业及相关高等职业院校等不同层面，普遍期盼能够有一套体系框架科学合理、理论与实操结合紧密、贴近一线生产实际、具有解决实操难题“窍门”的石油工程技能培训系列教材。

在中国石化集团公司对石油工程业务进行专业化整合重组、中国石化石油工程公司成立10周年之际，我们精心组织编写了该套《石油工程技能培训系列教材》。编写工作自2022年7月正式启动，历时一年多，经过深入研讨、精心编纂、反复审校，于今年9月付梓出版。该套教材涵盖物探、钻井、测录井、井下特种作业等专业领域的主要职业（工种），共计13册。主要适用于石油工程企业及相关油田企业的基层一线及其他相关员工，作为岗位练兵、技能认定、业务竞赛及其他各类技能培训的基本教材，也可作为石油工程高等职业院校的参考教材。

在编写过程中，坚持“系统性与科学性、针对性与适用性、规范性与易读性”相统一。在系统性与科学性上，注重体系完整，整体框架结构清晰，符合内在逻辑规律，其中《石油工程基础》与其他12册教材既相互衔接又各有侧重，整套教材紧贴技术前沿和现场实践，体现近年来新工艺新设备的推广，反映旋转导向、带压作业等新技术的应用等。在针对性与适用性上，既有物探、钻井、测录井、井下特种作业等专业领域基础性、通用性方面的内容，也凝练了各企业、各工区近年来摸索总结的优秀操作方法和独门诀窍，紧贴一线操作实际。在规范性与易读性上，注重明确现场操作标准步骤方法，保持体例格式规范统一，内容通俗易懂、易学易练，形式喜闻乐见、寓教于乐，语言流畅简练，符合一线员工“口味”。每章末尾还设有“二维码”，通过扫码可以获取思维导图、思考题答案、最新修订情况等增值内容，助力读者高效学习。

为编好本套教材，中国石化石油工程公司专门成立了由公司主要领导担任主任、班子成员及各所属企业主要领导组成的教材编写工作指导委员会，日常组织协调工作由公司人力资源部牵头负责，各相关业务部门及各所属企业人力资源部门协同配合。从全系统各条战线遴选了中华技能大奖、全国技术能手、中国石化技能大师获得者等担任主编，并精选业务能力强、现场经验丰富的高层次专家和业务骨干共同组成编审团队。承担13本教材具体编写任务的牵头单位如下：《石油工程基础》《石油钻井工》《石油钻井液工》《钻井柴油机工》《修井作业》《压裂酸化作业》《带压作业》等7本由胜利石油工程公司负责，《石油地震勘探工》和《石油勘探测量工》由地球物理公司负责，《测井工》和《综合录井工》由经纬公司负责，《连续油管作业》由江汉石油工程公司负责，《试油（气）作业》由西南石油工程公司负责。本套教材编写与印刷出版过程中得到了中国石化总部人力资源部、油田事业部、健康安全环保管理部等部门和中国石化出版社的悉心指导与大力支持。在此，向所有参与策划、编写、审校等工作人员的辛勤付出表示衷心的感谢！

编辑出版《石油工程技能培训系列教材》是一项系统工程，受编写时间、占有资料和自身能力所限，书中难免有疏漏之处，敬请多提宝贵意见。

编委会办公室

2023年9月

目录

CONTENTS

第一章

柴油机基础知识

PART 1

柴油机是石油钻机的主要动力设备，具有热效率高、结构紧凑、功率范围广，便于拆装、运输等特点，在石油钻井中，柴油机是不可或缺的动力设备。

钻井动力设备随钻井技术的发展而在不断更新进步，油气资源的开发水平取决于钻井工艺的技术水平，而钻井工艺技术水平在一定程度上又依赖于钻井装备和工具的技术水平。柴油机具有热效率高，结构紧凑，功率范围广，便于拆装、运输等特点，目前在石油钻井中，柴油机是不可或缺的动力设备。随着油气勘探难度日益增加，促使各石油公司不得不采取措施降低油气勘探开发成本，依靠科技进步积极采用新技术和新装备，尤其是近年来，在交流变频电驱动钻机、液压驱动钻机、连续管钻机、智能一体化控制钻机以及井下动力钻具等方面均有较大发展。本章仅对石油钻井常用柴油机和网电技术做简要介绍。

第一节　柴油机工作原理

燃料的燃烧必须具备两个条件：一是要有充足的氧气，二是要达到一定的温度。柴油机是通过吸入新鲜空气并使之压缩来满足上述条件的，而且能够连续地对外做功。柴油机通过以下四个环节产生热能对外做功。

1. 进气冲程

将新鲜空气吸入气缸，提供燃烧所需的氧气。

2. 压缩冲程

压缩吸入气缸的空气，使其温度升高，达到燃烧所需的温度。

3. 做功冲程

燃料燃烧，气体膨胀，推动活塞下行对外做功。

4. 排气冲程

将废气排出，为再吸入新鲜空气做准备。

柴油机通过上述冲程的不断循环，产生热能对外做功。柴油机每完成四个冲程称为一个工作循环。

一　四冲程柴油机工作原理

活塞连续运行四个冲程（曲柄旋转两周）完成一个工作循环的柴油机叫作四冲程柴油机。四冲程柴油机的工作原理如图 1–1 所示。

第一冲程：进气冲程。活塞在旋转曲轴的带动下从上止点移动到下止点，这时进气门开启、排气门关闭。随着活塞的不断下移，气缸容积逐渐变大，致使气缸内的气压低于外面的空气压力，在气缸内、外压差的作用下，外面的新鲜空气通过进气门进入气缸，直到活塞移动到下止点位置，这时新鲜空气充满了气缸，如图 1–1（a）、图 1–1（b）所示。

第二冲程：压缩冲程。活塞在旋转曲轴的带动下从下止点移动到上止点，在此期间，进、排气门都处于关闭状态。随着活塞的不断上移，气缸容积逐渐变小，第一冲程吸入的新鲜空气不断被压缩，压力和温度不断升高，直到活塞移动到上止点位置，如图 1–1（b）、图 1–1（c）所示。到压缩终了时，缸内气体温度可达 500 ~ 700℃，柴油喷入后即可自行燃烧（柴油的自燃温度为 200 ~ 300℃）。

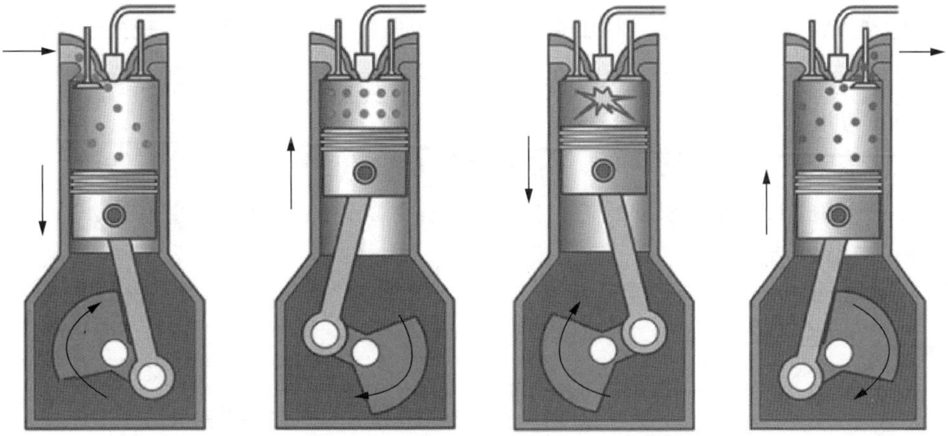

（a）进气冲程　（b）压缩冲程　（c）做功冲程　（d）排气冲程

图 1–1　四冲程柴油机工作原理示意图

第三冲程：做功冲程。在压缩冲程接近终了时，安装在气缸顶部的喷油器，将柴油以雾状喷入气缸。雾状柴油迅速与压缩空气混合，形成可燃混合气体后立即燃烧。燃烧使气缸内空气的温度和压力急剧升高，推动活塞由上止点向下止点移动，通过连杆带动曲轴旋转而对外做功，直到活塞移动到下止点位置，如图 1–1（c）、图 1–1（d）所示。因为柴油机是在这一冲程中把热能转化为机械能，从而对外做功的，所以这一冲程又被称为工作冲程。

第四冲程：排气冲程。活塞在旋转曲轴的带动下，又从下止点移动到上止点，此时进气门关闭、排气门开启。随着活塞的不断上移，气缸容积逐渐变小，迫使燃烧后的废气排出气缸，直到活塞移动到上止点位置，如图 1–1（d）、图 1–1（a）所示。

当排气终了时，活塞又回到了上止点，为下一个工作循环做好了准备。柴油机完成一个工作循环，曲轴旋转 720°。随后，曲轴依靠飞轮的惯性（单缸）继续旋转，工作循环不断进行，实现四冲程柴油机连续对外做功。实际上，进、排气门都必须早开晚关。因此，进气过程和排气过程所占的时间均大于 180° 曲轴转角所用时间，而压缩过程和做功过程所占时间则小于 180° 曲轴转角。

二 多缸柴油机的工作特点

在柴油机的一个工作循环中，只有工作冲程做功，进气、压缩、排气三个辅助冲程不仅不做功，还需要消耗一部分能量以克服进、排气和压缩气体时产生的阻力。各冲程对能量的消耗和获得不同，造成了柴油机运转不均匀。柴油机运转不均匀既无法满足生产的需要，又使各运动件承受冲击载荷，引起运动件的严重磨损，甚至造成破坏。因而，提高柴油机运转均匀性非常必要。

提高柴油机运转的均匀性通常采用在曲轴上安装飞轮和多缸结构的方法。

安装在曲轴上的飞轮利用其转动惯性，可以将柴油机燃烧膨胀过程中的部分能量储存起来，而当其他三个冲程需要能量时再释放出来，这样就提高了柴油机运转的均匀性。

采取多缸结构的柴油机可以利用安装在同一根曲轴上的活塞连杆，把处于不同工作冲程的气缸联系起来，使柴油机运转平稳。常见的多缸柴油机有 2 缸、4 缸、6 缸、8 缸、12 缸、16 缸、20 缸等形式。

多缸柴油机在工作时，同一时刻各缸所处的工作冲程并不相同，它是按照一定的工作顺序，以一定的曲轴间隔角来进行的。根据各缸排列的方式，可分为直列式、“V”形排列式和“W”形排列式等。

第二节 柴油机常用名词术语

柴油机常用名词术语解释如下：

①上止点：活塞离开曲轴中心最远位置时活塞顶相对于气缸的位置。

②下止点：活塞离开曲轴中心最近位置时活塞顶相对于气缸的位置。

③冲程：也叫行程，是活塞从一个止点移动到另一个止点时所经过的距离。用 S 表示，单位为 mm。

④缸径：气缸的直径。用 D 表示，单位为 mm。

⑤气缸工作容积：活塞从一个止点移动到另一个止点所扫过的空间容积。用 V_S 表示，单位为 m^3。

⑥燃烧室容积：活塞位于上止点时，其顶部以上的空间容积。用 V_C 表示，单位为 m^3。

⑦气缸容积：活塞位于下止点时，其顶部以上的空间容积。用 V_a 表示，单位为 m^3。

⑧压缩比：气缸容积与燃烧室容积之比。用 ε 表示，表达式为：

$$\varepsilon = \frac{V_a}{V_C} = \frac{V_S + V_C}{V_C} = 1 + \frac{V_S}{V_C}$$

压缩比的大小标志着柴油机工作时气缸内气体被压缩的程度。压缩比越大，压缩终了时气缸内温度和压力就越高，喷入柴油后越易燃烧，柴油机启动就越容易。一般柴油机的压缩比限定为 13～20。

⑨最大爆发压力：燃料燃烧时气缸内产生压力的最大值。用 p_{max} 表示，单位为 MPa。

⑩发动机排量：各缸工作容积之和。用 V 表示，若用 i 表示气缸数，则 $V=iV_S$，单位为 m^3。

⑪供油提前角：在压缩冲程上止点前，喷油泵出油阀刚刚开始出油时所对应的曲轴转角。

⑫配气相位：用曲轴转角来表示进、排气门的开关时刻与持续时间。

⑬进气门提前角：进气门在上止点前提前打开的时间所对应的曲轴转角。

⑭进气门迟闭角：进气门在下止点后延迟关闭的时间所对应的曲轴转角。

⑮排气门提前角：排气门在下止点前提前打开的时间所对应的曲轴转角。

⑯排气门迟闭角：排气门在上止点后延迟关闭的时间所对应的曲轴转角。

⑰气门间隙：气门在完全关闭状态下，气门杆端面或摇臂横桥端面与摇臂凸头端面的间隙。

⑱临界转速：柴油机曲轴发生共振时的转速。

第三节 常用柴油机

柴油机是石油钻井施工现场常用的动力设备，本节针对现场常用的柴油机的基本性能进行简单介绍。

一 济柴系列柴油机

济柴系列柴油机具有结构紧凑、外形简单、启动迅速、操作容易、维护方便、能在各种野外恶劣环境下作业、用途广泛、使用寿命长等特点，在石油钻井行业得到广泛应用。为满足不同地区、不同用途的特殊要求，济柴系列柴油机在基本型的基础上，通过改变局部结构和性能参数，形成多种机型，其中大部分零件与基本型通用。其技术规格如表 1–1 所示。

表 1–1 济柴系列柴油机技术规格

型号	济柴 Z12V190B	AL 济柴 12V190ZL–2	12V175ZL–1	JC30	JC15
型式	四冲程、直喷式燃烧室、水冷、增压、中冷	四冲程、电控单体泵、水冷、增压、中冷	四冲程、高压共轨、电控电喷、水冷、增压、中冷		
气缸及排列	12 缸 V 型 60° 夹角				6 缸直列 60° 夹角
气缸直径 /mm	190		175	140	
活塞行程 /mm	210	255	190	165	165
压缩比	14：1	14.5：1	16.5：1	16.5：1	16.5：1
总排量 /L	71.45	86.72	54.84	30.4	15.2

续表

型号	济柴 Z12V190B	AL 济柴 12V190ZL-2	12V175ZL-1	JC30	JC15
标定功率 /kW	882	1210	1370	916	457
标定转速 /（r/min）	1500	1000	1500	1500	1500
最低空载稳定转速 /（r/min）	600	600	600	650	650
排气温度（涡轮前）/℃	≤ 600	≤ 600	≤ 680	≤ 640	≤ 640
油底壳润滑油温度 /℃	≤ 90	≤ 90	≤ 95	≤ 105	≤ 105
冷却方式	强制循环水冷				
润滑方式	压力和飞溅复合式润滑				
气缸编号	输出端 1 → 2 → 3 → 4 → 5 → 6 → 7 → 8 → 9 → 10 → 11 → 12				输出端 1 → 2 → 3 → 4 → 5 → 6
发火顺序	1 → 8 → 5 → 10 → 3 → 7 → 6 → 11 → 2 → 9 → 4 → 12 → 1		1 → 11 → 5 → 9 → 3 → 12 → 6 → 8 → 2 → 10 → 4 → 7 → 1	1 → 8 → 5 → 10 → 3 → 7 → 6 → 11 → 2 → 9 → 4 → 12 → 1	1 → 5 → 3 → 6 → 2 → 4 → 1
启动方式	气马达启动或电马达启动（可选配）			电马达启动	
旋转方向	逆时针（面向输出端）				
输出方式	飞轮输出				

二 卡特 3500 系列柴油机

卡特 3500 系列柴油机于 1980 年投入使用，用来替代服役 20 年之久的 D399 柴油机，卡特 3500B/C 系列柴油机是在 3500 柴油机基础上优化设计的，引进了先进的电喷技术，具有更低的尾气排放，提高了燃油经济性和输出功率，以及诊断和检测性能。其技术规格如表 1–2 所示。

表 1-2　卡特 3500B/C 系列柴油机技术规格

项目	3508B/C 柴油机	3512B/C 柴油机	3516B/C 柴油机	3516B/C HD 柴油机
额定转速 /（r/min）	1000 ～ 1800			
气缸及排列	60° 度 V 型 8	60° 度 V 型 12	60° 度 V 型 16	
缸径	170mm（6.7in）			
冲程	190mm（7.5in）			215mm
压缩比	14 : 1			15.5 : 1
吸气	涡轮增压式			
涡轮增压空气的冷却方法	独立回路后冷（可选）			
	水套水后冷			
每缸排量	4.3L（$262in^3$）			4.8L（$298in^3$）

续表

项目	3508B/C 柴油机	3512B/C 柴油机	3516B/C 柴油机	3516B/C HD 柴油机
总排量	34.5L（$2105in^3$）	51.8L（$3161in^3$）	68.8L（$4198in^3$）	76.8L（$4687in^3$）
旋转方向（飞轮端）	标准选项为逆时针方向			
	顺时针方向为可选项			
发火顺序	1—2—7—3—4—5—6—8	1—12—9—4—5—8—11—2—3—10—7—6	1—2—5—6—3—4—9—10—15—16—11—12—13—14—7—8	
燃油喷射方法	电子燃油喷油器			
启动方法	空气马达启动			
	电马达启动			
排气背压（设计）	2.5kPa（$10inH_2O$）			
最大允许背压	5kPa（$20inH_2O$）			
最大进气阻力	6.2kPa（$25inH_2O$）			

卡特系列柴油机的排列形式，从功率输出端向自由端看，左手侧为左列，右手侧为右列，先依次从右列自由端向功率输出端编号，再依次从左列自由端向功率输出端编号，右列为奇数缸，左列为偶数缸。面对气缸，左手侧为排气阀，右手侧为进气阀。

三 卡特 C15、C18 系列柴油机

C15、C18 系列柴油机是卡特彼勒公司研发的中小型柴油机，直列六缸、水冷、四冲程、闭式循环水冷、每缸四气门、废气涡轮增压、空气中冷，直喷式燃油系统，具有结构紧凑、运行可靠、体积小、功率大等优点。目前油田在用的珀金斯 2806C、威尔信等柴油机与卡特 C 系列柴油机相似，多数配件、附件可以通用，本书不做具体介绍。技术规格如表 1–3 所示。

表 1-3　卡特 C15、C18 系列柴油机技术规格

项目	主要技术参数	
型号	C15	C18
型式	四冲程，液体冷却，直列 6 缸	
吸气方式	废气涡轮增压	
缸径 /mm	137.2	145
气缸数	6	
冲程 /mm	171.4	183
压缩比	16.1：1	16.3：1
单缸气门数	4	
标定功率 /kW	403	470
标定转速 /（r/min）	1500	
扭矩储备	34.4%	29.5%

续表

项目	主要技术参数	
最大扭矩转速（r/min）	1400	
燃油消耗率 /（g/kW·h）	223	229
进气阻力 /kPa	3.7	
排气背压 /kPa	＜10	
标定柴油压力 /kPa	640	650
标定润滑油压力 /kPa	450	500
怠速润滑油压力 /kPa	215	180
润滑油温度 /℃	113	
标定工况环境温度 /℃	43.3（max）	
增压器进气温度 /℃	48（max）	
中冷器出口温度 /℃	49	
建议散热系统压力 /kPa	48	
冷却液允许温度 /℃	104（max）	
节温器开启温度 /℃	87	
节温器全开温度 /℃	98	98
柴油回油管路阻力 /kPa	＜27	＜52

四 沃尔沃系列柴油机

沃尔沃柴油机制造厂是瑞典最大的工业企业，有 120 多年历史，沃尔沃系列柴油机常作为辅助柴油发电机组使用，具有体积小、重量轻、功率大的特点，被广泛应用于汽车、工程机械、轮船等，更是发电机组的理想动力。

沃尔沃系列柴油机性能特点如下：

1. 直列六缸、水冷、四冲程、闭式循环水冷、四气门、废气涡轮增压、空气中冷，直喷式燃油系统，具有运行可靠、体积小、功率大等优点。

2. 柴油机设计安装简便、经济性良好、运行平稳、振动小、噪声低、首次大修周期长（超过 25000h）。

3. 柴油机配置活塞冷却，气缸和燃烧室工作温度受控，湿式可更换缸套，带阻火台肩，使气缸头抗高温。铸铁缸体优化力分布、氮—碳处理曲轴及传动齿轮适合重载运行，曲轴上有 7 个轴承以降低主轴承的负荷。

4. 先进的燃油喷射和低流阻的进气系统，燃烧充分、油耗低，达到了欧Ⅱ及欧Ⅲ环保标准，同时大大降低了在高原地区使用的功率损耗，在海拔 5000m 地区功率仅损耗 16%。

5. 高智能化的柴油机管理系统（EDCIII 及 EMS2）使油耗更低（平均 198g/kW·h），具有同一台机组 50Hz 和 60Hz 的频率转换功能，以及先进的故障诊断、更完善的保护和跟踪功能，同时提供了标准的 CAN SAE J1939 通信接口。

沃尔沃系列柴油机具体参数如表 1–4 所示。

表 1–4　沃尔沃系列柴油机参数

机型	TAD1232GF	TAD1631GE	TAD1641GE
气缸排列	直列	直列	直列
气缸数	6	6	6
缸径，冲程 /mm	130.17，150	144，165	144，165
活塞排量 /L	11.98	16.12	16.12
压缩比	14 : 1	15 : 1	16.5 : 1
柴油机转速 /（r/min）	1500	1500	1500
额定功率 /kW	323	400	400
燃油消耗率 /（g/kW・h）	208	212.1	213
润滑油消耗率 /（g/kW・h）	0.45	0.12	0.12/0.13
冷却方式	强制水冷	强制水冷	强制水冷
润滑方式	压力和飞溅	压力和飞溅	压力和飞溅
启动方式	电或气启动马达	电启动 DC24V.	电启动 DC24V.
曲轴转向（面向飞轮端）	逆时针	逆时针	逆时针
发火顺序	1–5–3–6–2–4	1–5–3–6–2–4	1–5–3–6–2–4
质量 /kg	1250	3455	3678

第四节　柴油发电机组

柴油发电机组是一种能源转换设备，它是将热能（燃油燃烧）转化为机械能（发动机旋转），再将机械能转换为电能的设备，集柴油机、发电机和自动控制等多个学科技术于一体，燃油是原料，电能是产品。本节对钻井现场常见发电机组进行简单介绍。

一　柴油发电机组的结构

柴油发电机组是内燃发电机组的一种，一般由柴油机、三相交流同步发电机和控制系统（包括自动检测、控制及保护装置）等组成一个完整的供电系统，是一种机电一体化设备，柴油发电机组可以单台自成体系独立发电、供电，也可多台柴油发电机组并列发电、供电。

（一）同步发电机结构

三相同步发电机的基本结构包括定子和转子两大部分。三相同步发电机主要结构如

图 1–2 所示。

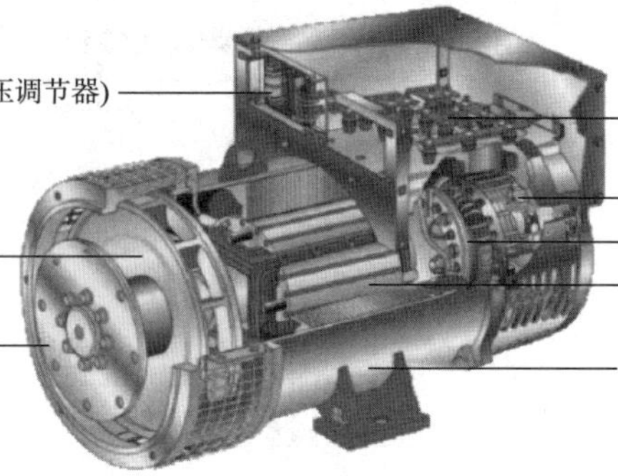

图 1–2　三相同步发电机的结构

1. 定子

定子又称电枢，主要由机座、端盖、定子铁芯、电枢绕组以及固定结构件组成。

（1）机座

机座是发电机的支架，用铸铁制成。机座的内圆安装定子铁芯，两端的止口安装端盖，上部吊环供吊装用，下部底脚圆孔处安装螺栓，机座一侧的方孔安装接线盒，机座上的接地螺栓安装接地线。

（2）端盖

端盖分前端盖和后端盖，用铸铁制成。端盖安装在机座两端的止口上，靠止口保证电机的同心度。端盖上留有通风窗和过滤网，便于散热、保养和防止杂物侵入。端盖中央的圆孔安装轴承。

（3）定子铁芯

定子铁芯是电机的磁路部分，采用硅钢片叠压而成。硅钢片双面涂有绝缘漆，以减少涡流损耗。钢片内圆冲槽，供安装电枢线圈用，整个电枢铁芯安装在机座内。机座与铁芯之间留有通风道便于散热。

（4）电枢绕组

电枢绕组是用漆包铜线绕制的，是电机的电路部分。电枢绕组分三组，每组为一相，起始端分别以 A、B、C 表示，末端分别以 X、Y、Z 表示。为了保证各相电势对称（幅值和频率相同，相位互差 120°），三相绕组应为对称绕组（绕组的几何形状、尺寸、匝数均相同，起始端和末端在空间互差 120°）。

2. 转子

转子由转子铁芯、转子绕组、滑环、转轴、风扇、护环、中心环等部件组成。按照磁极的形状，可分为隐极式和凸极式两种。隐极式转子做成圆柱形，磁极不凸出。凸极式转子磁极凸出。

（1）转子铁芯

转子铁芯是电机的磁路部分，采用硅钢片叠压而成。转子铁芯用螺栓固定在磁轭上，磁轭由整块低碳钢制成，通过钢键套在轴上。

（2）转子绕组

转子绕组又称励磁绕组，作用是产生主磁场，是用漆包扁铜线绕制的，安装在铁芯上。铁芯与绕组用绝缘垫隔开，相邻线圈之间绕向相反，每组线圈串联，引出两个头，分别接在两个滑环上。

（3）滑环

两个铜质滑环彼此绝缘地安装在转轴上，作用是把直流电流引入转子线圈。

（4）转轴

钢制转轴通过轴承坐落在端盖上。转轴中间装有磁辗、转子铁芯、转子线圈和滑环；前端装有离心式风扇，后端与励磁机的转轴相连（他励式）。

（5）风扇

风扇是用薄钢板加工成的，安装在转轴上（前端盖内侧），随转轴旋转，将热量散发出去，冷却发电机。

（二）同步发电机工作原理

同步发电机的工作原理是电磁感应定律：穿过闭合导体回路所包围面积的磁通量发生变化时，在回路中会产生感应电动势，而感应电动势的大小总是与磁通量对时间的变化率成正比。

简单的同步发电机工作原理如图 1–3 所示。直流励磁机供给的直流电流通过电刷和集电环输入转子绕组（也叫励磁绕组），以产生磁场。定子槽的 3 个结构相同的绕组（AX、BY、CZ，A、B、C 为绕组始端，X、Y、Z 为绕组的末端）空间位置相差 120°。

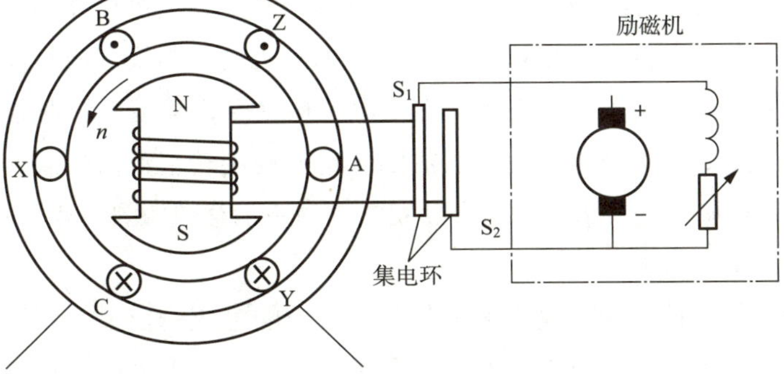

图 1–3　同步发电机工作原理图

当原动机（柴油机）拖动发电机转子和励磁机旋转时，励磁机输出的直流电流流入转子绕组，产生旋转磁场，磁场切割三相绕组，产生 3 个频率相同、幅值相等、相位差为 120° 的电动势。将电枢绕组接成星形，并接上三相对称的负载，在电路中就会产生对称的三相电流。在转速不变（频率不变）的情况下，改变发电机励磁电流的大小，就可以调节发电机输出电压的大小。

（三）同步发电机的额定值

额定容量：指出线端输出的额定视在功率，额定功率指发电机输出的额定有功功率。对于同步发电机，通过额定容量可以确定额定电流，通过额定功率可以确定配套的原动机的容量。

额定电压：指额定运行时发电机定子绕组的三相电压值，同步发电机在额定电压下运行，绕组的温升不超过允许的范围。

额定电流：指发电机以额定功率运行时，流过定子绕组的电流。

额定效率：指电机以额定功率运行时的效率，即发电机有功输出功率和有功输入功率之比。有功输出功率等于有功输入功率减去发电机总消耗。

额定功率因数：指在额定运行时，发电机有功功率和额定容量的比值，即每相定子电压与电流之间相位差的余弦值。

额定频率：指在额定运行时交流电的频率，单位为 Hz（赫兹）。我国规定交流电频率为 50Hz。

额定转速：指发电机在额定运行时，每分钟的转速数，单位为 r/min（转 / 分）。

额定励磁电压：指发电机在额定运行时，所需要的励磁电压，单位为 V（伏）。

额定励磁电流：指发电机在额定运行时，流过励磁绕组的电流，单位为 A（安）。

（四）同步发电机的调控

1. 同步发电机转子的励磁

励磁就是向同步发电机转子提供直流电使其产生直流电磁场的过程，通常是通过励磁机实现的。励磁机就是个小发电机，它的工作原理与同步发电机一样，不同的是它的定子线圈和转子线圈的作用与同步发电机正好相反。励磁机的定子线圈通常以直流电形成直流磁场，转子线圈成为输出电动势的电枢。在发电机启动时，励磁机的直流电由 24V 外接电源提供，启动完成后，由主发电机定子线圈输出电压经旋转整流器整流后提供，从而达到对主发电机转子线圈励磁的要求。无刷自励发电机励磁示意图如图 1–4 所示。

2. 同步发电机输出电压的调控

调控电压的目的是使同步发电机额定负荷下输出的电压值稳定。调控技术的理念是实时监测主发电机电枢的电压和电流，经整流和负反馈调理后提供给励磁机的定子线圈，使其产生与主发电机输出电压变化规律相反的直流电磁场，这个磁场也必然使励磁机的输出电压及电流按同样的规律变化，从而实时调节主发电机转子磁场强弱，确保主发电机输出电压稳定。调节过程如下：

负荷增加使主发电机电枢电压（下降）→经负反馈调理后励磁机定子电流及磁场上升→励磁机转子电枢输出电压上升→旋转整流器输出电流上升→主发电机转子磁场上升→使主发电机电枢电压上升。

若主发电机电枢电压升高，则过程相反。因此通过励磁机实时调控主发电机转子磁场

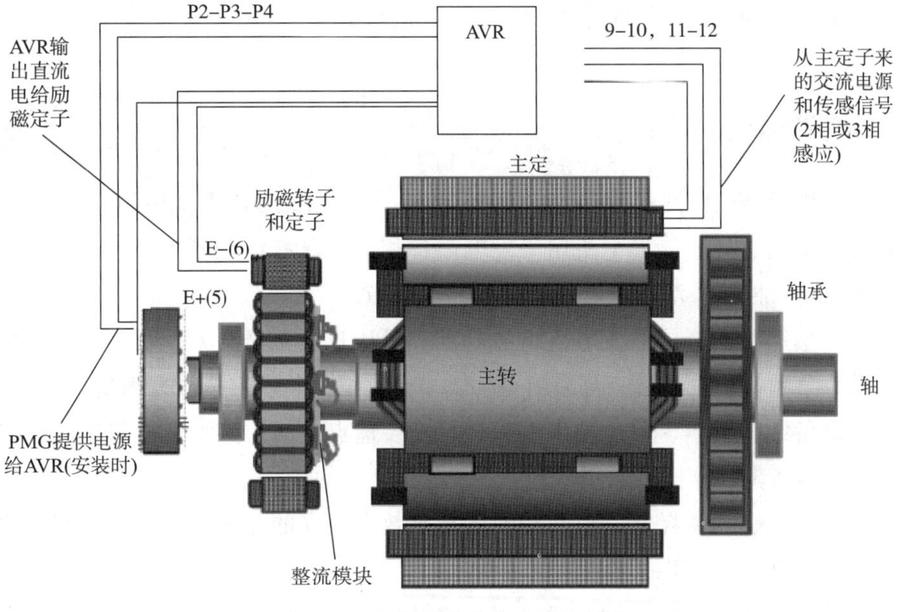

图 1-4　无刷自励发电机励磁示意图

的大小，就可以保证主发电机输出的电压稳定。在同步发电机输出电压调控中起重要作用的是负反馈调节单元，通常称其为恒压励磁装置和自动电压调节器（AVR）。AVR 的工作原理如图 1-5 所示。

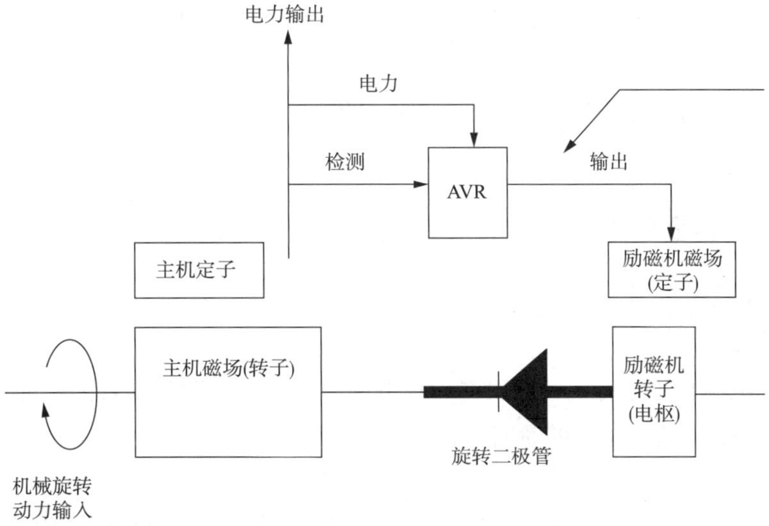

图 1-5　AVR 工作原理

现代交流同步发电机常用 AVR 来调节励磁机定子磁场的强弱。AVR 的作用是实时对主发电机的输出电压值与预先设定的值进行比较，用比较的结果去调节脉冲宽度调制器（PWM）。输出电压值高则将输出脉冲宽度调窄，反之则调宽，再根据脉冲值调控大功率开关器件（三极管或场效应管）控制送入励磁机定子线圈电流的时间，从而使它的磁场随主发电机输出电压的变化而反向变化，即输出电压升高则励磁机定子磁场减小，输出电压降低则励磁机定子磁场增强，从而达到负反馈调控的目的。

二 柴油发电机组的特点

柴油发电机组是以柴油机为动力的发电设备，与常用的蒸汽发电机组、水轮发电机组、燃气涡轮发电机组、原子能发电机组等发电设备相比，具有结构紧凑、占地面积小、热效率高、启动迅速、控制灵活以及燃料储存容易等优点。

①单机容量等级多，柴油发电机组的单机容量从几千瓦至几万千瓦不等。采用柴油发电机组作为应急和备用电源时，可采用一台或多台机组，装机容量根据需要灵活配置。

②配套设备结构紧凑、单位功率重量轻、安装地点灵活。柴油发电机组的配套设备比较简单、辅助设备少、体积小、重量轻。

③热效率高，燃油消耗低。目前柴油机是热效率最高的热力发动机，其有效热效率为30% ~46%，柴油发电机组的燃油消耗较低。

④启动迅速。柴油机的启动一般只需几秒钟，在应急状态下可在45s内达到全负载运行；正常工作状态下在5~30min达到全负载。柴油机的停机过程也很短，紧急状态可即时停机，正常状态的停机过程不超过3min，可以频繁启停。所以柴油发电机组很适合作为应急发电机组或备用发电机组。

⑤维护操作简单，所需操作人员少，在备用期间的保养简洁。

⑥钻井用柴油发电机组具有较高的供电可靠性和自动化功能，一般装有自动调速和手动微调装置。

⑦柴油发电机组的购置与发电的综合成本最低。

三 柴油发电机组的分类

1. 按用途分类

（1）常用机组

这类发电机组常年运行，一般设在远离电网的地区，一般容量较大，可对非恒定负载提供连续的电力，对连续运行的时间没有限制。

（2）备用机组

在电网断电时，为保证用户的基本生产和生活而设置的发电机组。常设在电信部门、医院、市电供应紧张的工矿企业、机场和电视台等重要用电单位。

（3）应急机组

对电网突然中断将造成较大损失或人身事故的用电设备，常设置应急发电机组进行紧急供电。这类机组应能在电网突然中断时，迅速启动运行，并在最短时间内向负载提供稳定的交流电源，这种机组自动化程度要求较高。

（4）移动机组

移动机组就是没有固定的使用地点，可以随时随地转移使用的发电设备。柴油发电机组因轻便灵活、易操作，而成为移动机组的首选。

2. 按控制方式分类

柴油发电机组按控制方式可分为手动控制、自动控制、远程控制 3 种类型。

（1）手动控制机组

手动控制的柴油发电机组要求操作人员在现场进行启动、合闸、分闸、停机等操作。

（2）自动控制机组

自动控制的柴油发电机组一般作为备用机组，具有自动启动、运行、停机的功能。

（3）远程控制机组

远程监控自动化柴油发电机组，俗称“三遥”机组或带智能接口机组。采用微机控制技术，对柴油发电机组实行全面自动控制，并由串行通信接口（RS232、RS485 或 RS422）对分散于各处的机组进行实时的遥控、遥信、遥测，从而实现无人值守。可用于石油勘探海上钻井平台和陆地钻机的远程遥控启停。

石油勘探行业中，因钻井工况不同，负载不断变化，有时需多台机组并车运行。并车机组采用先进的全自动并车控制系统，实现机组与机组的自动同步并联，联合对负载供应电力。

3. 按外观构造分类

柴油发电机组按外观构造可分为基本型机组、防音型机组、挂车机组、车载机组、集装箱（又称方舱）机组等五种类型机组。

（1）基本型机组

基本型机组就是与发电机组配套运行的最基本的机组。

（2）防音型机组

防音型机组与基本型机组的本质区别是机组外部加装了金属防音箱，消声器内置，降低了机组噪声。适用于要求噪声低的特殊场合，如办公地点、学校、医院等。

（3）挂车机组

在防音型机组的基础上加装拖车，实现机组的便捷式移动，普遍应用于城市范围内的短距离应急供电。

（4）车载机组

将整台基本型机组安装在汽车车箱内，箱体做隔音降噪处理，是专门为远距离应急供电而制造的机组。

（5）方舱机组（电站）

方舱（集装箱）机组是将整台基本型机组安装在方舱内，专门为野外工程建设供电而设计制造的机组，机组功率一般在 500kW 以上。

四 钻井常用三相同步发电机

1. 西门子发电机

西门子发电机的主要特点：体积小、重量轻、凸极转子、无刷结构、八角造型；使用电子式、数字式电压调节器；采用 H 级绝缘系统；效率平均提高 2%；外置旋转整流单元（方便维护）；功率范围大。西门子发电机可单机运行也可与另一台或多台相似的发电机并联运行，适用于陆用、船用及特殊用途，在恶劣的环境下，具有优良的性能和较高的可靠性。

1FC2 系列发电机是按德国西门子生产许可证制造的、能满足陆用和船用要求的新型发电机，可以与 12V175 系列柴油机配套组成各种用途的发电机组。

1FC2 系列发电机为旋转磁极式隐极同步发电机，采用无刷励磁方式，F 级绝缘。主要由主机、励磁机和励磁系统三大部分组成。

①主机电枢绕组采用独特的绝缘处理工艺，具有可以在潮湿、霉菌、盐雾、油雾以及冲击、振动、高温等恶劣环境下正常运行的特点。主机转子绕组端部采用高强度玻璃钢预制环加机械保护，提高了可靠性。主机的励磁绕组由励磁机的转子绕组经旋转的三相桥式整流器供电。

②励磁机为旋转电枢式的凸极同步发电机，定子上有主磁极，并安装有主极线圈，转子上嵌有交流电枢绕组，通过与其同轴的旋转整流器变为直流进入主机转子绕组中为主机励磁。

③励磁系统为 DECS-100 型励磁系统。主要包括四个运行模式、四个保护功能、启动控制、无功补偿、低频补偿以及可选的电压匹配等。

DECS-100 型励磁系统通过检测发电机的输出电压，调整输出的励磁电流，使发电机的输出电压保持在给定值。给定值可以通过增 / 减输入接点、辅助输入或 BESTCOMS 软件调整。给定值在某些情况下也可能受到调差功能或低频率功能的影响。

手动模式，也称为励磁电流调节（FCR）模式，DECS-100 型励磁系统使励磁电流保持在一定的等级。电流等级给定值为 0 ~ 7Adc，可以通过增 / 减输入接点、可选的辅助输入或 BESTCOMS 软件调整，步长为 0.1Adc。

1FC2 系列发电机通过可控硅电压调节器调节发电机电压，使之符合所选择的给定值。发电机为稳定状态，负载变化从空载到额定负载，功率因数 0.7 ~ 1，在这样的条件下，发电机的设计和调整允许通过给定值调节电位器使其端电压在额定电压的 ±5% 的范围内不断地变化。如果发电机超出额定电压 $U_n \pm 5\%$ 的范围运行，则降低发电机的输出功率。如果将转速降低，则允许发电机在空载下自由运行。

发电机的有功功率由原动机的调速器调节。原动机的速度特性应是线性的，从额定负载至空载至少上升 2%，但不大于 5%。

如果发电机带有压降特性调节装置，就能与其他发电机或电网并联运行。

如果发电机是单机运行，不需要压降特性调节装置，只要将相应的电流互感器副边短路，或将控制器的电位器 S 调到左边的极限位置，即可使其失去推动作用。

如果几台发电机的中点连接在一起，或与变压器和负载的中点直接连接，就有可能产生三次谐波电流，可用仪表接入发电机中线测量这种电流在各种负载下的大小。为了防止发电机过热，这种电流不能超过发电机额定电流的 50%。电流过大应安装中性电抗器或类似设备加以限制。

2. 马拉松发电机

MX 系列无刷三相交流同步发电机是马拉松电气公司开发的带有永磁发电机励磁系统和配有首创的数字式调压器的发电机，是传统发电机与现代技术相结合的新产品。马拉松发电机体积小、重量轻、操作简便，可与多种类型柴油机配套组成各种型号发电机组。

马拉松发电机具有优良的电气性能：

①稳态调压率≤ 1%。

②瞬态调压率≤ 20，–15%U_n（60%In.cosΦ ≤ 0.4 滞后）。

③电压调节范围＞ ±10%U_n。

④线压波形正弦性畸变率＜ 5%。

⑤热偏差为零（极微）。

马拉松发电机具有独特的设计结构：

①发电机为全防护结构，内部通风散热，结构独特，铝合金风扇，通风效率高，温升低。

②无刷励磁方式，配有固态电压调压器，调压器具有低速保护、电磁干抗抑制、过励关断等功能，且带有稳定性调节和电压幅度调节。

③整体凸极转子结构，阻尼绕组与转子铁芯连为一体，磁场绕组用热固性环氧树脂填充，有较高的机械和电气强度。

④旋转整流器位于励磁机转子外侧，便于维修。

⑤出线盒宽敞，内部可加装各种器件。

⑥绕组绝缘等级为 H 级。

⑦可提供用于并联运行的模块及附加装置。

⑧发电机分单轴承和双轴承两种。单轴承带有国际标准的 SAE 接口和联轴器片，能与各类进口柴油机配套；双轴承可与国内各种柴油机配套，按要求配置各种尺寸的凸止口。

3. 卡特 SR4/SR4B 发电机

卡特 SR4/SR4B 发电机是一种无刷式三相交流同步发电机，具有全波励磁自动调节系统，能保证稳定的电压输出，装置多种故障监测、报警和保护装置，适用于交流电压 400V/480V、600V/690V，50Hz/60Hz 的电力系统，常见的有 4 极、6 极发电机。励磁部分取消了电刷，维修工作减少，可靠性提高，使用寿命延长。SR4/SR4B 发电机广泛应用于电动机和照明混合负载、电子控制设备、计算机中心、通信设备及石油钻探等方面。卡特 SR4/SR4B 发电机结构如图 1–6 所示。

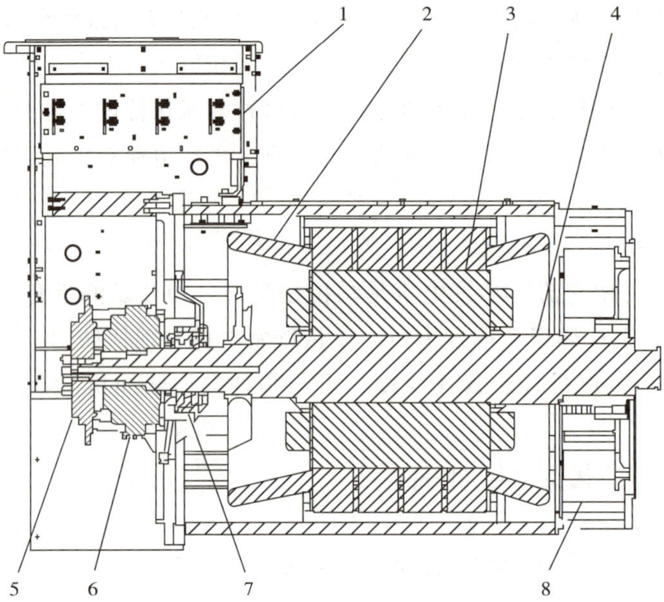

图 1-6　卡特 SR4/SR4B 发电机结构图

1—发电机接线端子；2—主电枢（定子）；3—主励磁线圈（转子）；
4—转子轴；5—永磁铁副励磁机；6—励磁机；7—轴承；8—风扇

第五节　石油钻机网电应用技术

石油钻井以柴油动力为主的钻井生产方式，越来越不能满足油田生产开发需求以及节能减排、低碳环保的要求，将网电技术引入石油钻井工程作业，用电网供电能够代替传统的柴油动力，满足钻井需求。与此同时，高压电网还具有供电稳定、无噪声、无烟气、价格低廉等优势，能够在一定程度上规避石油钻井作业的安全问题和环境污染问题，最终使石油钻井工程创造较高的经济效益和社会效益。

一　电动钻机网电供电系统

网电技术应用到电动钻机网电供电系统的目的是科学合理地改造电动钻机供电系统，达到节能减排、降耗增效的效果。

一是在原有的电动钻机供电系统基础上，增加一套移动式变配电系统，使之能够将油田电网的 35kV、10kV、6KV 的高压交流电通过变压器调整至电动钻机电控系统所需的 600V 低压交流电，并与 SCR 房或 VFD 房的动力相连接。

二是为了避免电网供电过程中出现电网内高频次谐波的现象，同时为了降低钻井运行成本，还应合理设置无功补偿及谐波抑制装置，以此来提高电能质量。

二 机械/复合钻机网电供电系统

1. 钻机原驱动方式机械部分改造

合理地设置柴油机、电动机并车驱动泥浆泵、绞车和转盘。比如用 2 台 800kW 或 1000kW 电动机 + 调速型液力耦合器，替代 2 台柴油机 + 液力耦合器，保留一台柴油机 + 液力耦合器作为网电停电时应急使用，井场和生活用电由网电电控房内的 400V 变压器供给，也可以使用辅助发电机给钻机各电器和生活区提供电能。

2. 电气部分

对油田区域电网实际情况加以了解，确定电网设有 35kV、10kV、6kV 三种电压。移动式变配电系统的运用，能够将电压变成 600V，使用电动机和调速型液力耦合器或电动机直驱方式为钻机持续提供动力。为了防范工业电网停电的情况，利用原有辅助发电机组，以便其能够在停电时为钻井 MCC/VFD 系统供电满足钻井运行需求。

目前常使用的网电电机有直流电机和交流变频电机，网电钻机改造前期使用的变频异步交流电动机加可调速型耦合器模式因起动电流大，对电网冲击较大等因素逐渐被淘汰。

思考题

1. 柴油机是如何由燃料燃烧产生热能对外做功的？
2. 本单位常见柴油机的主要技术规格有哪些？
3. 柴油发电机组主要有哪些特点？
4. 柴油发电机组的技术标准与性能有哪些？

扫一扫
获取更多资源

第二章

柴油机基本结构

PART 2

柴油机一般由机体、曲柄连杆机构、配气机构与进、排气系统、燃油供给系统、润滑系统、冷却系统、启动系统、增压系统和其他辅助系统组成。目前石油钻机常用的柴油机品牌有济柴系列、卡特系列、珀金斯系列、沃尔沃系列、MTU 系列、康明斯系列。本章以济柴 190、175 系列和卡特 3500B/C 系列为例对柴油机各系统及部件进行介绍。

第一节　机体组件

机体组件是柴油机的骨架，是运动件和辅助系统的支撑，主要由机体、气缸体、气缸盖等零部件组成。

一 机体

（一）功用

①支持运动件，使它们工作时保持正确位置。

②加工有燃油通道、润滑油通道、冷却液通道，保证有关零件在工作时必要的冷却与润滑。

③安装柴油机各辅助系统。

④作为柴油机使用和安装时的支撑。

（二）结构形式

机体一般采用铸铁制成，也有的采用铝合金铸造或钢板焊接制成，由气缸体和曲轴箱两部分组成。按其两者结合的形式不同，可分为整体式和分开式两种。

1. 整体式

气缸体与曲轴箱是一个整体。整体式机体的特点是结构紧凑、刚性好，但加工制造困难。

2. 分开式

气缸体与曲轴箱分开制造，然后安装在一起，分开式机体的特点是加工制造方便，但结构复杂，刚性差。

济柴 190 系列柴油机采用了龙门式、整体铸造机体，用高强度铸铁制成，左右两排气缸体呈“V”形排列，夹角为 60°。如图 2-1 所示。

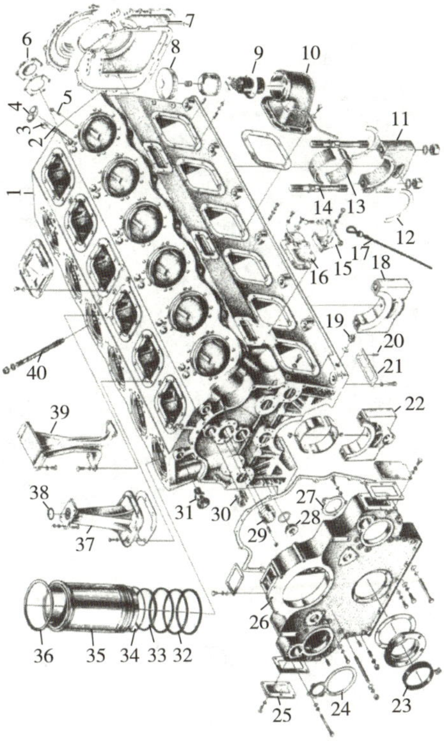

图 2–1　济柴 190 系列柴油机机体组件

1—机体；2—挺杆孔衬套；3—组合密封垫；4—节流阀；5—串水管；6—止推片；7—飞轮端罩壳；8—呼吸器滤芯；9—呼吸器体；10—启动马达支架固定螺栓；11—垫片；12—离心滤清器管接；13—冷却液通道板架；14—燃油滤清器支架；15—主轴承螺栓；16—主轴瓦；17—止推主轴承盖；18—主轴承盖；19—自由端主轴承盖；20—侧盖；21—齿轮罩壳垫片；22—齿轮罩壳；23—油封；24—凸轮轴轴瓦；25—垫圈；26—主油道螺堵；27—摇臂轴套；28—起重吊挂；29—冷却液密封圈；30—矩形冷却液密封圈；31—缸套上密封圈；32—气缸套；33—气缸盖垫片；34—气缸盖螺栓；35—垫片；36—观察盖；37—排气总管支架；38—密封圈；39—增压器支架；40—凸轮轴端盖

卡特 3500B/C 系列柴油机缸体材质为灰口铸铁合金，结构坚固，重量较轻。“V”形排列成 60° 夹角。每一个主轴承盖上有四个螺栓将其固定到机体上。每一缸都有独立的缸盖，缸盖底面与缸体上端面之间有隔板和缸盖密封垫，每个缸体上端面设有 4 大 4 小冷却液孔，由骨架橡胶走水圈密封。凸轮轴安装在机体左右两侧缸盖支撑平面下方。

济柴 175 系列柴油机机体采用龙门式、悬挂主轴承结构形式，机体材料为灰口铸铁（见图 2–2）。

二　气缸体

多缸柴油机的各气缸通常铸成一个整体，简称气缸体。它是内燃机的主体，是安装其他零件和附件的支撑骨架。根据其冷却方式，可分为风冷式和冷却液冷却式气缸体两种，石油钻井常用柴油机为冷却液冷却式。

冷却液冷却式气缸体是依靠流经气缸体内部的冷却液进行冷却，这种形式的气缸体内部都铸有冷却液腔，冷却液腔有两种形式：一种是整个气缸套座孔内为一整体空腔，与气

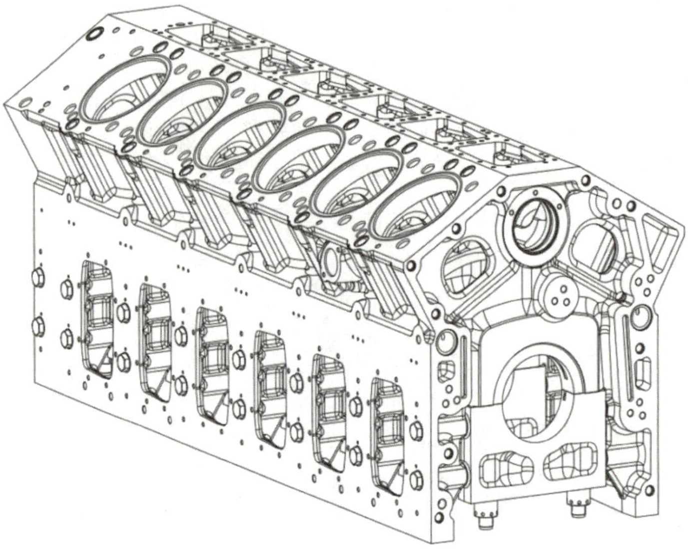

图 2-2 济柴 175 系列柴油机机体

缸套外壁构成一个环形空间；另一种是围绕气缸座孔周围，铸有一个封闭的环形空间，冷却液从环形空间流过，将气缸套所吸收的热量带走。

三 曲轴箱

曲轴箱部分的作用是支撑曲轴，使柴油机各运动部件保持一定的相对位置；它有 4 种基本形式：悬挂式、龙门式、隧道式和底座式。石油井场所使用的柴油机大多数是悬挂式曲轴箱。

四 气缸套

气缸套作为活塞往复运动的导向面，其内壁与活塞顶、气缸盖底面共同构成燃烧室空间，其表面在工作时与高温、高压燃气及温度较低的新鲜空气交替接触。为了提高气缸套的强度和耐磨性，便于维修和降低成本，通常采用较好的合金材料制成单独的气缸套镶入气缸体中。一般气缸套采用耐磨合金铸铁制造，如高磷铸铁、含硼铸铁、球墨铸铁或奥氏体铸铁等。为了使气缸套的耐磨性更好，有的气缸套还进行了表面淬火、多孔镀铬、喷钼或氮化处理等。

（一）功用

①与活塞、气缸盖组成气体压缩、燃料燃烧、气体膨胀的空间。

②作为活塞往复运动的导向面。

③向周围介质散发部分热量。

（二）使用要求

为了保证气缸套工作的可靠性，气缸套必须满足下列要求：

①要有足够的强度，能承受热负荷和机械负荷的作用。

②缸套内壁要具有高的精度、低的粗糙度，要有耐磨、抗腐蚀的能力。

③外表面对冷却液应有一定抗腐蚀能力。

④能保证对气缸工作容积及冷却液具有可靠的密封。

五 气缸盖

气缸盖装于气缸体上部，并按规定力矩紧固在气缸体上。

（一）功用

①密封气缸，与活塞、气缸套组成气体压缩、燃料燃烧、气体膨胀的空间。

②构成油、冷却液和进排气通道。

③安装有关零部件。

（二）结构形式

1. 结构要求

气缸盖结构必须满足下列要求：

①具有足够的强度和刚度，以保证在气体压力和热应力作用下可靠地工作，并与气缸套结合面具有良好的密封性。

②气缸盖内进、排气道应使气体通过时流动阻力最小。

③具有可靠的冷却使用，以保证安装在气缸盖上面的各零件正常工作。

2. 常见形式

气缸盖一般用铸铁和合金制成。常见的形式有单缸、双缸及多缸式。

气缸盖又可分为双气门和四气门。布置在气缸盖内的进、排气道占据了气缸盖的大部分空间，它不仅影响柴油机的换气效果，也影响着气缸盖工作的可靠性。气道布置形式多种多样，柴油机进、排气道分别布置在气缸盖两侧。四气门结构的气道布置有串联式和并联式两种。所谓串联式是指两同名气门共用一个气道；并联式是指两同名气门气道各自独立（见图 2–3、图 2–4）。

卡特 3500 系列柴油机采用独立式缸盖。每一缸采用两个进气门和两个排气门。单体喷油器安放于缸盖中部。凸轮轴上的凸尖推动单体喷油器的推杆，燃油直接喷入气缸内。每个缸盖和缸体之间都有一个金属隔板。冷却液经由隔板从缸体流出，并通过每一个缸盖表面的 8 个孔口流入缸盖。每一个孔口都使用橡胶骨架密封以防止冷却液渗漏。缸盖密封垫用于密封缸盖、隔板和缸体。

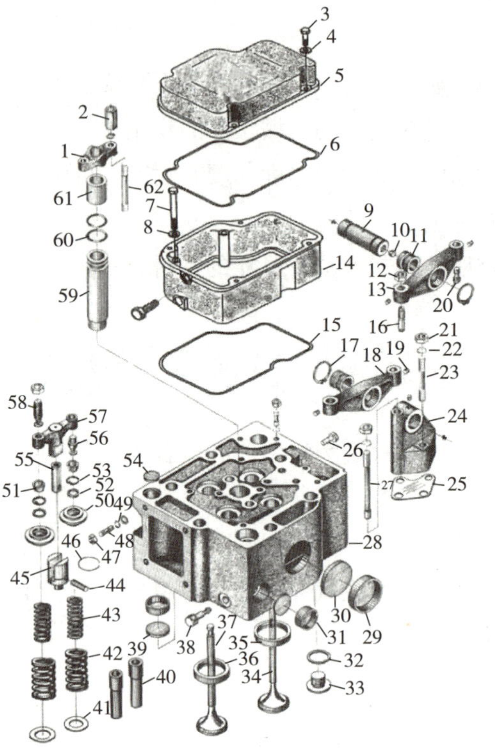

图 2-3　济柴 190 系列柴油机气缸盖部件

1—油嘴压板；2—紧固螺帽；3—内六角圆柱螺钉；4—小垫圈；5—上罩壳；6—上罩壳垫圈；7—六角头螺栓；8—小垫圈；9—摇臂轴；10—堵头；11—摇臂衬套；12—小六角扁螺母；13—进气摇臂；14—下罩壳；15—下罩壳垫圈；16—调节螺钉分部件；17—轴用弹性挡圈；18—排气摇臂；19—堵头；20—摇臂凸头；21—六角薄螺母；22—标准型弹簧垫圈；23—短螺栓；24—摇臂座；25—垫子；26—螺钉；27—摇臂座螺栓；28—气缸盖；29—清砂孔堵分部件；30—锌块；31—堵头分部件；32—铜垫圈；33—螺塞；34—进气门；35—进气门座；36—排气门座；37—排气门；38—气塞；39—锌块；40—气阀导管；41—弹簧下座；42—气阀外弹簧；43—气阀内弹簧；44—圆柱销；45—拨叉；46—钢丝挡圈；47—1 型六角螺母；48—双头螺柱；49—弹簧垫圈；50—弹簧上座；51—气阀扣瓦；52—小垫圈；53—孔用弹性挡圈；54—堵头；55—导向柱；56—横臂凸头分部件；57—摇臂横桥；58—调整螺钉分部件；59—注油器护套；60—“O”形密封圈；61—压套；62—螺栓

六　主轴承

主轴承采用悬挂式结构，主要由机体曲轴箱部分、主轴承盖、主轴瓦和主轴承螺栓等组成。主轴承盖与机体配合处采用锯齿面定位，通过两个主轴承螺栓固定在机体主轴承座下方，每个主轴承盖两侧各紧固一个主轴承螺栓，在机体左侧的主轴承螺栓为定位螺栓。

七　呼吸器

呼吸器由呼吸器体、滤芯和上盖等组成。滤芯作为曲轴箱内外空气通道中的过滤装置

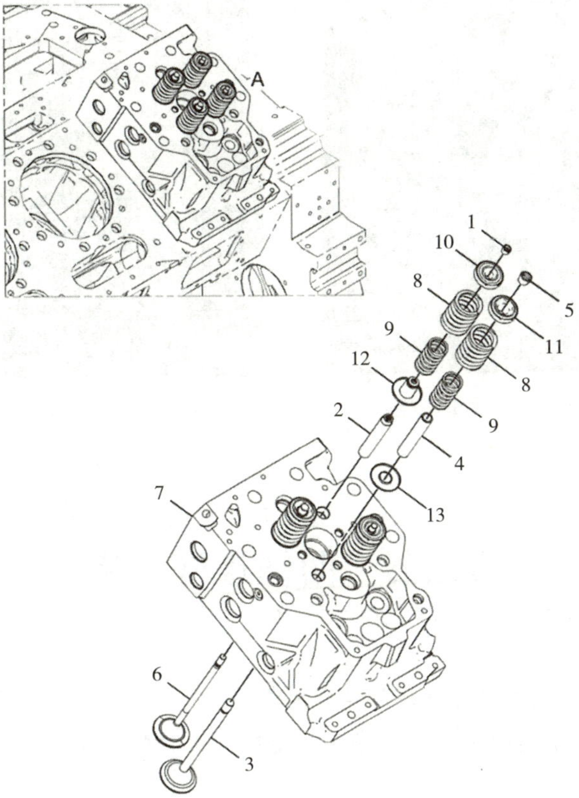

图 2-4　卡特 3500 系列柴油机气缸盖部件

1，5—挡圈锁；2，4—气门导管；3—排气门；6—进气门；7—缸盖组件；
8，9—弹簧；10，11—气门弹簧座组件；12—气门杆密封圈；13—挡圈

可防止灰尘进入柴油机。呼吸器是确保曲轴箱始终保持与大气畅通的部件，呼吸器正常工作至关重要，可起到防止润滑油变质、曲轴油封和曲轴箱垫片泄漏、油蒸气污染大气等作用。

八 仪表盘

所有压力表和温度表均采用软尾结构。软尾末端装有压力和温度感应元件，直接与被测部位相连。安装时，一定要按照仪表盘铭牌的指示，将感应元件安装在相应被测部位。

柴油机工作状况的优劣，在很大程度上都能从仪表上清晰显现（见图 2-5、图 2-6），因此，在柴油机的工作过程中，要确保各仪表工作性能正常、灵活好用，从而及时发现异常情况，避免重大事故的发生（即使仪表读数在技术规格范围内，其读数变化也可能代表着机器存在问题，应确定和排除导致读数显著变化的任何原因）。

图 2–5　济柴 190 系列柴油机仪表盘

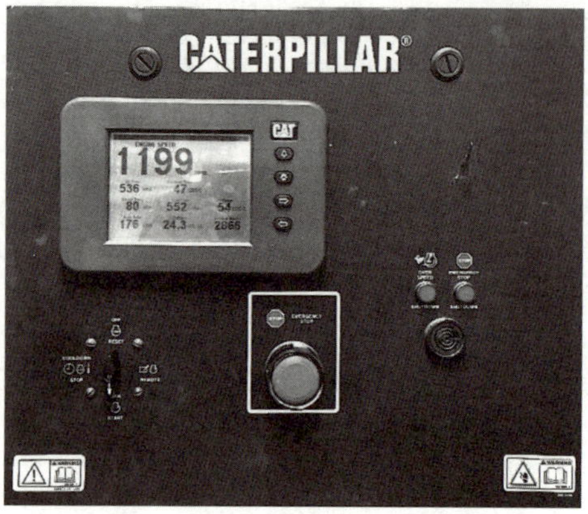

图 2–6　卡特 3500 系列柴油机仪表盘

第二节　曲柄连杆机构

曲柄连杆机构是将活塞的往复运动转变为曲轴的旋转运动，并实现对外做功。它包括活塞组件、连杆组件、曲轴组件、飞轮等，是柴油机的主要运动件。

一　活塞组件

活塞组件主要包括活塞、活塞环、活塞销等零件。

（一）功用

①与气缸盖、气缸套组成气体压缩、燃料燃烧、气体膨胀的空间。

②将燃气的压力通过连杆传递给曲轴。

③密封气缸，防止燃气窜入曲轴箱，阻止过多的润滑油进入气缸内。

（二）结构形式

1. 活塞

活塞是柴油机的主要零件之一。它承担着活塞组的主要任务，活塞组的所有零件都安装在活塞上面。

活塞大部分是用铝合金铸造或锻造而成，少数采用铸铁制成。

活塞一般由顶部、环槽（油、气）、活塞销孔和裙部组成。

卡特 3500B/C 系列柴油机活塞有整体式铸铝活塞和复合式活塞等形式，最常见的为复合式活塞，由一个钢制活塞顶部和锻造的铝制裙部组成，如图 2–7 所示。

图 2-7 卡特 3500B/C 系列柴油机活塞

济柴 175 系列柴油机活塞为整体式全钢活塞，可以承受非常高的气缸爆发压力，如图 2-8 所示。活塞顶部为浅 W 形燃烧室，裙部长度很短，在活塞头留有环形的冷却腔。柴油机工作时，由机体内部的喷油嘴不断地将润滑油喷入冷却腔内，冷却活塞头部，减少活塞的热负荷。活塞头部留有三道环槽。

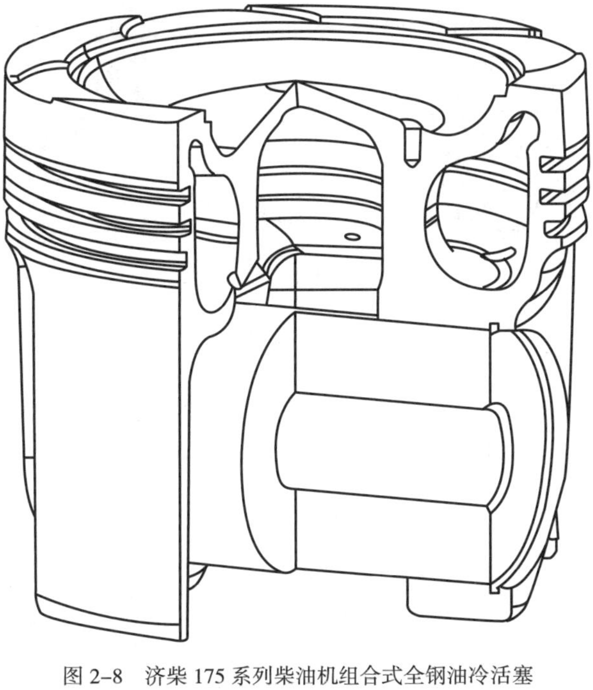

图 2-8 济柴 175 系列柴油机组合式全钢油冷活塞

2. 活塞环

为了密封气缸、传递活塞顶部吸收的热量，在活塞与气缸套之间安装了活塞环。活塞环按功用，又可分为气环和油环两类，均套装在活塞上的活塞环槽中。在自由状态下，活塞环是大于气缸套直径的开口环。随同活塞装入气缸套内后，依靠自身弹性与气缸壁紧密贴合。

（1）气环

密封气缸，防止燃气窜入曲轴箱，并传送活塞顶部所吸收的热量。其截面有多种形状，根据其截面形状，可分为矩形环、斜面环、扭曲环、梯形环和桶面环等。气环的密封原理如图 2–9 所示。

气环的接口有直接口、斜接口和搭接口三种。

自由状态下活塞环切口具有较大的间隙，装入气缸后，切口处仍要求具有一定间隙，通常称为开口间隙。该间隙值有一定的要求，间隙过大造成漏气严重；间隙过小，活塞环受热膨胀时，又会造成卡死或折断事故。

活塞环装在活塞上，各道环的切口方向应错开 120° 且油环切口避开活塞销座孔位置。严禁活塞环开口位置重合，以免影响密封性。

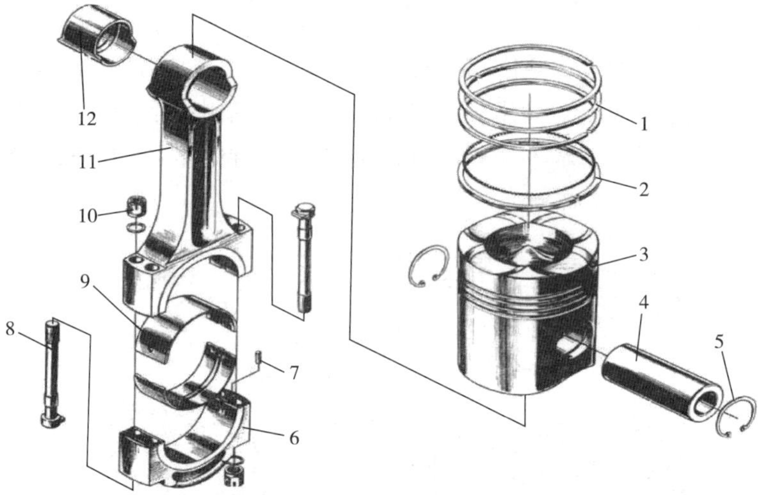

图 2–9　济柴 190 系列柴油机活塞连杆

1—气环；2—组合油环；3—活塞；4—活塞销；5—挡圈；6—连杆盖；7—定位销；8—连杆螺栓；9—连杆轴瓦；10—连杆螺母；11—连杆体；12—小头衬套

活塞环装入环槽后，环与环槽平面也有一定间隙要求，称为环槽端面间隙。该间隙过小，工作时会使环卡死在环槽内，而丧失密封作用。间隙过大，又会产生泵油现象，造成润滑油消耗量过高。

（2）油环

将气缸壁上过多的润滑油刮下，防止润滑油窜入燃烧室。油环有凹槽环、斜面环、切角环和弹簧组合式环 4 种。

3. 活塞销

活塞销的功用是连接活塞与连杆，将活塞承受的力传给连杆。活塞销一般用低碳合金钢制成。表面经渗碳淬火，具有很高的硬度，以提高耐磨性。而内部可保持较高的韧性，以利于承受冲击力。

活塞销与连杆的连接方式主要有三种：活塞销固定在连杆小头上；活塞销固定在活塞销座上；活塞销浮动于销座及连杆小头中。

二 连杆组件

连杆组件主要包括连杆体、连杆盖、连杆螺栓、螺母和连杆轴瓦等。

（一）功用

连接曲轴和活塞，把作用于活塞上的力传给曲轴，将活塞的往复运动转变为曲轴的旋转运动。

（二）连杆的结构形式

在工作时，连杆进行着复杂的摆动运动，同时还承受着活塞传来的气体压力、往复运动惯性力和摆动所产生的惯性力。这些力的大小和方向都在不断地变化。因此，要求连杆应具有足够的强度与刚度，尽量减轻连杆重量。

连杆是由连杆小头、连杆杆身、连杆大头三部分组成。

（三）连杆轴瓦

为了减少摩擦和磨损，在连杆大头孔内安装有轴瓦。一般情况下，它是一种由耐磨合金和瓦背金属（低碳钢）制成的分开式薄壁轴承。

三 曲轴组件

曲轴组件主要包括曲轴本体、曲轴平衡块、止推片等。

曲轴平衡块的作用是帮助曲轴保持平衡，并在柴油机运转时减少振动，平衡块可以是曲轴锻造的一部分，也可用螺栓将它固定在曲轴上。止推片位于其中一个主轴颈处，用来限制曲轴轴向窜动。

曲轴组件的功用是把连杆传来的力转变成旋转扭矩，通过飞轮向外传递动力，并驱动其他装置工作。常见的曲轴有整体式和组合式两大类。

第三节 配气机构与进排气系统

配气机构主要由凸轮轴、挺柱、推杆、气门摇臂、气门组件等组成，进排气系统主要由空气滤清器、进气管、防爆装置、排气管、消音灭火器等组成。

一 配气机构

（一）功用

按照柴油机各缸工作顺序，定时地打开和关闭进、排气门，提供足够的新鲜空气，并把燃烧后的废气排出。

（二）结构形式

常见的配气机构有两种：气门式配气机构和气孔式配气机构。

1. 气门式配气机构

它是由凸轮驱动气门来控制进、排气过程，是四冲程柴油机常用的一种形式。

2. 气孔式配气机构

它是在气缸套中间开进、排气孔，通过活塞位移来控制进、排气过程，这是二冲程柴油机常用的一种形式。

气门式配气机构由凸轮轴、挺柱、摇臂、气门、气门弹簧和定时齿轮传动机构等组成。根据气门安放位置，分为顶置式和侧置式两类。

柴油机常见的配气机构是气门式配气机构，它由气门组件和气门驱动机构两部分组成。

卡特 3500B/C 系列柴油机曲轴齿轮通过惰轮来驱动凸轮轴齿轮。两侧的凸轮轴必须与曲轴正时对应，以使活塞和气门同步运动。对于每个气缸，凸轮轴都采用三个凸轮加以控制。其中两个凸轮控制气门，另外一个控制喷油器。

二 气门组件

气门组件包括气门、气门导管、气门弹簧和弹簧座及锁紧装置等零件。

1. 气门

气门的功用是控制进、排气道的开启和关闭，分为进气门和排气门两种。

气门的工作条件十分恶劣，因此，对气门提出以下要求：

①具有足够的热强度，在高温下能够承受较大的冲击。

②具有合理的外形和尺寸，对气流的阻力小，以提高充气效率。

③具有良好的耐磨性和抗腐蚀性。

2. 气门导管

气门导管为一光滑的圆柱筒，外圆上有一凸肩，装在气缸盖内。导管中润滑的条件极差，因此要求气门导管具有良好的耐磨性。气门导管一般由铸铁或铁基粉末冶炼制成。

3. 气门弹簧及其锁紧装置

气门弹簧的作用是保证气门驱动机构不因运动件的质量惯性使各构件在接触处分离；气门关闭时保证气门与气门座之间密封性。

为了避免气门弹簧产生共振现象，在实际中常采用以下措施：

①提高气门弹簧的自振频率，即提高其刚度。

②采用双气门弹簧。

③采用不等螺距弹簧。

卡特 3500B/C 系列柴油机每个气门均设有内外弹簧，进气门导管装有气门油封，进、排气门导管与气门杆滑动面上设有倒油网槽，防止润滑油进入进、排气道和燃烧室（见图 2–10）。

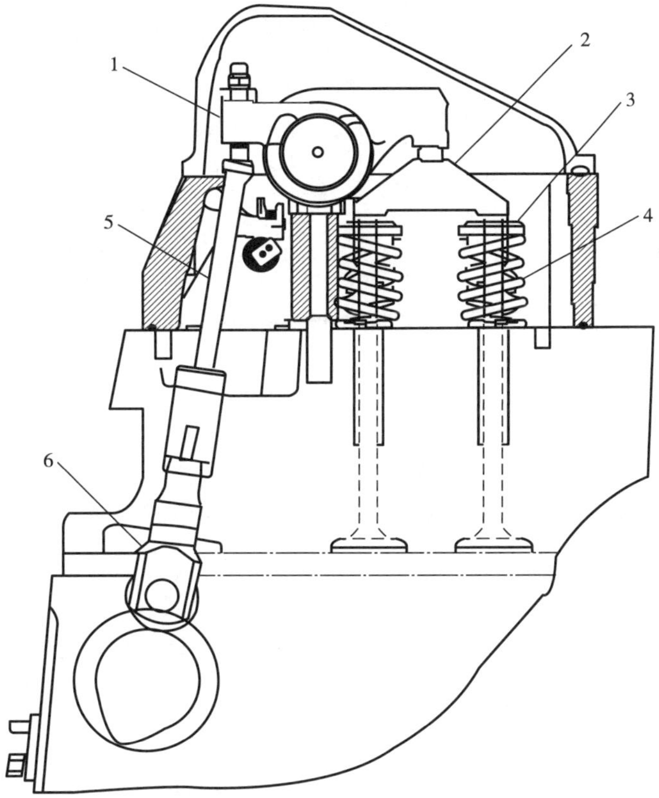

图 2–10 卡特 3500B/C 系列柴油机气门组件

1—气门摇臂；2—摇臂横桥；3—气门旋阀；4—气门弹簧；5—气门推杆；6—气门挺柱

济柴 175 系列柴油机的配气机构主要由阀系与定时齿轮驱动机构构成。阀系主要有阀系组件、滚轮摇臂、盖板组件及凸轮轴四部分，挺杆通过摇臂、横桥将滚轮摇臂的摆动转化为进、排气门的上下运动，进、排气门的弹簧下面装有气门旋转机构，使进、排气门上下运动过程中同时做轻微旋转，保证气门锥面与座圈间的均匀磨损（见图 2–11）。

进、排气凸轮通过滚轮驱动滚轮摇臂，带动挺杆上下运动。柴油机左右相对各缸的进、排气凸轮对应的 4 个滚轮摇臂共用一段滚轮摇臂轴，通过盖板悬装在机体顶面观察孔处。

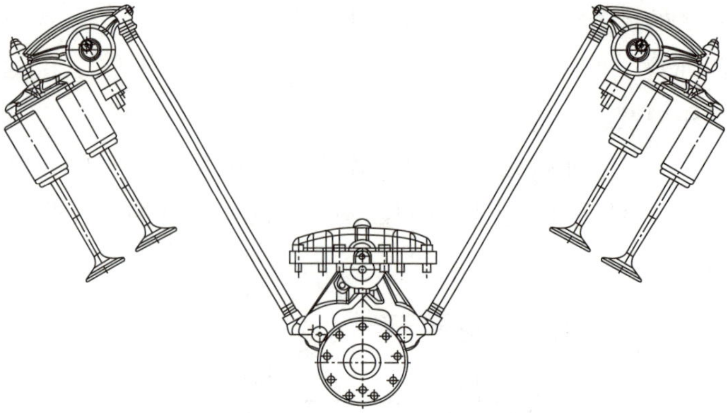

图 2-11　济柴 175 系列柴油机阀系组件

三　气门驱动机构

气门驱动机构由凸轮轴、挺柱、推杆和气门摇臂等零件组成。

1. 凸轮轴

凸轮轴的作用是通过传动机件（挺柱、推杆、摇臂），准确地按一定时间控制气门的开启与关闭，保证柴油机按一定规律进行换气。

凸轮轴一般由优质碳素钢或合金钢锻制而成，表面进行高频淬火，硬度为 HRC52 ~ 63。

2. 挺柱和推杆

挺柱和推杆的作用是把凸轮的运动传到气门机构以控制气门的开闭。挺柱常见的有平面挺柱、滚子挺柱和摇臂挺柱等形式。如济柴 190 系列柴油机每缸设有 2 个气门挺柱和推杆，卡特 3500B/C 系列柴油机每缸设有 2 个气门挺柱和推杆，1 个喷油器挺柱和推杆。

3. 气门摇臂

摇臂是推杆与气门间的传动元件。它的作用是改变推杆的运动方向，驱动气门启闭，摇臂上有油孔，润滑油通过摇臂座上的油孔，送到摇臂轴内，一部分用于摇臂衬套润滑，另一部分则通过摇臂轴内的油孔送到摇臂两端润滑传动元件。

4. 摇臂横桥

摇臂横桥是气门驱动机构中的一个部件，作用是接受摇臂的运动，同时操纵两个气门的开启与关闭。

摇臂横桥开启与关闭气门的上下运动，并沿导向柱实现运动的传递。

四　进气系统

进气系统主要由进气管和空气滤清器、汽缸盖中的进气道等组成。

（一）功用

把新鲜空气滤清净化后，送入汽缸内，以满足柴油机工作所需空气。

（二）结构形式

柴油机工作时，新鲜空气通过进气管和汽缸盖中的进气道送到汽缸内。为了使进入汽缸内的空气不致受热而影响进气量，柴油机一般都将进气管与排气管分别装在汽缸盖的两侧。并要求进气通道截面积足够大，内表面平整光滑，以使空气流通阻力最小。

进气管一般用钢板冲压焊接或用铸铝、铸铁制成。

卡特 3500 系列柴油机为增压、中冷型。进气管路分左排和右排，增压器、进气管、排气管、空气滤清器一般对称安装。为提高进气效率，整个进气管路都要有良好的密封性，为此在增压器出气弯管与进气弯管、进气腔与进气管结合处，均装有密封接头。密封接头一端固定在进气管连接盘上，另一端插入被连接件密封盘内，中间装有密封盘、密封圈、法兰盘和垫片，用螺栓将其压紧，使其保持良好的密封性。

五 进、排气系统

进、排气系统主要由进气管、进气支管、空气滤清器、增压器、中冷器、排气管路和消音灭火器等部件组成。

（一）进、排气系统的功用与组成

1. 功用

把新鲜空气经空气滤清器净化后，送入气缸内，以满足柴油机工作所需空气，排出柴油机燃烧后的废气，降低噪声，增加安全性。

2. 结构形式

排气系统主要由排气管、排气弯头、排气总管和波纹管等组成。

（二）空气滤清器

空气滤清器的作用是清除空气中的灰尘杂质，将干净的空气送入气缸内。

石油钻井现场所使用的空气滤清器根据其净化方式，可分为干式、湿式、旋风式和复合式等。济柴 190 系列柴油机采用旋流管—纸质滤芯组成的复合式空气滤清器。

济柴 175 柴油机可安装两个集成废气混合功能的空气过滤器，结构包括空滤器体、支架、消音棉、防护网、滤网等。可实现空气过滤、消音、废气混合、油气分离等功能。经过呼吸系统过滤的含有少量油雾的曲轴箱废气从空滤器体上的废气进口进入，经过空滤器体内的迷宫式通道，废气中的油雾在集油腔内凝聚成油滴，通过集油腔与外部连接管路流回油底壳。过滤后的废气与新鲜空气混合，进入发动机进气系统燃烧。实现了曲轴箱废气零排放。

（三）中冷器

中冷器的功用是降低增压后空气的温度，增加密度，提高柴油机的充气效率。

中冷器又名后冷器，卡特 3500B/C 系列柴油机的后冷器位于柴油机 V 形夹角中部。

（四）排气系统

柴油机排气温度很高，因此除要求排气管阻力小外，还必须能够承受高温。排气管一般由铸铁制成。

排气系统主要由排气管、排气弯头、排气总管、波纹管和消声器等组成。

第四节　燃油供给系统

一　机械燃油供给系统

燃油供给系统主要由燃油箱、输油泵、燃油滤清器、喷油泵、喷油器、调速器和燃油输送管系等组成，如图 2–12 所示。

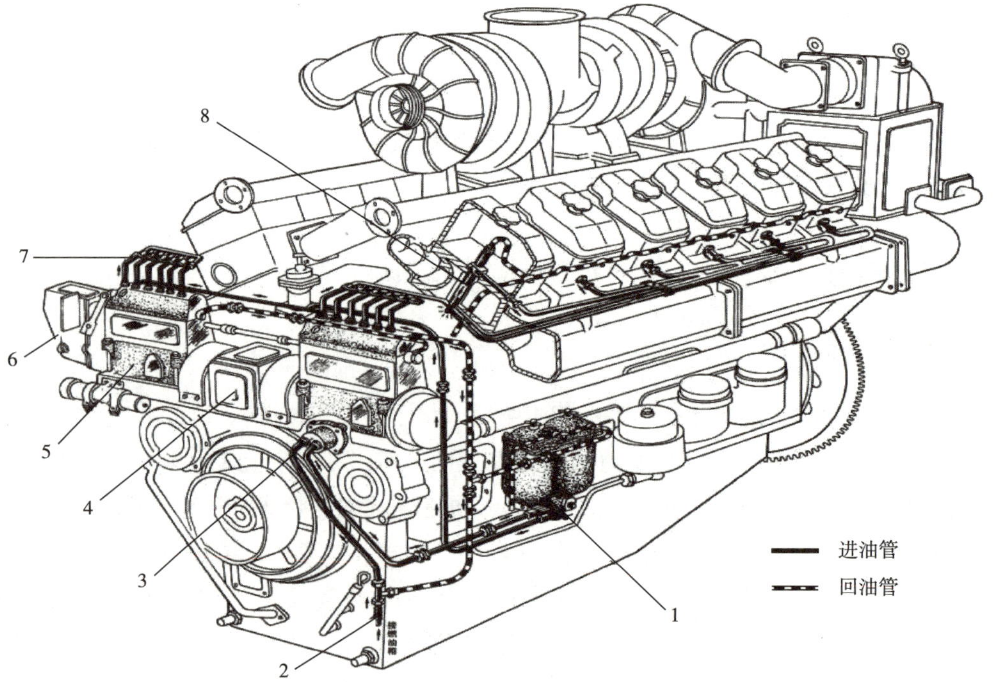

图 2–12　燃油供给系统

1—燃油滤清器；2—软管接头；3—输油泵；4—喷油泵传动装置；5—喷油泵；6—调速器；7—高压油管；8—喷油器

燃油供给系统的功用是：根据柴油机的工况要求，定时、定量、定压地将燃油喷入燃烧室内，并使其雾化且与空气充分混合，以实现燃烧、做功过程，同时，通过系统内的喷油泵及调速器，控制柴油机在现场实际工况下稳定运行。

（一）输油泵

1. 功用

将燃油箱内的燃油提高到一定的压力，克服其通过滤清器的阻力，保证不间断地向喷油泵输送足量的燃油。

2. 结构形式

输油泵的结构形式很多，常见的有摆线转子式、叶片式、柱塞式和齿轮式等。

（二）喷油泵传动装置

喷油泵传动装置的功用是支撑喷油泵部件，传递齿轮系动力用以驱动喷油泵工作。

（三）喷油泵

喷油泵（又称为高压油泵）是柴油机的心脏，它是燃料供给系统中最重要的部件。

1. 功用

提高燃油的压力，并根据柴油机的工作要求，定时、定量、定压地向燃烧室内输送燃油。

2. 结构

喷油泵的结构形式很多，目前最常用的是柱塞式喷油泵，在喷油泵中，有两对非常精密的偶件，即柱塞套筒偶件和出油阀偶件。

（1）柱塞套筒偶件

柱塞套筒偶件的作用是利用柱塞在套筒内上下移动来泵油。

①进油过程。进油过程，如图 2–13（a）所示。

②压油过程。压油过程（亦称供油过程），如图 2–13（b）所示。

③回油过程。回油过程，如图 2–13（c）所示。

柱塞从供油开始到供油结束的行程叫柱塞有效行程，如图 2–13（d）所示。

（2）出油阀偶件

出油阀偶件的作用是保证喷油泵供油时既能急速开始，又能急速停止，以避免因动作迟缓造成喷油器出现滴油现象。

出油阀偶件由研磨加工而成，选配成对，使用时不能互换。

（四）调速器

1. 功用

根据柴油机负荷变化情况自动调节供油量，保证柴油机在规定的转速范围内工作。

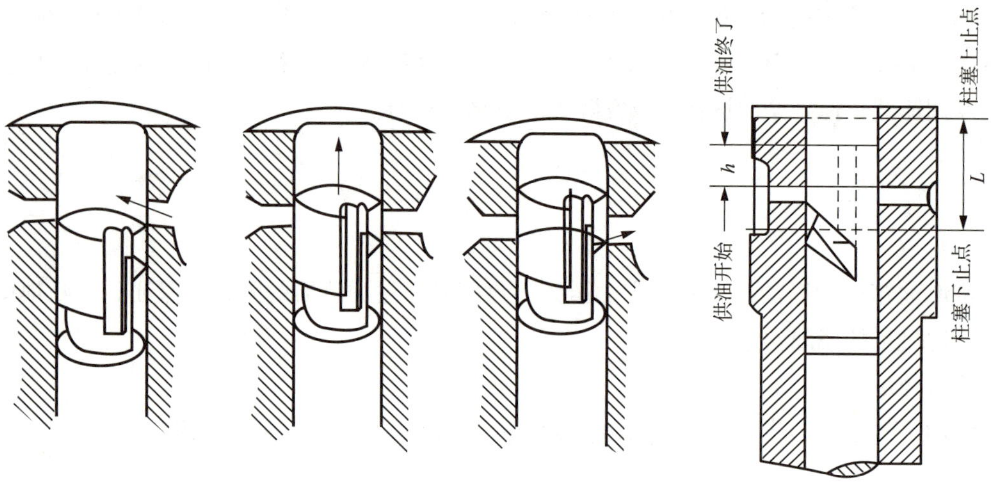

图 2–13　柱塞式喷油泵工作过程示意图

2. 结构形式

根据工作原理，调速器可分为机械式、气动式、液压式、电子式四种，目前常用的是机械式调速器和电子式调速器。

（五）喷油器

1. 功用

喷油器的功用就是将喷油泵送来的高压燃油雾化后喷入燃烧室，使燃油迅速与气缸内压缩空气混合，形成均匀的可燃混合气。

2. 结构形式

喷油器按其结构形式可分为开式和闭式两大类。

闭式喷油器又可分为孔式和轴针式两类。在孔式喷油器中，针阀只起到开闭喷孔的作用，燃油的喷射情况要靠喷孔的大小、方向和数量来控制，根据喷孔的数目，将孔式喷油器分为单孔式和多孔式两种。济柴 190 采用的是多孔式喷油器。轴针式喷油器在针阀下端有一个小轴针，插入喷孔中，与喷孔构成一个很小的环状间隙，这种喷油器燃油的雾化情况，根据轴针的形状而产生变化。

（六）燃油箱

燃油箱是储存燃油的容器，一般用钢板冲压焊接而成，它的容量应满足柴油机 8 ~ 10h 工作的需要。在其内部通常用隔板分成数格，防止燃油在油箱内因受冲击而产生泡沫。油箱下部有出油口和排污口，出油口位置高于排污口，避免沉淀于油箱底部的杂质进入燃油系统中。排污口位于油箱底部最低处，用来定期排放沉淀在油箱底部的杂质。

燃油箱顶部有加油口和通气孔。加油口处装有滤网，在加注燃油时起过滤作用；通气孔的作用是保持燃油箱内部与大气相通，防止工作过程中因油面降低而造成燃油箱内部气压下降，影响正常供油。此外，在燃油箱上装有液位计。

二 电控燃油喷射系统

柴油机喷油技术经历了传统的纯机械操纵式喷油和现代的电控操纵式喷油两个发展阶段，自20世纪70年代以来，电子技术在汽车上的应用不断增加，世界上许多发达国家的汽车公司竞相开发柴油机电子控制系统，使柴油机各方面性能都得到明显提高。

（一）电控柴油机电子控制原理及优点

1. 电控柴油机电子控制组成

柴油机电子控制系统由传感器、柴油机电子控制模块（ECU、ECM、EMS、MDEC）和执行器组成。

（1）传感器

传感器是安装在柴油机上的一种测量装置，它不断采集柴油机在运行过程中的状态参数，并将这些物理量转换成电信号输送到电子控制模块，电子控制模块根据传感器输入的信号进行运算、处理、判断，然后输出指令，控制执行器工作。

（2）电子控制模块

柴油机电子控制模块的作用是接收各种传感器和开关信号，进行运算、分析、比较、判断，根据电子控制模块存储的控制程序向执行器发出指令，实现喷油量和喷油正时的控制。电子控制模块还具有故障诊断功能，当控制系统出现故障时，进行识别，当确认为故障时，以故障码的形式进行存储，同时指示灯闪亮，提醒维修人员进行检修。

（3）执行器

执行器是执行指令的部件，电子控制模块通过控制其内部的电磁阀控制喷油量和喷油正时。

2. 柴油机电子控制系统的控制原理

柴油机电子控制系统由信号的输入装置、电子控制模块、执行器三部分组成。无论是哪种电子控制系统，其控制基本原理都是相同的，即以电子控制模块为控制核心，以各传感器为控制基础，以执行器为控制对象，保证各系统都在最佳的状态工作，如图2–14所示。

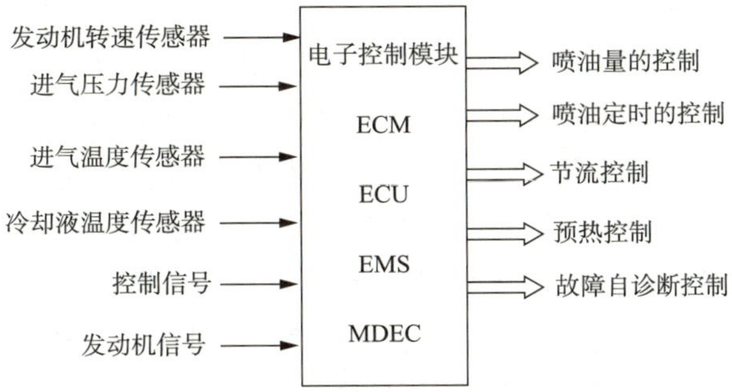

图2–14 电子控制系统原理图

柴油机电子控制模块对电控系统传感器输入的各种信息进行运算、处理、判断，然后输出指令，控制有关执行器动作，达到快速、准确、自动控制各系统工作的目的。

3. 电控柴油机的优点

①改善低温启动性。

②提高排放性能。

③提高动力性和经济性。

④提高运转平稳性。

⑤电控柴油机取消了机械式调速器，改用电子调速器，响应性更优。

⑥具有自诊断功能。

⑦适应性广。

（二）柴油机电控燃油喷射系统的类型

按喷油量控制方式可将柴油机电控燃油喷射系统分为位置控制式燃油系统、时间控制式燃油系统、时间—压力控制式燃油系统。按柴油机高压燃油机构可将其分为电子控制直列泵燃油喷射系统、电子控制分配泵燃油喷射系统、电子控制泵喷嘴燃油喷射系统、电子控制单体泵燃油喷射系统、电子控制共轨式燃油控制系统。下面对钻井现场几种常用电控燃油喷射系统进行介绍。

1. 电控泵喷嘴燃油喷射系统

电控泵喷嘴燃油喷射系统将喷油泵与喷油器组合在一起，省去高压油管并获得高喷射压力的燃油系统。因为省去了高压油管，消除了高压油管中压力波和燃油压缩的影响，高压容积大大减少，可产生所需的高喷射压力。喷油量和喷油时间通过电磁阀进行控制，控制精度大大提高。

电控泵喷嘴燃油喷射系统结构图如图 2–15 所示。

（1）泵喷嘴燃油供给系统的工作原理

泵喷嘴燃油供给系统的工作原理如图 2–16 所示。

泵喷嘴可分为三部分：高压燃油形成部分、燃油雾化喷射部分和电控电磁阀部分。

泵喷嘴一般安装在气缸盖上，低压燃油由低压输油泵先送入气缸盖上的油道中，然后分别向固定在缸盖上的泵喷嘴供油。低压燃油送入泵喷嘴，由泵喷嘴内的柱塞在凸轮轴、推杆、摇臂及回位弹簧的驱动下往复运动，将低压燃油升压，然后由泵喷嘴喷出。

当凸轮轴旋转使柱塞上行，将泵喷嘴进油口打开时，一路低压燃油便从进油口进入泵喷嘴，通过一个节流孔分别充满泵喷嘴的油道和油腔，另一路则流向电磁阀的上腔，此时电磁阀处于开启状态，所以，部分低压燃油可从电磁阀上腔，经开启的阀流入电磁阀的下腔，并由泄油孔泄出。燃油在柱塞上行过程中，进油口及泄油口均处于开启状态，此过程使喷油器各腔充满油液，并使多余的燃油流回低压回路。如果电子控制模块将电磁阀关闭，则低压燃油便在泵腔内被封闭，此时柱塞下行，使燃油升压，打开泵喷嘴针阀将雾状高压燃油喷入气缸。可见，电磁阀的关闭时刻便是喷油器喷油时刻，即喷油提前角时刻。

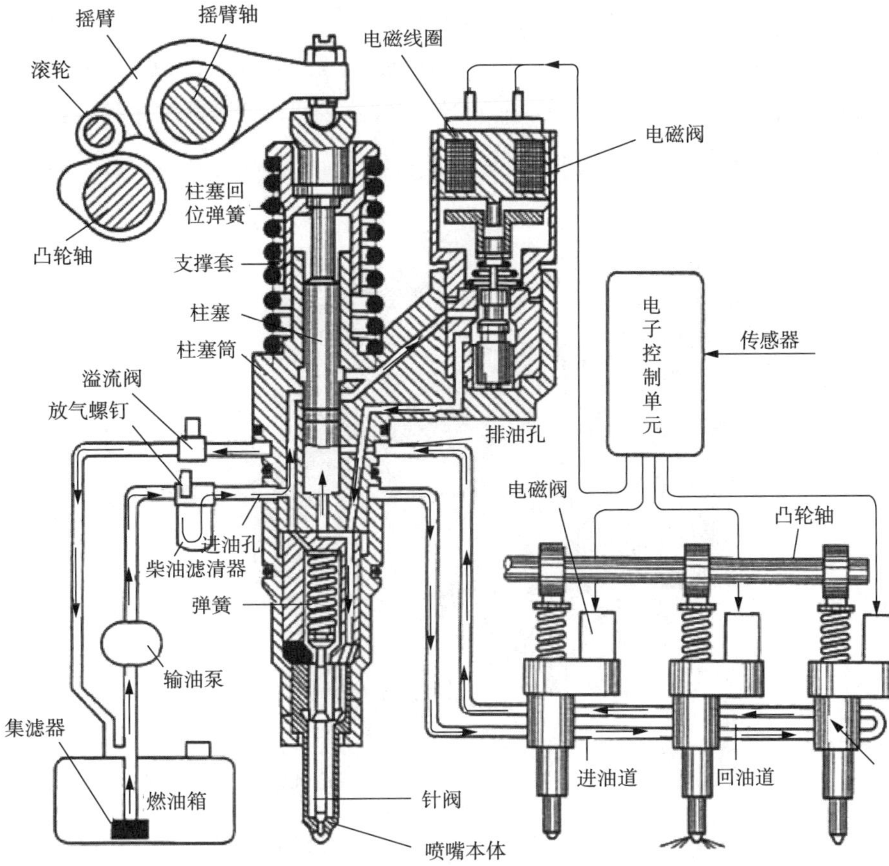

图 2–15 电控泵喷嘴燃油喷射系统结构图

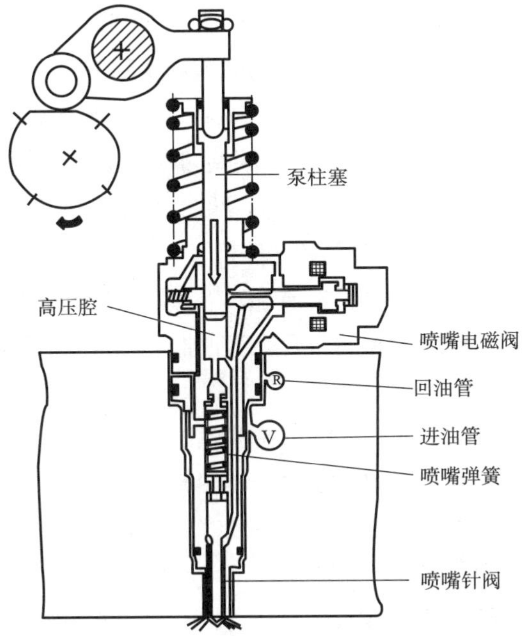

图 2–16 泵喷嘴燃油供给系统工作原理图

各缸泵喷嘴系统均由凸轮轴驱动，只要凸轮轴曲轴按记号装配，各泵喷嘴的喷油顺序就会保持正确，但电子控制模块要想判断哪一缸到压缩行程，以及活塞运动到压缩行程的什么位置，就一定要接收曲轴位置信号与凸轮轴位置信号，以便判断缸序和缸位。

（2）卡特系列柴油机燃油供给系统（见图 2–17）

图 2–17　卡特 3500B/C 系列燃油油路示意图

卡特柴油机电子控制系统主要包括 MEUI、电子控制模块（ECM）、个性模块（软件）、温度传感器、压力传感器、转速 / 正时传感器、导线束。

ECM 和个性模块必须在一起工作。ECM 具有一个用来执行计算功能的微处理器执行调速、喷油正时控制、系统诊断和数据通信。该微处理器接收存储在个性模块中的软件指令。ECM 具有一个永久存储器，用来存储可编程的参数和诊断编码。输入电路将传感器信号中的电气噪声过滤掉。输入电路保护 ECM 的内部电路，以防潜在破坏性的电压。电源电路为喷油器电磁阀提供高电压和为内部电路和外部传感器提供稳定的电源。ECM 提供了一个全面的、可编程的柴油机监测系统。ECM 可监测参数。如果柴油机操作参数超出设定的极限范围，ECM 可依次启动“警告”“减额”和“停机”。

燃油系统由粗滤器、油水分离器、进油管、输油泵、低压油管、燃油压力调节阀、手油泵、柴油机控制模块、细滤器、燃油支管、喷油器、回油管、冷却器等组成，燃油系统组成结构图如图 2–18 所示。

卡特 3500B/C 系列柴油机的 MEUI 是泵喷嘴燃油喷射系统，集电子控制、高压油泵和喷油嘴于一体，当柱塞处于其冲程的上端时，燃油流经喷油器体内的低压油道，流到柱塞的中心油道，然后流入柱塞下方的泵油腔。当柱塞处于其冲程的下端时，燃油流经高压油道。燃油流经开启的插装阀，然后流入低压油道。当插装阀关闭或被通电激励时，流经插装阀的油路被堵住。这一封堵导致燃油压力升高，喷油开始。喷油持续到插装阀被断电开启，如图 2–19 ~ 图 2–21 所示。

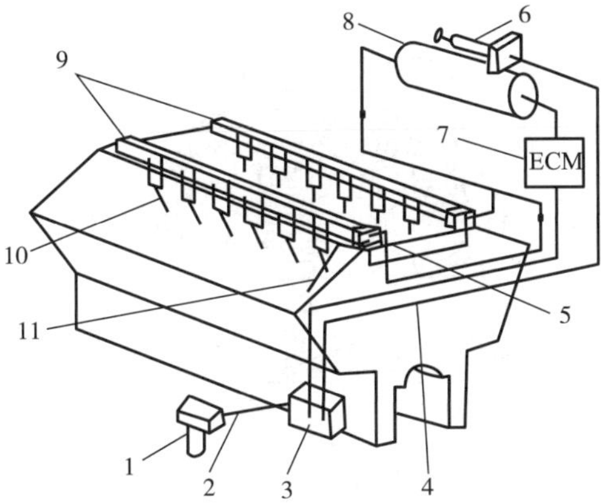

图 2-18　燃油系统组成结构图

1—粗滤器 / 油水分离器；2—进油管；3—输油泵；4—低压油管；5—燃油压力调节阀；6—手油泵；7—柴油机控制模块；8—细滤器；9—燃油支管；10—喷油器；11—回油管

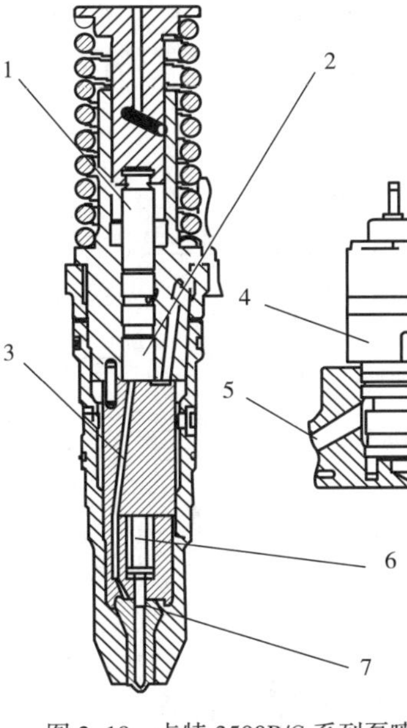

图 2-19　卡特 3500B/C 系列泵喷嘴

1—柱塞；2—泵油腔；3—高压油道；4—插装阀；5—低压油道；6—针阀；7—阀室

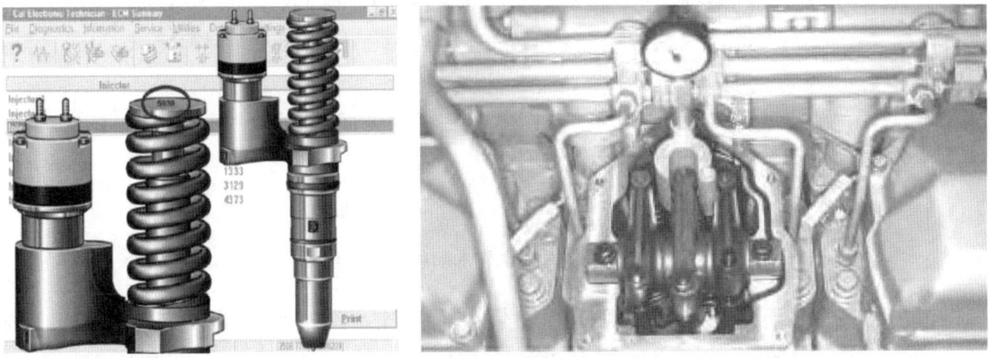

图 2-20　卡特 3500B/C 系列柴油机喷油泵摇臂机构

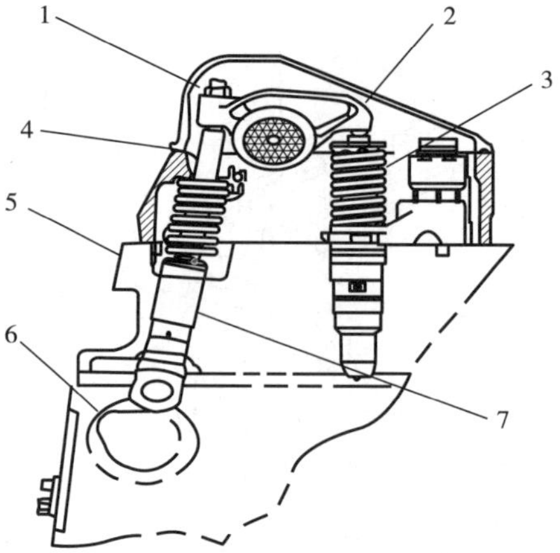

图 2-21　喷油泵摇臂机构图

1—调节螺母；2—摇臂；3—电子喷油器；4—推杆；5—气缸盖；6—凸轮轴；7—挺柱

ECM 控制电磁阀开始通电和结束通电的时间差就可精确控制喷油量，喷射压力最高可达 152MPa；燃油压力整定阀实时调整燃油系统的压力使其保持在 415～450kPa。

2. 电控单体泵燃油喷射系统

电控单体泵燃油喷射系统的结构如图 2-22 所示。

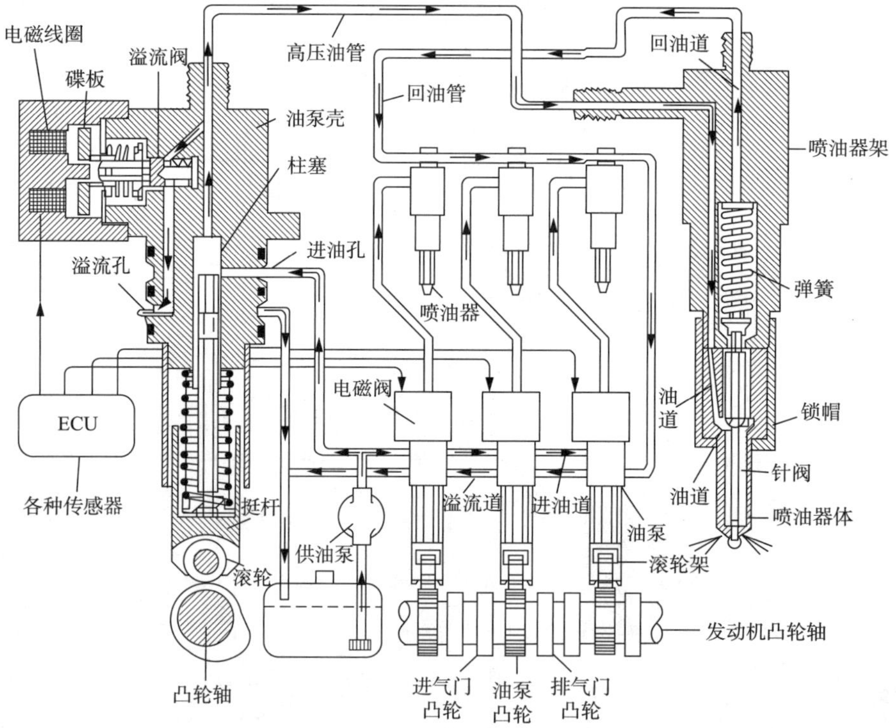

图 2-22　电控单体泵燃油喷射系统结构图

其控制原理与电控泵喷嘴基本相同，均是一个由柱塞产生高压的独立体，每缸单独配备一个。所不同的是泵喷嘴是将高压形成部分和燃油喷射部分集成在一个壳体内，而单体泵则是高压形成部分和燃油喷射部分各自独立，各单体泵与各喷油器均用高压油管连接，即高压油泵泵出的燃油通过一段高压油管送入喷油器，其他与泵喷嘴系统无区别。

（1）电控单体泵的优点

与泵喷嘴电控系统和共轨系统相比，单体泵电控系统除了具有成本低、性能可靠、寿命长、故障率低、维修方便等优点，还具有以下优点：

①电控单体泵喷射压力高，最高可达到 200MPa，可靠性、耐久性好。

②喷射压力随柴油机转速负荷变化，喷射规律为先缓后急，与柴油机燃烧系统的配合较好，有利于降低氮氧化合物的排放，喷油时刻与凸轮型面关联，可实现预喷，加上电控喷油器可以达到欧Ⅳ排放标准。

③气缸盖不用做成新结构，可以减少对原型柴油机的改动。

④便于拆装与维修。单体泵拆装便捷；喷嘴偶件安装在喷油器壳体中，便于维修。

（2）电控单体泵燃油喷射系统的组成

与电控泵喷嘴燃油喷射系统一样，电控单体泵燃油喷射系统主要由单体泵电子控制系统和单体泵燃油供给系统两部分组成。单体泵燃油供给系统由低压和高压两部分组成。

①电控单体泵燃油供给系统低压部分。低压部分主要由燃油箱、油水分离器、手油泵、输油泵、柴油细滤器等组成。

②电控单体泵燃油供给系统高压部分。电控单体泵燃油喷射系统高压部分主要由高压油管、电控单体泵和喷油器等组成。

③高压油管。高压油管较短且每个气缸都采用长短一致的高压油管。高压油管必须能够长期承受最大泵压力和高频压力波动。所以高压油管用高延展性的无缝钢管制成。

④电控单体泵。电控单体泵的外形、安装位置及结构如图 2-23 所示。

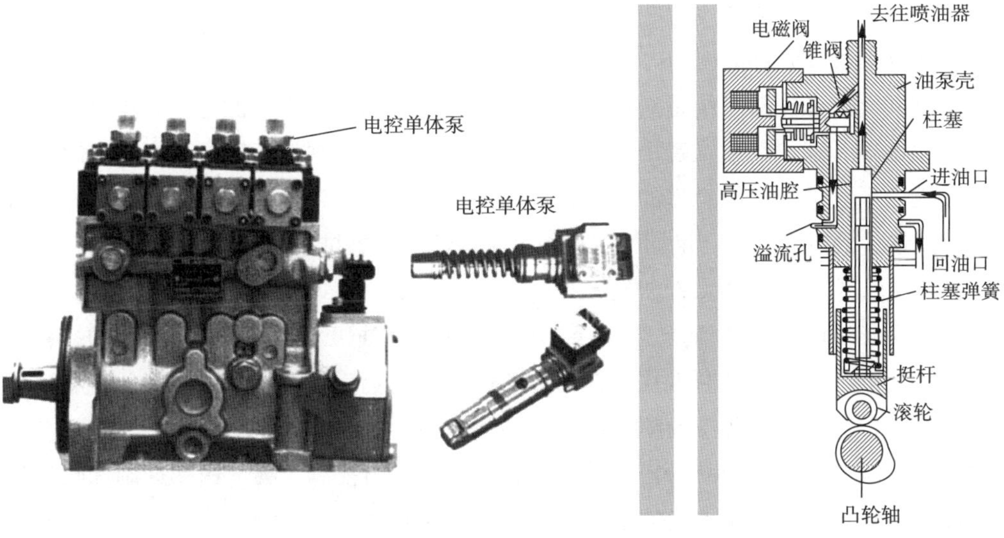

图 2-23 电控单体泵外形安装位置及喷嘴结构图

单体泵由电磁阀、锥阀、柱塞、柱塞弹簧、高压油腔、低压油路和泵体等组成。喷射电磁阀包括电磁阀线圈及电磁阀阀杆，阀杆与锥阀的锥体连为一体，锥阀接通或断开高压油腔与低压油路的通道。

⑤喷油器。喷油器内的压力弹簧通过压力销压在喷油器针阀上。弹簧的预紧力决定了喷油器的开启压力。开启压力可以用调整垫片进行调整。

喷油器总成的结构如图 2–24 所示。

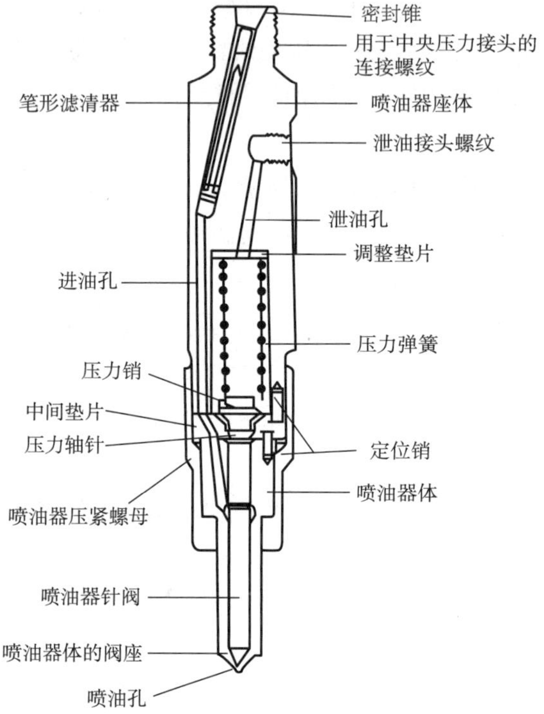

图 2–24　喷油器总成结构图

3. 电控共轨式燃油喷射系统

电子控制共轨燃油喷射系统是通过共轨燃油管直接或间接地形成恒定的高压燃油，分送到每一个喷油器，通过集成在每个喷油器上的高速电磁开关阀的开启与闭合，定时、定量地控制喷油器喷至柴油机燃烧室的油量，从而保证柴油机达到最佳的燃烧比和良好的雾化效果，以及最佳的点火时间、足够的点火浓度和最低的污染排放。

（1）电控共轨式燃油喷射系统的优点

直列柱塞泵柴油机、VE 分配泵柴油机、电控单体泵柴油机及泵喷嘴式柴油机的燃料供给系统均用凸轮的线形推动柱塞做往复运动，通过柱塞在套筒内的往复运动将低压燃油压缩成高压燃油，再分别送入各缸的喷油器。这种高压燃油供给方式由于柱塞的运动会使高压燃油的压力产生波动，即具有一定的脉冲性，使燃油压力控制、喷油速率控制和喷油定时控制功能受限，从而影响柴油机的性能。电子控制共轨式燃油控制系统分为电子控制高压共轨燃油控制系统和电子控制中压共轨燃油控制系统，电控高压共轨燃油控制系统可实现在普通喷油系统中无法实现的功能。其优点如下。

①综合性能得到提高。共轨系统中的喷油压力柔性可调，对不同工况可确定所需的最

佳喷射压力，从而提高了柴油机的综合性能。

②提高排放性。可独立地柔性控制喷油正时，配合高的喷射压力，可同时将 NO_2 和微粒（PM）控制在较小的数值内，以满足排放要求。

③提高动力性和经济性。共轨系统可以柔性控制喷油速率变化，实现理想喷油规律，容易实现预喷射和多次喷射，既可降低柴油机 NO_2，又能提高柴油机的动力性和经济性。

④减轻柴油机的振动和降低排放。由电磁阀控制喷油，其控制精度较高，高压油路中不会出现气泡和余压为零的现象，因此在柴油机运转范围内，循环喷油量变动小，各缸供油不均匀可得到改善，从而减轻柴油机的振动和降低排放。

⑤减少机械磨损。共轨式柴油机使用燃油泵将低压油加压至中压油或高压油，然后将中压油或高压油送入主油道，这个主油道称为共轨。储存在共轨中的稳定的中压油或稳定的高压油，再由共轨分别送入各缸喷油器。由此可知，共轨的一个最突出的特点就是取消了凸轮，减少机械磨损。

（2）电子控制共轨式高压部分

高压部分由高压油泵、燃油共轨、共轨上的限压阀及流量限制阀、喷油器等组成。

①高压油泵。

高压油泵的主要作用是将低压燃油加压成高压燃油，储存在共轨内，等待电子控制模块的喷射指令。高压油泵持续产生燃油共轨内所需要的压力，供油量应远大于柴油机所需要的最大供油量，以保证共轨内的压力恒定。高压油泵的安装位置与以往的分配泵相同，高压油泵由柴油机通过联轴节、齿轮、链条或齿形带驱动，并且通过自身泵出的燃油润滑。

柱塞式结构高压油泵，内部有三个高压柱塞偶件，燃油进入喷油泵内部后经三个径向柱塞压缩，柱塞之间错开 120°，凸轮轴每旋转一圈，便有三个柱塞同时泵油一次。这样，每个柱塞的泵油量仅为单柱塞的 1/3，每个柱塞的直径可缩小，使每个柱塞上的负荷减小，凸轮与柱塞的接触压力小，摩擦副之间的磨损减小，另外，由于三个柱塞相隔 120° 作用在凸轮轴上，使凸轮轴圆周上的载荷分配均匀，减轻了凸轮轴与轴承之间的偏磨，同时凸轮轴运转平稳。柱塞式结构高压油泵如图 2–25 所示。

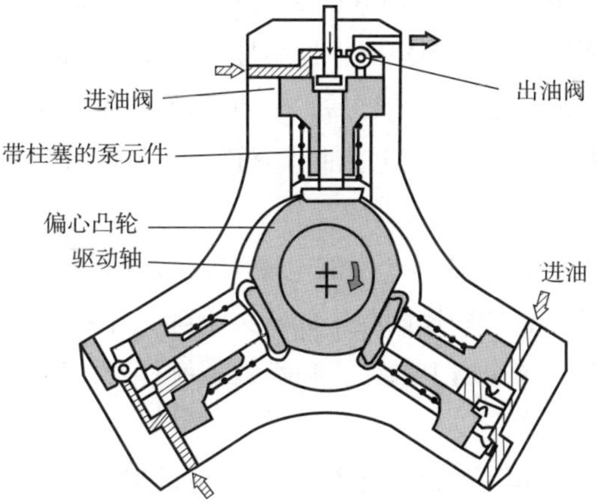

图 2–25 高压柱塞泵

压力控制阀根据柴油机的负荷设定共轨中压力，并保持在该水平，如果共轨的压力过高，压力控制阀打开，一部分燃油通过燃油管返回油箱。高压共轨压力控制阀是一个高速开关电磁阀，如图 2–26 所示。高压泵内部压力过大时，安全阀打开，将燃油释放回流油箱。

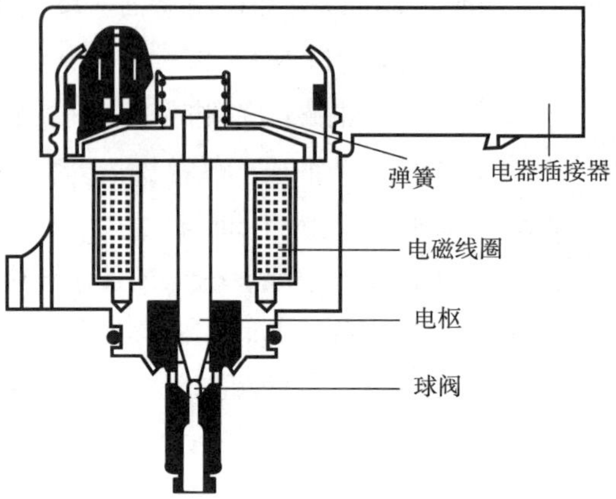

图 2–26　压力控制阀的结构

②燃油共轨。

燃油共轨是存储高压燃油的管路，管路内的油压为所有气缸共有，因此将其称作“燃油共轨”，即使大量燃油排出，燃油共轨也能保持其内部压力基本不变，因而确保了喷油压力的恒定性。另外，在喷油泵供油和喷油时产生的压力波动也可在燃油共轨中得到抑制。

③喷油器。

共轨喷油器目前常见的工作形式有两种：一种是电磁式；另一种是压电式。

a. 电磁式喷油器。

电磁式共轨喷油器主要由电磁阀、滑阀、阀控制腔、阀控制柱塞、滑阀控制弹簧、柱塞控制弹簧、喷嘴针阀、进油口、回油口、电插接器组成。

当电磁阀断电时，电磁阀的滑阀在弹簧弹力的作用下压在球阀上，球阀此时受上下两个力的作用，向下的力是滑阀弹簧的弹力，向上的力是共轨油压通过小回油节流孔作用在球阀上的力，因回油节流孔径很小，滑阀弹簧的弹力大于球阀受到的共轨油压的向上的推力，球阀在弹簧力的作用下压紧在阀座上，控制柱塞上腔停止回油。

共轨油压从喷油器进油口进入喷油器后，一方面流入喷油器的喷嘴腔内，向上推针阀，以使针阀升起。另一方面共轨油则通过进油节流孔进入控制柱塞的上腔，使上腔内的油压与共轨油压相等。

当喷油器电磁阀通电时，电磁阀产生的电磁力吸引滑阀向上移动，从而使球阀离开阀座，此时泄油节油孔打开。这样阀控制腔中的压力下降，作用在阀控制柱塞上的力也减小。一旦液压压力小于作用在针阀压肩上的力，喷嘴针阀就打开，燃油从喷孔喷入燃烧室。

b. 压电式喷油器。

压电式喷油器可以快速和精确地分配燃油量。它是利用压电晶体的压电效应原理制成的，由于压电晶体伸缩响应的速度很快，所以在一个喷油循环中可多次喷射，且可将多次喷射的喷油量控制到最小，实现预喷射使柴油机运转平稳、噪声变小的目的。压电式喷油器每冲程的喷入量由预喷量和主喷量构成，这种分层喷射使柴油机燃烧过程变得柔和。

压电式喷油器的控制过程和电磁式喷油器相同，只是由于使用了压电晶体元件，其工作能力比电磁阀的更好。可以应用在高压共轨和中压共轨中，通用性和替换性更好。

④电子控制部分。

电子控制高压共轨燃油喷射系统包括传感器、电子控制模块和执行器，涉及的主要传感器有曲轴转速传感器、凸轮轴转速传感器、增压压力传感器、共轨压力传感器、进气温度传感器、冷却液温度传感器、空气流量传感器等。电子控制模块采集到柴油机当前的工况并处理由传感器反馈的信号。借助所得到的信息对柴油机实施开闭环控制。共轨系统的传感器种类如表 2–1 所示。

表 2–1　共轨系统传感器

序号	名称	功能描述
1	曲轴传感器	精确计算曲轴位置，用于喷油时刻、喷油量和转速计算
2	凸轮轴传感器	判别发动机做功顺序
3	进气温度传感器	测量进气温度，修正喷油量和喷油正时，过热保护
4	增压压力传感器	监测进气压力，和进气温度一起计算进气量，与进气温度集成
5	冷却液温度传感器	测量冷却液温度，用于冷启动、目标怠速计算等，同时还用于修正喷油提前角、过热保护等
6	共轨压力传感器	测量共轨管路中的燃油压力，保证油压控制稳定
7	转速传感器	提供转速信号给电子控制模块 /ECM/MDEC，用于驱动控制
8	大气压力传感器	用于不同海拔校正喷油控制参数，集成在电子控制模块 /ECM/MDEC 中

（3）济柴 175 系列柴油机燃油供给系统

济柴 175 系列柴油机采用电控高压共轨燃油喷射系统，主要包括燃油粗滤器、输油泵、燃油滤清器、共轨泵（高压油泵）、安全阀、共轨管、喷油器、高压油管、低压油管等。在该系统中，燃油压力的产生和供油量的计量在时间、位置、功能上进行了分离，共轨泵只提供规定压力和流量的高压燃油，而喷油量及喷油规律则由发动机控制单元（ECU）通过喷油器电磁阀进行自动控制。燃油供给系统流程如图 2–27 所示。

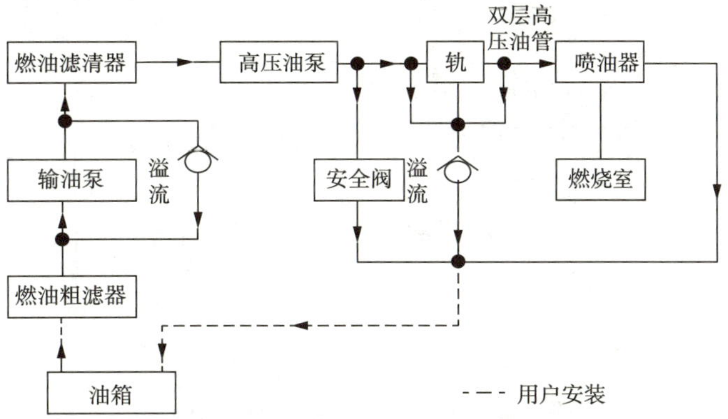

图 2–27　济柴 175 系列柴油机燃油供给系统流程原理图

第五节　润滑系统

润滑系统主要包括预供油泵、润滑油泵、润滑油滤清器、单向—调压阀及油底壳等，其主要功用是向柴油机各摩擦表面提供充足的润滑油，以减少磨损，保证其正常工作，同时还具有散热、清洁、密封和防腐蚀作用。

按照循环润滑油的收容方式，柴油机润滑系统可分为干式循环和湿式循环两大类。

润滑油单独贮存在柴油机外部的润滑油箱内，称为干式循环系统。柴油机上的油底壳只是收集由各润滑部位循环来的润滑油，然后通过抽油泵泵送到润滑油箱内贮存。润滑油箱内的润滑油，通过润滑油泵送到柴油机各摩擦表面上去。

干式循环系统的特点是：

①柴油机用于移动机械上时，可以防止工作过程中油面产生波动，影响柴油机的正常润滑。

②油底壳容积可以大大缩小，使柴油机结构高度降低。

③减少曲轴箱内高温气体对润滑油的影响，防止润滑油氧化变质，延长使用寿命。

润滑油直接贮存在油底壳内，称为湿式循环系统。这种形式将整个润滑系统全部集中在柴油机上。

湿式循环系统的特点是：

只需一个润滑油泵就可实现润滑油循环，使柴油机附属设备及整体布置大大简化。

一　润滑油循环路线

润滑系统的工作循环过程如图 2–28 所示。

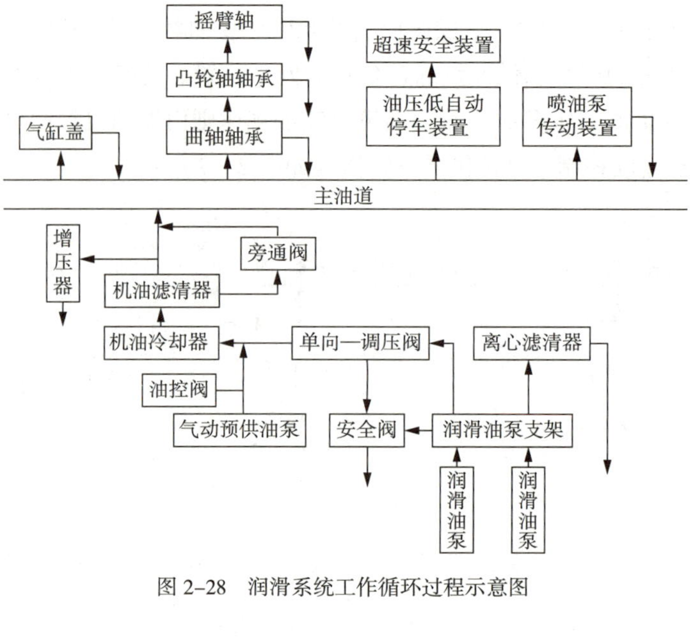

图 2–28　润滑系统工作循环过程示意图

从图中可看出，两个润滑油泵并列安装在机体自由端下方润滑油泵支架上，通过传动齿轮由曲轴驱动运转。润滑油冷却器和润滑油滤清器并列固定在机体右侧，离心滤清器则直接安装在机体左侧观察口上，气动预供油泵则固定在底盘上。上述各部件通过管路连接在一起，与机体内部通路连通，构成润滑系统。为保持系统内油压稳定，在管路及系统有关部件基础上，装有各种控制调节阀，以起到安全保护作用。润滑系统中各种阀的种类、功用如表 2–2 所示。

表 2–2　润滑系统中阀的名称与作用

名称	安装部位	开启压力 /kPa	功能
润滑油泵安全阀	润滑油泵支架前端面	980	防止润滑油泵出油压力过高，保护系统安全运行
单向—调压阀	机体右侧出油口处	588	调整系统油压，保持正常油压范围
润滑油滤旁通阀	润滑油滤后盖上	196	防止滤芯污堵，保证正常供油
离心滤清器单向阀	离心滤清器进油管路	392	防止系统油压过低
增压器节流阀	增压器进油管路	196 ~ 490	降低润滑油压力和流量，防止增压器漏油

活塞与气缸套、齿轮系各轮齿间等摩擦表面靠飞溅或喷油进行润滑。

除上述系统润滑外，柴油机上有些部件（如喷油泵、调速器、水泵等）设有独立的润滑点，使用中按规定要求及维护保养手册进行润滑维护。

二　润滑系统主要部件

（一）预供油泵

1. 功用

在柴油机启动前，将润滑油压送到各摩擦表面，以保证柴油机在启动过程中各摩擦表面具有必要的润滑度。

2. 结构形式

根据驱动方式，预供油泵可分为手动润滑油泵、气动润滑油泵和电动润滑油泵三种，其主要特点与适用范围见表 2–3。

表 2–3　预供油泵结构特点与适用范围

形式	结构特点	操作方式	出油压力 /kPa	适用范围
手动预供油泵	蝶门式	人工摇动	—	采用电 / 气动马达启动装置时
气动预供油泵	刮片式气动泵，转子式油泵	压缩空气驱动	147	采用气动马达启动装置时
电动预供油泵	电动机，转子式油泵	电力驱动	147	采用电动马达启动装置时

（1）气动预供油泵。

气动预供油泵以压缩空气为动力驱动油泵工作，主要由气动泵和油泵两部分组成。

气动泵部分为刮片式结构，是预供油泵的动力部分。转子上沿径向相互垂直方向上铣有四道键槽，各槽内分别装有叶片，相对的两叶片间通过销子和弹簧片连在一起，相互推动使其沿槽往复滑动。转子组装在气泵体内，两端支撑在中间体和盖板座孔内的滚动体上，其轴线与泵体内孔轴线偏 4.5mm，故 4 个叶片将泵体内腔分隔为 4 个容积不等的密闭空间。工作时，压缩空气从泵体上端进口进入，在压缩空气作用下，驱动转子转动。

油泵部分采用摆线转子结构。内转子固定在气动泵转子外伸轴上，通过半圆键连接，由气动泵直接驱动旋转。内、外转子均装在油泵体内腔中，泵体前端为进、出油口。进油口处装有管接，通过油管与油底壳相连；出油口处装有单向阀，通过管接与系统管路相连。单向阀的作用是防止柴油机正常工作时系统内润滑油从此处向油底壳倒流。

（2）电动预供油泵

电动预供油泵是以电源为动力驱动油泵工作的。

（二）润滑油泵

1. 功用

提高润滑油的压力，将润滑油强制地输送到柴油机各摩擦表面上，以使各摩擦表面保持润滑。

2. 结构形式

常用的润滑油泵主要有齿轮式和转子式两种。

济柴 190 系列柴油机采用齿轮式润滑油泵。润滑油泵下方为进油口，上面装有粗滤网，工作时直接浸在油底壳油中，以防止杂物被吸入润滑油泵而影响工作。润滑油泵盖上方侧面为出油口，润滑油泵与泵盖先用 2 个六角头螺栓固定在一起，然后通过 4 个长六角头螺栓直接固定到润滑油泵支架端面处，安装时可通过衬套外面凸缘面定位，使润滑油泵出口与支架内腔相连通。每台柴油机上并联安装两台相同的润滑油泵。

（三）单向—调压阀

单向—调压阀是由单向阀和调压阀两部分组成的。

1. 功用

单向阀的功用是防止预供油时，润滑油沿润滑油泵出油口通路回流到油底壳内。

润滑油压力调节阀又称限压阀，它的功用是限制润滑系统的最高油压，防止润滑系统产生过高的压力，以免造成有关零部件的损坏及润滑系统密封处发生漏油现象。

2. 结构形式

单向—调压阀两阀共用一个阀体，分别由阀门和阀盖组成单向阀，由阀门、弹簧、法兰和调节螺钉组成调压阀。

柴油机启动前，单向阀阀门在自身重力作用下，落在阀体座孔下端面处，将润滑油泵出油通路阻断。当预供润滑油泵送入系统内的润滑油从阀体出油口进入阀体后，就会被阀门阻隔，不能向油底壳内倒流。

当柴油机正常工作时，由润滑油泵压送出的润滑油，从阀体后侧进油口进入阀体，在润滑油压力作用下将阀门顶起，润滑油从出油口送至系统内。

调压阀的底部空腔与进油口相连，上面装有调压阀门密封。当润滑油压力超出规定数值时，便克服弹簧的弹力作用，将阀门顶起，使旁通油路打开，一部分润滑油从阀体后侧回油口流回油底壳，使润滑系统内的润滑油压力保持在规定范围内。

3. 调压阀的调节

当润滑系统润滑油压力过高或过低时，应及时调节调压阀的控制压力，调节方法如下：旋下螺母，松开六方扁螺母。根据所需调节油压大小，转动调节螺钉。当油压偏低时，向下旋入；当油压偏高时，向上旋出。油压调整正常后，用扳手固定调节螺钉，并用六方扁螺母锁紧，最后装好螺母。

（四）油底壳

1. 功用

封闭曲轴箱，防止污物进入柴油机内部，收集和储存润滑油。

2. 结构形式

常见的形式有干式和湿式两种。

①干式油底壳：只收集润滑油。

②湿式油底壳：收集和储存润滑油。

（五）润滑油滤清器

1. 功用

柴油机工作过程中，润滑油里不可避免地要混入一些杂质，如环境中的尘埃、磨损下来的金属碎屑、燃烧产物、氧化生成物等。这些杂质混入润滑油中，随着润滑油进入摩擦表面，将造成零件的严重磨损，甚至使零件表面产生严重拉毛或刮伤，严重时可导致润滑系统通路堵塞，造成烧瓦等其他严重事故。

润滑油滤清器的作用就是除去润滑油中的杂质，防止杂质随同润滑油进入零件摩擦表面，保证润滑油在使用过程中具有良好的润滑性能，延长润滑油的使用期限。

2. 结构形式

润滑油滤清器按滤清能力可分为粗滤器和精滤器两大类。润滑油粗滤器只能除去润滑油中较大颗粒的机械杂质，它的特点是流通阻力小，常串联在主油道中；润滑油精滤器能够较彻底地除去润滑油中机械杂质和氧化生成的胶状物，它的特点是滤清效果好，但流通阻力大。

润滑油滤清器按其结构形式可分为带状缝隙式、刮片式、网式、离心式和纸质滤芯式等，其中带状缝隙式、刮片式、网式属于润滑油粗滤器，离心式和纸质滤芯式属于润滑油精滤器。

①离心式滤清器的结构与原理：离心滤清器是利用离心力作用，将润滑油中所混入的

机械杂质分离出来，从而使润滑油净化的一种精滤装置。主要由过滤器座、转子轴、外罩壳和转子组等组成。

离心式滤清器的优点是滤清效果好，通过能力强，使用维护保养方便、成本低。由于离心式滤清器的特殊结构，一般只能并联在润滑系统中，离心滤清器的流量只占柴油机总循环量的 5% ~8%。

②纸质滤芯润滑油滤清器结构与原理：利用微孔滤纸作为滤芯，润滑油从微孔滤纸穿过，将混入润滑油中的各种杂质阻隔在滤纸外面，使润滑油净化。

纸质滤清器的特点是滤清效果好，通过能力较强，结构简单，体积小，重量轻，可节约大量金属材料。缺点是使用期限短，易于堵塞、撕裂。

第六节　冷却系统

冷却系统主要包括水泵、散热器、风扇、润滑油冷却器、节温装置、冷却管系、空气中间冷却器等零部件。

一　冷却的作用

柴油机工作过程中，燃料在气缸内燃烧所产生的热量，不可能全部被利用来做功，一般只有 1/3 左右热量转化为有效功，1/3 热量随废气被排到大气中去，剩余 1/3 左右热量通过受热零件（如气缸套、活塞、气缸盖等）传给冷却介质被带走。

受热零件如果不能及时冷却，将使零件温度急剧升高，造成以下严重后果：

①零件强度大大降低，造成零件破坏。

②零件受热后膨胀变形。由于同一个零件各部位受热不均匀，膨胀程度不一样，使零件内部产生热应力，造成零件破裂。

③气缸内温度过高，使进入气缸内的新鲜空气温度急速升高而膨胀，导致进气密度降低，使柴油机功率下降。

④造成润滑条件恶化。润滑油在高温下黏度大大降低、氧化变质或烧毁，零件摩擦表面不能形成油膜，丧失润滑作用，使零件产生严重磨损。

冷却系统的功用是借助冷却介质（如空气、水）将柴油机受热零件所吸收的热量及时地传递出去，使其可以在适宜的温度下工作，以保证柴油机可靠地运行，并具有良好的工作性能。有中冷器的柴油机，还具有降低进气温度、提高进气密度、改善柴油机工作性能的特点。

二 常见的冷却方式

根据所用冷却介质，柴油机冷却方式可分为风冷和冷却液冷却两大类。

1. 风冷

风冷又称空气冷却。它是将空气作为冷却介质，将柴油机受热零件的热量传递出去。

风冷式冷却系统的特点是结构简单，重量较轻，使用维护方便，在使用过程中不需要进行专门保养。缺点是冷却效果差，高温零件受热严重，柴油机工作温度不易控制。

2. 冷却液冷却

用冷却液作为冷却介质，将柴油机受热零件的热量传递出去。根据冷却液循环方法，又可分为蒸发式、自然循环式和强制循环式三种，井场常用柴油机多为强制循环式。

强制循环式水冷却系统是借助水泵将冷却液提高到一定压力，使冷却液在柴油机整个冷却系统中不停地循环流动。强制循环式水冷却系统按照冷却液的来源，又分为闭式循环与开式循环。

①闭式循环。其特点是冷却液不与外界连通，只是在冷却系统的吸热部分（受热零件）和散热部分（散热水箱）之间进行循环。它的优点是进水温度可适当地提高，使柴油机得到较好的经济性能指标；冷却液的温差较小，使柴油机受热零件工作温度比较稳定；工作过程中冷却液密闭在系统内部进行循环，水消耗量小。同时，可保持冷却液的清洁，提高冷却的可靠性和冷却系统各部件的使用期限。它的缺点是使柴油机结构复杂，工作时要消耗一定功率。

②开式循环。冷却液来自外源（如河道、水井等），对柴油机受热部位冷却后，又回到周围环境中去。开式循环的特点是使柴油机的结构大大简化。但因外界水源容易污染，可能造成管路与各部件堵塞而影响冷却系统正常工作。

三 冷却系统

钻井常用柴油机采用强制冷却方式。根据不同机型的构造特点，分别设置了不同的冷却系统，具体可分为双循环冷却系统、单循环冷却系统。

（一）双循环冷却系统

在一台柴油机同时设置两套完全独立的冷却循环系统，分别用于不同部位的冷却，通常称为高温冷却循环系统（简称“高温循环”）和低温冷却循环系统（简称“低温循环”）。

1. 高温冷却循环系统

主要将气缸套、气缸盖、增压器所吸收的热量及时地传送出去，保证其在高温情况下可靠地工作。该循环过程冷却水均经过柴油机高温工作区，吸收的热量较多，但需控制其冷却水温度，以免带走过多的热量，造成柴油机功率下降、油耗增加、工作粗暴等不良后果。因此，该循环系统要求在保证受热零件工作可靠的前提下，带走的热量尽可能少些。

通常回水温度应控制在 85℃。高温水循环如图 2–29 所示。

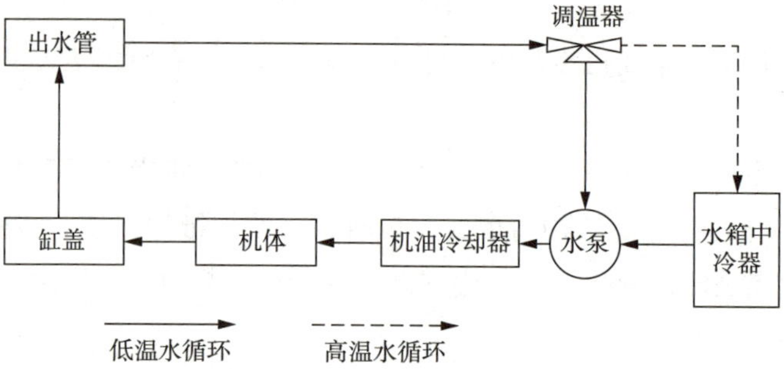

图 2–29　高温水循环

2. 低温冷却循环系统

降低润滑油和进气的温度，提高柴油机充气效率并保持润滑油的润滑性能。该循环过程中的冷却水，仅通过热交换器（中冷器、润滑油冷却器）来冷却进气和润滑油。为提高进气效率，进气温度应尽量低，因此冷却水温也应尽量低。

济柴 12V190 系列高温循环与低温循环冷却水循环路线如图 2–30 所示。

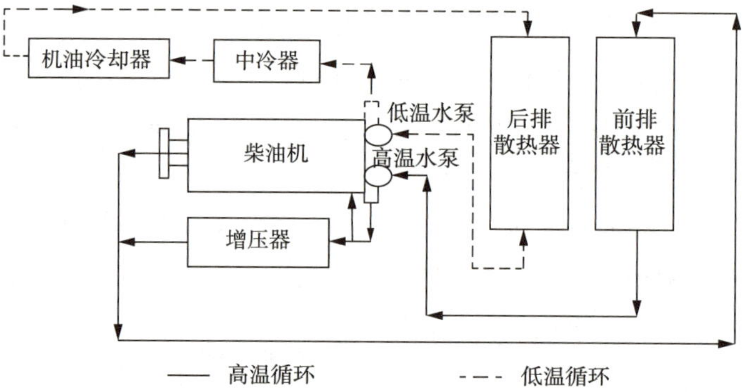

图 2–30　双循环冷却系统工作过程

（二）单循环冷却系统

在一台柴油机上，仅设置一套完整的冷却循环系统。在济柴 190 系列柴油机 6V 机上，由于该机没有中冷器装置，因而没有必要设置水温要求不同的多循环水路，故采用单循环冷却系统，其循环路线如图 2–31 所示。

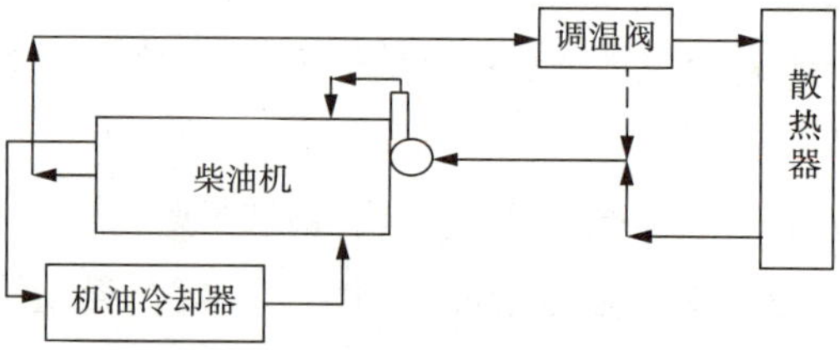

图 2–31　单循环冷却系统工作过程

在单循环冷却系统工作过程中，调温阀起着重要作用。当回水温度高于65℃时，调温阀打开通往散热器的通路，使冷却水流过散热器后，再由水泵送入系统内，称为大循环；当回水温度低于65℃时，调温阀关闭通往散热器的通路，同时打开通往小循环出水管的通路，使冷却水不经散热器直接回到水泵进水口处，称为小循环。

当柴油机正常工作时，冷却水温度较高，系统内冷却水以大循环流通，经散热器作用，使其保持正常温度。当柴油机冷启动或环境温度较低时，冷却水温度较低，则以小循环流通，使冷却水温度得到较快的升高。

四 冷却系统主要部件

（一）水泵

1. 功用

水泵是强制循环冷却系统的主要部件，它的作用是使冷却水产生一定的压力，压送到柴油机各有关冷却部位，确保柴油机工作时冷却水不断循环。

2. 结构形式

柴油机一般采用离心式水泵。济柴190系列柴油机采用单级、离心式水泵，在每台柴油机上安装两个结构完全相同的水泵，分别用作高、低温冷却循环。

（二）冷却器

1. 功用

把润滑油吸收的过多热量带走，确保柴油机的正常润滑。

2. 结构形式

润滑油在柴油机内部的高温环境下工作时，吸收大量的热量，使其温度升高。随着温度的升高，润滑油不但黏度降低，还易氧化变质，因此必须及时降低润滑油温度，以保持正常的工作性能。

（三）散热器

1. 功用

以空气做介质，将冷却液带出的热量传递出去，以保证柴油机正常冷却。

2. 结构形式

济柴190系列柴油机采用管片式或管带式散热器，结构形式有以下两种：

（1）组合式散热器

该散热器由若干个散热芯子组装在一起，构成一个完整的散热装置。8V、12V机散热器是由前、后两排构成，固定在同一个散热器支架上。前排散热器用于高温循环系统；后排散热器用于低温循环系统。

（2）整体式散热器

该散热器为整体构造，其芯子为管片式结构。整体式散热器用于6V机上。

（四）风扇及其传动装置

1. 风扇

风扇的功用是增加通过散热水箱的风速和风量，提高散热器的散热能力。柴油机上常用的是轴流式风扇，按其叶片形状可分为翼形和平板式两类。

2. 传动装置

（1）直接传动装置

该装置是由曲轴通过带传动，直接驱动风扇运转。该套装置不能调节风扇转速，也不能控制风扇停转。

（2）液力耦合器传动装置

液力耦合器传动装置是以液力耦合器作为传动机构，来驱动风扇运转。该装置可根据冷却水温，自动调节风扇转速。

第七节　启动系统

柴油机在静止状态下不能自行运转，必须依靠一定的外力、在一定的条件才能开始工作。实现柴油机启动的条件是：有一定的外力，以克服各机件运动时所产生的摩擦阻力、惯性力及活塞压缩气体时的压缩阻力（通称启动阻力），带动曲轴转动；还应使曲轴获得必要的转速（称为启动转速）。

根据柴油机启动所使用的能量来源不同，有多种启动方式，常见的有：人力启动、电动机启动、压缩空气启动、辅助柴油机启动。

一　功用

启动系统的功用是：借助外部能源，实现柴油机由静止到工作状态的转换。

二　结构形式

1. 电动机启动

电动机启动系统是以电能为能源，用启动电动机带动柴油机曲轴转动，完成柴油机启动过程的装置。

启动时，先将启动开关打开，形成通路。然后按下启动按钮，接通直流电源。此时，电流通过启动继电器内的磁铁线圈，使磁铁动作接通电动马达电路，驱使电动马达转动。同时，通过电动马达内部机构，将马达外伸端小齿轮推出，使其与柴油机齿圈啮合，从而驱动柴油机曲轴转动，完成启动过程。

2. 气动马达启动

气动马达启动系统是以压缩空气为能源，借助气动马达把压缩空气的压力能转化为机械能，用以驱动柴油机曲轴旋转，完成柴油机的启动过程。如图 2–32 所示。

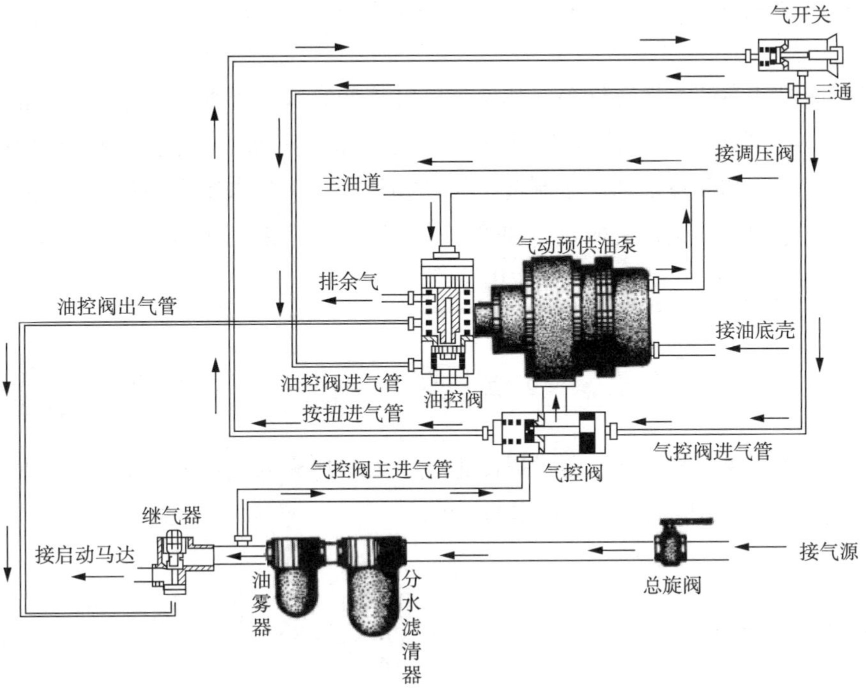

图 2–32 气启动系统

压缩空气气源通过管路接至总旋阀。柴油机启动前，先打开总旋阀，使压缩空气流过分水滤清器，经净化处理，再流经油雾器，将适量润滑油均匀混入压缩空气中，为系统中各气动元件提供润滑。

从油雾器流出的压缩空气分为两路：一路经主进气管进入继气器上部气室内；另一路经气控阀主进气管进入气控阀左气室，又经按钮进气管进入气开关左气室内。此时，所有控制阀均处于关闭状态。

启动时，按下气开关按钮，使其左、右气室连通，压缩空气进入右气室。通过与右气室相连的三通管，将压缩空气分成两路：一路经气控阀进气管进入气控阀右侧控制气室，推动柱塞左移，将左侧密封座处阀门打开，压缩空气经右气室进入气动预供油泵，驱动油泵工作，将油底壳内的润滑油压入润滑系统内；另一路则通过油控阀进气管进入油控阀下气室。

油控阀上端为一油室，通过管路与主油道相连通，当预供油压升至一定压力时，润滑油压力推动柱塞下移，下端推杆顶开密封座，油控阀下气室内的压缩空气，经密封座孔进入中间气室，然后经油控阀出气管送至继气器下气室，推动继气器阀门上移，打开通往气动马达的气路，主进气管内的压缩空气方可进入气动马达，驱动其运转，带动柴油机完成启动过程，及时松开气开关按钮。

第八节　增压系统

提高柴油机功率的方法有许多，如增加气缸工作容积（即加大气缸直径、活塞行程或增加气缸数目）、提高柴油机转速等。但是，这些方法在实际生产中都受到很大限制。因为它将使柴油机体积和质量增加，给制造、修理和使用维护带来很大困难。柴油机转速提高后，又造成工作过程恶化，机械负荷和热负荷急剧增加。采用增压的方法可以行之有效地提高柴油机功率，目前已得到了广泛应用。

一　功用

在气缸容积不变的情况下，通过提高进气压力增加充入气缸内的空气量，加之喷入相应多的燃油，达到增加柴油机输出功率的目的。

二　结构形式

柴油机增压是通过增压器来实现的。增压器的种类很多，可分为机械增压式、废气涡轮增压式及复合增压式等，石油现场使用最广泛的是废气涡轮式增压器。

废气涡轮式增压器是利用柴油机排出的废气来驱动涡轮做高速旋转，从而带动同轴的压气机进行工作。它不需要消耗柴油机发出的有用功，因此这种增压方式经济性能较好，柴油机在结构上变动也不大，并能使其功率得到较大提升。其主要结构包括：

1. 压气机部分

压气机是由压气机叶轮、压气机涡壳、扩压器等构成。压气机叶轮由铝合金精密铸造而成，以过盈配合固定在涡轮转子组的外伸轴端，并用圆柱销定位。扩压器部分是由扩压板和沿其周向均布固定的若干叶片构成。叶片与扩压板间通过过盈配合压装在一起，并用滚针定位。扩压器以过盈配合热装在涡壳上。

2. 涡轮部分

涡轮部分是由涡轮转子组、涡轮壳、喷嘴环和涡轮端盖等构成。它是驱动压气机叶轮旋转的动力来源。喷嘴环通过螺钉固定在涡轮端盖上，其结构形式与扩压器相似，其周围均布着的叶片通过过盈配合压装在圆盘上，并用滚针固定。

不同型号的增压器的喷嘴环叶片安装角和流通面积不同，以与不同性能的柴油机相匹配。

径流式涡轮是用高级耐热合金钢精制而成，通过过盈配合与转轴压装在一起，并用铆钉铆牢，使用中不再拆卸。

涡轮背面转轴外圆上，有两道密封槽，内装密封涨圈，用以防止润滑油和燃气泄漏。

传统的涡轮增压技术是与柴油机高转速、高负荷时相匹配的，在低速时由于废气排放量低，增压器转速慢，增压进气效果十分有限。突然加速时，进气量跟不上，造成加速过程非常缓慢。

第九节 安全保护装置

柴油机工作中，难免出现意外故障，如油、水管破裂，调速器失灵，工作现场出现可燃性气体等。当这些故障（情况）因未被及时发现而未采取措施时，往往造成重大事故。因此，柴油机在使用过程中，除要求操作者密切注意柴油机各项参数和工作环境的变化外，还应设置必要的安全保护装置，以备不时之需。现场常见柴油机的安全保护装置有油压低自动停车装置、高温自动停车装置、超速安全装置、紧急停车装置、防爆装置等。

一 油压低自动停车装置

油压低自动停车装置的功用是：当运行中的柴油机润滑油压力低于规定的最低限度值时，自动停车装置拨叉与挡块接触推动齿条停止供油迫使柴油机停车，从而防止因润滑不良造成的重大事故。

卡特电喷柴油机润滑油压力低保护：压力传感器采集到润滑油压力低时，ECM 会自动发出报警信号，当超过设定的极限值时就会自动停机。报警与停机是根据柴油机润滑油压力与柴油机转速关系确定的。如果柴油机润滑油压力低于系统设定最低压力持续 4s，则将会出现警报，要消除警报，柴油机润滑油压力必须升至高出最低压力 40kPa（5.8psi）；如果柴油机润滑油压力低于系统设定最低压力持续 9s，就会自动停机。

二 超速安全装置

超速安全装置的功用是：当柴油机出现速度失控现象时，能迅速自动地切断燃油供给或 / 和关闭进气道，迫使柴油机减速停车，防止飞车事故发生。

卡特 3500 电喷柴油机超速保护：柴油机超速时，ECM 会自动进行报警和停机。报警与停机设定值是根据柴油机的应用情况和柴油机的额定速度来确定的，如果柴油机转速超过设定转速值（设定转速值 = 额定转速 ×1.18），就会发生报警和停机。警报和停机的默认设定值是相等的，所以警报和停机是同时发生的。

三 进气防爆装置

进气防爆装置的功用是：当井场出现可燃气体，而柴油机采用切断燃油供应的办法无法实现停车时，可及时地切断进气通路，使空气不能进入气缸，迫使柴油机停车，以保护柴油机的安全。

四 紧急停车装置

在柴油机的操作面板上有一个红色的紧急停机按钮，紧急情况下，按下此按钮，即可使柴油机立即停机。

五 高温自动停车装置

高温自动停车装置的功用是：当运行中的柴油机的冷却液温度高于设定的最高限度值时，关闭油路或气路迫使柴油机停车，从而防止冷却液温度过高造成柴油机的损坏。

前述的几种安全保护装置，采用了切断供油和切断进气方法实现停机，对于电喷柴油机，紧急情况下也可采用断开 24 伏电源的方法实现停机。

第十节 常用仪表与传感器

石油钻机新技术的不断涌现，特别是先进检测技术、现代传感器技术、计算机技术、网络技术和多媒体技术的出现，给传统的石油钻机自动控制系统带来了新的挑战，并由此催生出许多新的技术。

一 常用显示仪表

（一）温度表

温度是表征物体冷热程度的物理量，是石油钻井生产中重要的测量及控制参数。它不能直接测量，只能借助于不同物体之间的热交换，以及物体随冷热程度改变而变化的物理特性来间接测量。

1. 温度表的分类

温度表按测温方式可分为接触式和非接触式两大类。接触式温度表比较简单、可靠，测量精度较高，但难以应用于高温测量。非接触式温度表是通过热辐射原理来测量温度的，测温元件不需与被测介质接触，测温范围广，不受测温上限的限制，不破坏被测物体的温度场，反应速度比较快，但受到物体的发射率、测量距离、烟尘和水汽等外界因素的影响，其测量误差较大。

2. 钻井常用温度表

石油钻井现场常用的温度表有双金属温度计与压力式温度计。

（二）压力表

在石油钻井生产过程中，压力值是一个重要参数，甚至压力的大小直接影响钻井生产效率和施工质量，此外，通过测量压力还可间接得出温度、流量和液位等参数。石油钻机常见的压力表如气源压力表、泥浆泵压力表、指重表、立管压力表、扭矩表等。

压力表种类繁多，原理、精度、用途各不相同。常用压力表可分为四类：

（1）弹性式压力表

弹性式压力表具有结构简单、使用牢固可靠、价格低廉、测量范围广等特点。若附加一定的装置还可以实现压力的远传、信号报警、自动控制等。其测量范围可从几百帕到数千兆帕，是石油钻井行业使用最广泛的一种压力表。

（2）液柱式压力表

液柱式压力表一般用来测量低压、真空度或压力差，主要用于石油钻井生产现场压力指示。

（3）活塞式压力表

活塞式压力表是根据水压机液体传送压力的原理，将被测压力转换成活塞上所加平衡砝码的重量进行测量的。其测量精度很高。但其结构复杂，价格较贵。一般用作标准型压力测量仪器，用来校验其他类型的压力表。

（4）电气式压力传感器

如需将压力信号远传至中控室，则一般采用电气式压力传感器，通过压力敏感元件将被测压力信号检测出来，并转换成电阻、电流、电压、频率等形式输出。电气式压力计有电容式压力 / 差压变送器、硅压阻式压力传感器、应变式压力传感器以及智能压力变送器等。

（三）转速表

用于测量转速的检测仪表统称为转速表。转速表结构简单，品种繁多，在工业生产和科学实验等方面应用广泛。

转速表的分类

（1）按照工作原理分类

①机械式转速表：包括离心式转速表，定时式转速表，振动式转速表等。

②磁电式转速表：包括磁感应式转速表，电动式转速表，电脉冲式转速表等。

③频闪式转速表：包括度盘读数频闪式转速表，数字显示频闪式转速表，机械频闪式转速表等。

④电子计数式转速表：包括手持电子计数式转速表，由电子计数器和转速传感器组成的转速表。

（2）按照测量方式分类

可分为接触式和非接触式转速表两种。接触式转速表与被测旋转轴直接接触，非接触式转速表不与被测旋转轴接触，而是通过光电传感器从旋转轴上接收与转速相关的光电信号或磁电信号进行测量。

（3）按照读数方式分类

转速表可分为度盘式、数字显示式、频闪式和记录式。

（4）按照安装连接方式分类

转速表可分为固定式转速表和便携式转速表两种。固定式转速表安装在设备上，并通过传动机构与被测轴相连，可以随时测量设备转动轴转速。便携式转速表一般指手持移动式转速测量仪。

二 常用传感器

随着计算机和信息技术应用的不断发展，传感器的研发和应用也得到了迅猛发展。传感器是一种参数检测装置，能感受到被测量的信息，并按一定规律变换为其他形式的信息输出，以满足信息的传输、处理、存储、显示、记录和控制等要求。

（一）温度传感器

温度传感器是开发最早、应用最广的一类传感器。温度传感器是指能感受温度并转换成可用输出信号的传感器，通常由敏感元件和转换元件组成。敏感元件指传感器中能直接感受（或响应）被测量信号的部分，转换元件指传感器能将被测量信号转换成适于传输或测量的电信号部分。温度传感器在石油钻机上应用非常广泛，主要用于检测轴承、润滑油及各种电力电子器件的温度，保证设备运行安全。温度传感器如图 2-33 所示。

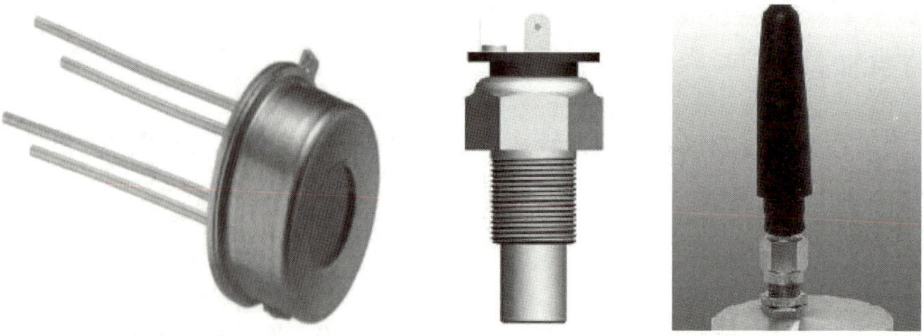

图 2-33　温度传感器

1. 温度传感器分类

温度传感器是温度测量仪表的核心部分，品种繁多。按测量方式可分为接触式和非接触式两大类。

（1）接触式温度传感器

接触式温度传感器的检测部分与被测对象直接接触，又称温度计。温度计通过热传导或对流达到热平衡，从而使温度计的示值能直接表示被测对象的温度。一般测量精度较高。在一定的测温范围内，温度计也可测量物体内部的温度分布。但对于运动体、小目标或热容量很小的对象则会产生较大的测量误差，常用的温度计有双金属温度计、玻璃液体温度计、压力式温度计、电阻温度计、热敏电阻和温差电偶等。

（2）非接触式温度传感器

它的敏感元件与被测对象互不接触，又称非接触式测温仪表。这种仪表可用来测量运动物体、小目标和热容量小或温度变化迅速（瞬变）对象的表面温度，也可用于测量温度场的温度分布。

2. 柴油机常用温度传感器

在钻井柴油机电控系统中，有许多与温度相关的物理量需要被测量，如冷却液温度、进气温度、润滑油温度、燃油温度和排气温度等。为了精确控制喷油量与喷油正时，从而使发动机更好地工作，需要在发动机不同位置上加装不同的温度传感器。电控柴油机所用的温度传感器一般由负温度系数的热敏电阻制成，电阻值随着温度的上升而减小，但不是线性关系。

（1）柴油机冷却液温度传感器

柴油机冷却液温度传感器的作用是检测柴油机冷却液的温度，并将温度信号转变成电信号输送给发动机电子控制模块（ECM/ECU），用于修正柴油机启动、暖机时的喷油量。安装在柴油机出水口上，考虑到热传导，通常将带导线的元件插入带螺纹的黄铜做的接头中，再用树脂材料进行密封。冷却液温度传感器如图 2-34 所示。

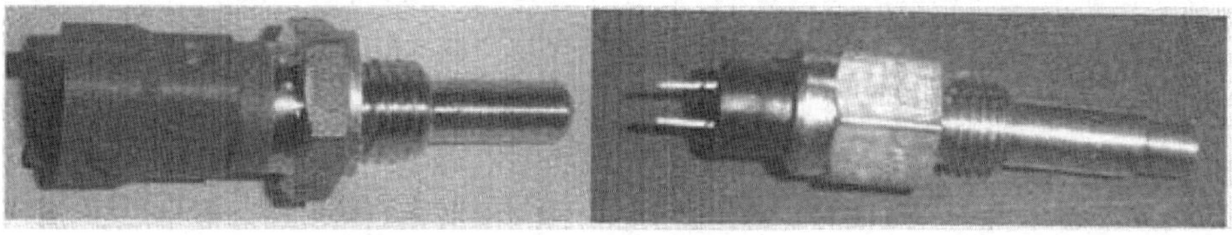

图 2-34　冷却液温度传感器

（2）排气温度传感器

柴油机排气温度传感器安装在排气管上，应用较广泛的是热敏电阻式和电子传导型。热敏电阻式传感器用金属氧化物制成，电阻值变化范围大，为 0.1～100kΩ；温度范围广，为 100～1000℃，使用寿命长。电子传导型传感器以半导体的 N 型、P 型为代表，但能用于高温的很少。电子传导型温度传感器能够覆盖大范围温度传感器，它们可用于判断催化剂的活性度和保护催化剂，用于多点温度检测、检查传感器的导通等。

（3）燃油温度传感器

燃油温度传感器的作用是向电子控制模块（ECM/ECU）提供燃油温度信号，电子控制模块根据燃油的温度变化调节供给单体式喷油器的脉宽调制信号，因为燃油随着温度的升高而膨胀，将会导致发动机功率降低。温度不同，燃油密度也不相同，另外，此信号也用来控制燃油冷却泵开关接合。不同的燃油控制系统，燃油温度传感器的安装位置有所不同，但一般都安装在高压油路上。燃油温度传感器如图 2–35 所示。

（4）进气温度传感器

进气温度传感器向电子控制模块提供进气管内的空气温度信号，电子控制模块将根据进气温度调节喷油脉宽调制信号，从而精确地控制喷油量。它一般与进气歧管压力传感器集成为一体安装在进气歧管上，也有的单独加装。进气温度传感器的实物图如图 2–36 所示。

图 2–35　燃油温度传感器

图 2–36　进气温度传感器

（5）温度传感器的检测

温度传感器的检测一般有外观检查、电压测量、电阻值测量。外观检查线束插头应无松动，外观有无磨损或破裂；打开电源开关，拔下线束插头，用万用表测量线束侧两端子的电压，其值应为 5V，针脚与搭铁线针脚之间的电压应在 0.2 ~ 2.5V；也可取下传感器，放入水中进行加热，测量两针脚之间的电阻值是否在规定的范围内。

（二）压力传感器

压力传感器是石油钻机中最为常用的一种传感器，一般输出为模拟信号，模拟信号是指信息参数在给定范围内表现为连续的信号，或在一段连续的时间间隔内，其代表信息的特征量可以在任意瞬间呈现为任意数值的信号。柴油发电机组常用压力传感器有燃油压力传感器、润滑油压力传感器等。

1. 压力传感器分类

常用压力传感器有电容式压力传感器、变磁阻式压力传感器、霍尔式压力传感器、光纤式压力传感器、谐振式压力传感器等。

（1）半导体压电阻抗扩散压力传感器

半导体压电阻抗扩散压力传感器是在薄片表面形成半导体变形压力，通过外力（压力）使薄片变形而产生压电阻抗效果，从而使阻抗的变化转换成电信号。

（2）静电容量型压力传感器

静电容量型压力传感器是将玻璃的固定极和硅的可动极相对而形成电容，将通过外力

（压力）使可动极变形所产生的静电容量的变化转换成电气信号。

2. 电控柴油机压力传感器

（1）润滑油压力传感器

润滑油压力传感器一般通过螺纹连接到缸体的油道里，其内部有一个可变电阻，一端输出信号，一端与搭铁的滑动臂相连。当油压变化时，油道口膜片推动滑动臂移动调节电阻，使电路中的输出电流发生变化。当检测到异常的润滑油压力时，电子控制模块将使仪表板上的红色报警灯闪亮。当润滑油压力传感器出现故障时，可用万用表测量润滑油压力传感器接头与搭铁线之间电阻值的方法检测。

（2）进气歧管压力传感器

进气歧管压力传感器，又称进气增压压力传感器，一般与进气温度集成在一起，采用半导体压敏电阻式结构，由硅膜片、真空室、硅杯、底座、真空管接头和引线等组成。硅膜片用单晶硅制成，它是压力转换元件，在薄膜片的圆周上有四个应变电阻，用惠斯顿电桥方式连接。然后与传感器内部的温度补偿电阻和信号放大电路混合集成电路连接。进气歧管压力传感器结构图如图 2–37 所示。

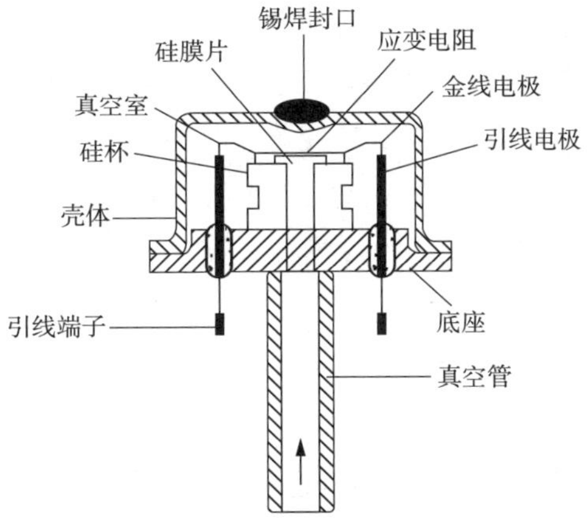

图 2–37　进气歧管压力传感器

进气压力传感器的供电端子与搭铁端子之间的电压应为 5V，当进气压力发生变化时，其电压信号也呈线性增加。进气压力信号是线性变化的，而进气温度信号是非线性变化的。

（3）大气压力传感器

大气压力传感器采用集成电路技术，在一块半导体基片上加工成压力传感器、温度补偿电路和放大电路。大气压力传感器的作用是向电子控制模块传送大气压力信号，因为大气在不同压力下含氧量是不同的，电子控制模块利用该信号控制进气系统增压压力和废气再循环的大气压力修正值。

（4）燃烧压力传感器

燃烧压力传感器一般采用压电陶瓷型燃烧压力传感器。该传感器用于测量气缸内混合气燃烧压力，因为在高温高压下测量，所以要求其耐高温、耐高压，并且抗振动和抗安装变形等。一般情况下燃烧压力传感器只用来监测第一缸。燃烧压力传感器结构如图 2–38 所示。

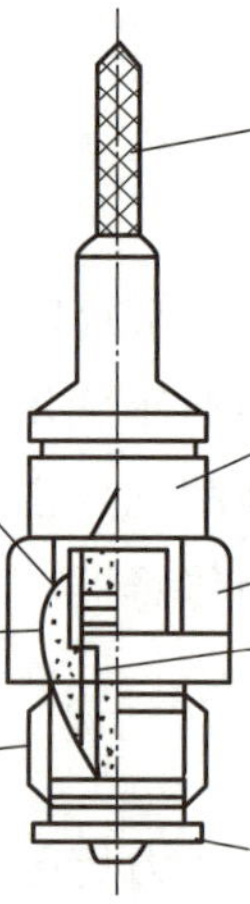

图 2-38　燃烧压力传感器

（5）油轨压力传感器

共轨系统油轨压力传感器由压力敏感元件、带求值电路的电路板和带电气插头的外壳组成。高压燃油经压力室的小孔流向膜片，膜片上有半导体敏感元件，可将压力转换成电信号。通过导线将产生的电信号传送到一个向电子控制模块提供测量信号的求值电路。

当膜片形状变化时，膜片上涂层的电阻发生变化。促使电阻值改变，并使 5V 供电的电阻电桥中产生电压变化。电压在 0 ~ 70mV 变化（具体数值由压力决定）。以求值电路放大到 0.5 ~ 4.5V。精确测量油轨中的压力是共轨系统正常工作的必要条件，油轨压力传感器的测量精度约为最大值的 2%。当油轨压力传感器失效时，压力限制阀通过打开溢流阀来限制共轨中的压力。

（三）转速传感器

转速传感器是将旋转物体的转速转换为电量输出的传感器。转速传感器属于间接式测量装置，可用机械、电气、磁、光和混合式等方法测量。石油钻机上转速传感器的种类繁多、应用极广，如柴油机转速、顶驱主轴转速等各种设备转速传感器。

1. 转速传感器分类

（1）按信号形式分类

转速传感器按信号形式可分为模拟式和数字式两种。模拟式转速传感器的输出信号值是转速的线性函数，数字式转速传感器的输出信号频率与转速成正比，或其信号峰值间隔与转速成反比。

（2）按测量原理分类

转速传感器的测量方式很多，测量原理也各不相同，按照测量原理的不同转速传感器可以分为磁脉冲式传感器、霍尔式传感器、光电式传感器等。

2. 柴油机常用转速传感器

（1）磁脉冲式转速传感器

磁脉冲式转速传感器安装在柴油机飞轮的壳体上，用于检测柴油机的转速。电子控制模块根据转速传感器的信号计算柴油机的转速。转速传感器由永久磁铁和电磁感应线圈组成。柴油机曲轴转动时，带动飞轮齿圈旋转，传感器线圈内的磁通量发生变化，从而产生交流电。曲轴转速越高，感应电压脉冲频率越高，电控组件根据感应电压脉冲的大小计算出柴油机转速。磁脉冲式转速传感器结构如图 2–39 所示。

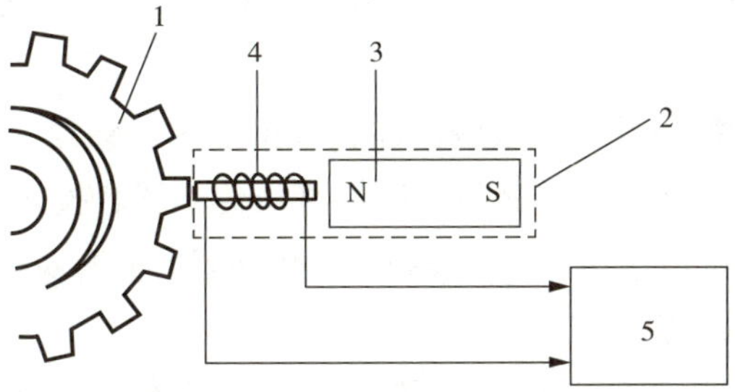

图 2–39　磁脉冲式转速传感器结构图

1—飞轮；2—转速传感器；3—永久磁铁；4—感应线圈；5—电子控制模块

（2）霍尔式转速传感器

霍尔式转速传感器是利用霍尔效应的原理制成的。即触发叶轮转动时，其叶片在永久磁铁与霍尔元件间转动，从而使通过霍尔元件的磁通量发生变化，由于霍尔元件使导线连接在电路中，其上通过电流，所以在霍尔元件上产生一个霍尔电压，经集成电路放大整形后输出矩形方波信号。

（3）光电式转速传感器

光电式转速传感器多用在数字式速度表上，由发光二极管、光敏晶体管以及安装在速度表驱动轴上的遮光板构成。当遮光板不能遮断光束时，发光二极管的光射到光敏晶体管上，光敏晶体管的集电极中有电流通过。脉冲频率仪表挠性驱动轴的转速决定，仪表软轴每转一圈，传感器就有 20 个脉冲输出。

光电式转速传感器又分为投射式和反射式两类。其结构如图 2–40 所示。

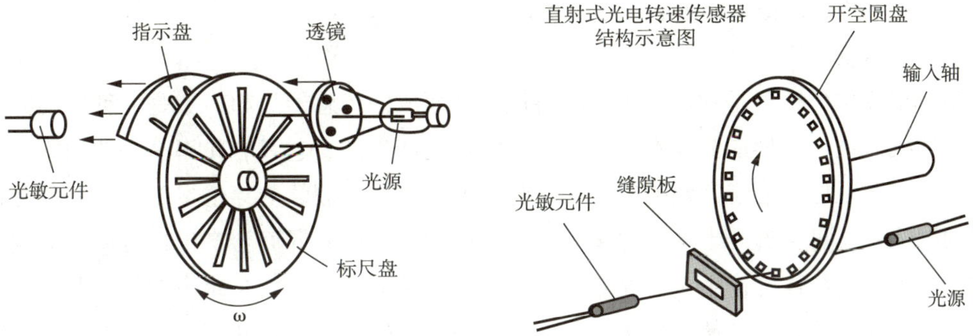

图 2–40　光电式转速传感器

（四）液位传感器

近年来，随着电子技术和自动化不断发展，液位测量与控制技术有很大的提高，液位传感器的重要性日益凸显。液位传感器是一种常见的测量液位的传感器。它基于所测液体静压与该液体的高度成比例的原理，将静压值转换为电信号，再经过温度补偿和线性修正，转化成标准电信号（一般为 4～20mA/l ～5VDC）。

1. 液位传感器分类

液位传感器可分为两类：第一类为接触式液位传感器，第二类为非接触式液位传感器。

（1）接触式液位传感器

接触式液位传感器指测量部分与被测液体直接接触的传感器。可分为单法兰静压 / 双法兰差压液位传感器、浮球式液位传感器、磁性液位传感器、投入式液位传感器、电动浮筒液位传感器、电容式液位传感器、磁致伸缩液位传感器、伺服液位传感器等。

（2）非接触式液位传感器

非接触式液位传感器指敏感元件与被测液体不直接接触的传感器。可分为超声波液位传感器、雷达液位传感器等。

2. 钻井常用液位传感器

（1）浮球式液位传感器

浮球式液位传感器由磁性浮球、测量导管、信号单元、电子单元、接线盒及安装件组成，一般磁性浮球的相对密度小于 0.5，可漂于液面之上并沿测量导管上下移动，导管内装有测量元件，它可以在外磁作用下将被测液位信号转换成与液位变化成正比的电阻信号，并将电子单元转换成 4～20mA 或其他标准信号输出。

浮球式液位传感器为模块电路，具有耐酸、防潮、防震、防腐蚀等优点，电路内部含有恒流反馈电路和内保护电路，可使输出最大电流不超过 28mA，因而能够可靠地保护电源及二次仪表。石油钻井中钻井液液面报警器使用的就是浮球式液位传感器。

（2）光电式液位传感器

光电式液位传感器是利用光在两种不同介质的交界处发生偏折的原理而开发的新型接触式液位测控装置。因具有结构简单、定位精度高、没有机械部件、无须调试、灵敏度高、耐腐蚀、耗电少、体积小等诸多优点而受到市场认可。

（3）超声波液位传感器

超声波液位传感器是利用超声波的特性研制而成的传感器。超声波是一种振动频率高于声波的机械波，由换能晶片在电压的激励下振动产生的，它具有频率高、波长短、绕射能力弱、方向性好、能定向传播等特点。超声波对液体、固体的穿透本领大，尤其是在不透明的固体中，可穿透几十米的深度。超声波碰到杂质或分界面会产生显著反射形成反射回波，碰到活动物体能产生多普勒效应。完成这种功能的装置就是超声波传感器，习惯上称其为超声换能器，或者超声探头。石油钻井现场中探测井下钻井液漏失速度的液面声波检测仪就是超声波液位传感器。

（五）其他常用传感器

1. 位置传感器

在电控柴油机中，有许多与位置相关的传感器，如曲轴位置传感器、凸轮轴位置传感器、针阀升程位置传感器等。这些传感器的作用是监测相应器件的位置，以便电控单元更好地对发动机进行控制。

（1）电磁式曲轴位置传感器

电磁式曲轴位置传感器在柴油机上的应用十分广泛，因为它不需要外加电源。主要由信号盘和传感头组成。信号盘与曲轴同步旋转，在其圆周上有许多凸齿或凹齿。传感头固定在发动机机体上，铁芯与触发轮凸齿保持 0.5 ~ 1.2mm 的间隙。当发动机旋转时，信号盘的轮齿顺序通过磁头，使磁隙不断发生变化，通过感应线圈的磁通量也不断发生变化，从而在线圈的两端产生交变电动势，这些交流信号整形放大后，形成方波被送入电子控制模块。为了让电子控制模块根据传感器信号判断曲轴位置，还应在触发轮上对应着某一缸的上止点做一个或几个空缺齿。

（2）霍尔式曲轴位置传感器

利用霍尔效应制成的曲轴位置传感器的特点是输出的电压信号近似于方波，输出电压的高低与被测物体的转速无关，霍尔传感器需要外加电源。其触发轮带有若干叶片，一般安装在曲轴或凸轮轴上，随发动机运转。传感器含有一个永久磁铁和一个霍尔元件，两者固定在同一底板上，其间隙可以让旋转的触发叶片通过。当叶片不在间隙时，永久磁铁的磁力线就穿过霍尔元件，产生霍尔电压。

（3）针阀位置传感器

针阀位置传感器是柴油发动机控制系统中重要的传感器之一，其作用是确定喷油器喷油始点，可以作为判缸信号，感知喷油持续时间，通过检测针阀升程来换算循环喷油量，间接检测柴油机负荷。针阀位置传感器安装在喷油器内部，一般用于电控分配泵式燃油系统中。喷油器针阀位置传感器主要有差动式和霍尔式两大类。

差动式喷油器针阀位置传感器主要由电磁线圈、传动杆等组成。当喷油器有高压燃油时，喷油器针阀传动杆上升，改变电磁线圈的磁阻，输出信号电压，从而将喷油器的喷油始点反馈给电子控制模块。

霍尔式喷油器针阀位置传感器的霍尔元件装在针阀弹簧座的上方，弹簧座上固定着一块永久磁铁。霍尔元件通电后，弹簧座随针阀运动时，因永久磁铁的运动，使通过霍尔元件的磁感应强度发生变化，造成近似地与针阀位置成正比的输出信号电压的变化，故可由信号电压的变化来测出喷油始点。

2. 气体浓度传感器

气体浓度传感器可以感测混合气的浓度，如氧传感器、柴油机烟雾传感器等，随着柴油机电控技术的提高，一种可以连续测量柴油机排烟的传感器已经被广泛使用，可以检测发动机排放气体中形成的碳烟和未燃烧的碳粒，并把表示碳烟存在的电信号输入电子控制单元电子控制模块，电子控制模块根据烟度信号调节空气和柴油的供给量，以达到完全燃烧减少碳烟的目的。

3. 着火正时传感器

燃烧室燃烧的光，通过石英棒导入光敏晶体管转为电信号，电子控制模块根据实际着火时刻修正喷油提前角。通过对点火提前角的修正可以减少因大气压力变化对发动机的影响，减少因不同十六烷值对发动机的影响，减少因喷油泵机械结构差异及其他因素对发动机的影响。着火正时传感器如图 2–41 所示。

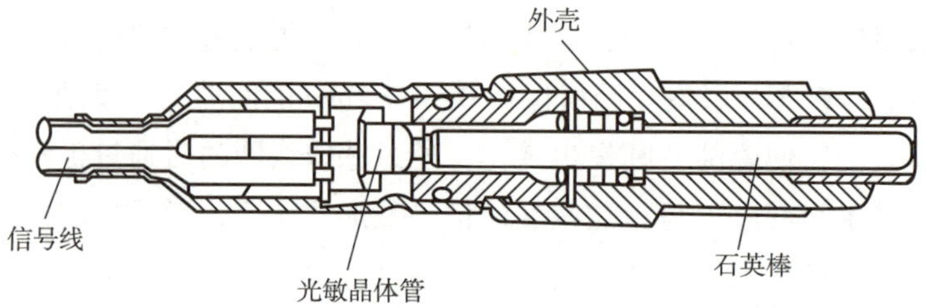

图 2–41　着火正时传感器

4. 含水率传感器

含水率传感器安装在油水分离器的下方，用来探测燃油含水情况，将信息传送给电子控制模块，含水率过高时发出报警。

思考题

1. 简述柴油机机体组件的主要功用和结构形式。
2. 柴油机主要由哪些部分组成？
3. 柴油机润滑系统中主要有哪些部件？
4. 简述柴油机常见的冷却方式。
5. 柴油机常见的安全保护装置有哪些？
6. 柴油机常用仪表与传感器有哪些？
7. 柴油机传感器有哪些作用？

扫一扫
获取更多资源

第三章

钻机动力传动系统

PART 3

传动系统将动力设备提供的动力转换为驱动力，然后传递和分配给各工作机组，以满足各工作机组对动力的不同需求。为解决动力机组和工作机组在运动特性上的矛盾，要求传动系统具有并车、调速、倒车、变矩等功能。根据能量传递形式与传动介质，钻井现场常用传动系统分为“V”形带传动、链传动、齿轮传动、液力传动、电传动等，本章主要介绍以上传动系统及相关设备和元器件。

第一节 “V”形带传动

目前，在石油钻井机械中广泛地采用皮带传动，如柴油机风扇、钻井泵、空气压缩机等都采用了皮带传动方式。带传动按传动带的截面形状可分为平带（带的截面为矩形）、“V”形带、圆形带传动等。钻井现场“V”形带应用较多，本节重点以“V”形带传动为例进行介绍。

一 “V”形带传动的组成与原理

（一）组成

“V”形带传动是由主动轮 1、从动轮 2 和紧套在两带轮上的挠性“V”形带 3 组成，如图 3–1（a）所示。

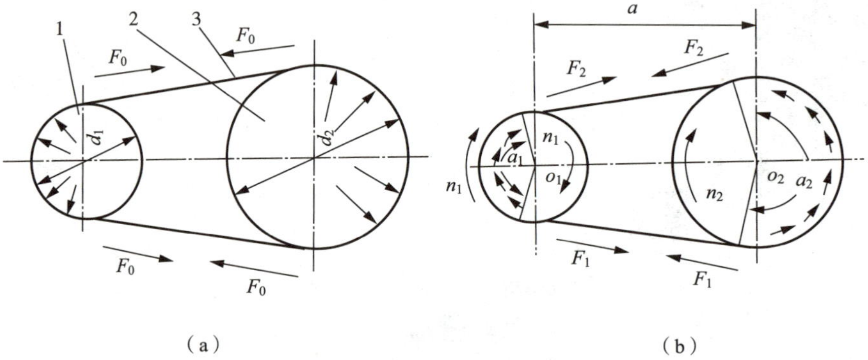

图 3–1 “V”形带传动的工作原理

图 3–1 中标出的 α 为中心距；d_1、d_2 分别为主动带轮（通常为小带轮）和从动带轮（通常是大带轮）的基准直径；a_1、a_2 分别为主、从动带轮上的包角，包角指带与带轮接触面的弧长所对应的中心角。a、d_1、d_2、a_1、a_2 都是“V”形带传动的参数。

（二）工作原理

在安装时，使“V”形带涨紧在带轮上，这样“V”形带和带轮在接触表面之间就产生一定的正压力，这时在“V”形带中便产生初拉力 F_0（如图 3–1a）。当主动轮旋转时，在“V”形带与带轮接触面间便产生摩擦力，带动“V”形带一同运动，“V”形带再带动从动轮转动，从而完成运动和动力的传递。“V”形带自身作为中间挠性件，通过与带轮之间产生的摩擦力来传递运动和动力。

二 “V”形带传动比

主动轮转速与从动轮转速之比称为传动比。其表达式为：

$$i=\frac{n_1}{n_2}=\frac{d_1}{d_2}$$

式中 n_1——主动轮转速，r/min；

n_2——从动轮转速，r/min；

d_1——主动轮基准直径，mm；

d_2——从动轮基准直径，mm；

i——传动比。

三 “V”形带的结构与型号

“V”形带是一条没有接头的环形带，其横截面形状为等腰梯形，两侧为工作面，楔角（两侧面延长线相交而成的夹角）为 40°。按其相对高度（高与节宽之比），将“V”形带分为普通带与窄型带两种；按抗拉体的材料，“V”形带又可分为帘布芯带与绳芯带两种。窄型“V”形带与普通“V”形带相比，具有结构紧凑、使用寿命长、适用于高速等特点，主要用于大功率、结构紧凑的传动。线芯带与帘布芯带相比，具有柔软、疲劳性能强的特点，一般用于带轮直径较小、转速较高的场合。

“V”形带属于标准化产品，在我国，普通“V”形带有 Y、Z、A、B、C、D、E 七种型号，Y 型“V”形带截面积最小，E 型“V”形带截面积最大；窄型“V”形带有 SPZ、SPA、SPB、SPC、9N、15N、25N 七种型号，齿窄型“V”带以 XPZ、XPA、XPB、XPC、9NX、15NX、25NX 表示。“V”形带的截面积愈大，其传递的功率也愈大。

普通“V”形带的标记：

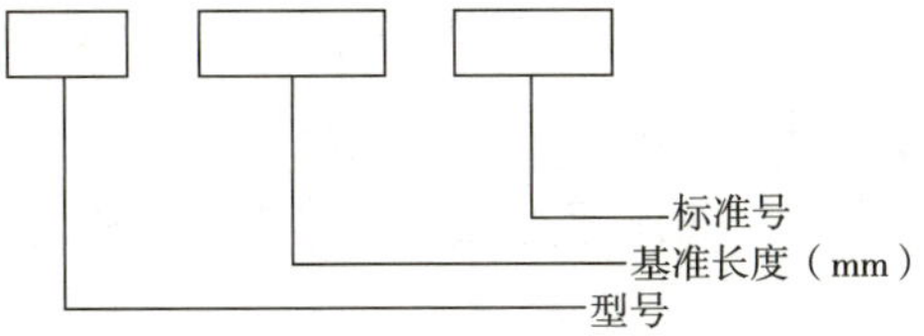

例如基准长度为2500mm的A型普通“V”形带的标记为：A2500GB/T1171。

窄型“V”形带的标记分为基准制标记和有效制标记：

1. 基准制标记

基准长度为2500mm的SPA型“V”形带的标记为：SPA2500 GB/T 12730。

SPA- 窄型“V”形带型号为SPA型；2500- 窄型“V”形带基准长度为2500mm。

2. 有效制标记

有效长度为2500mm的15N型“V”形带的标记为：15N2500 GB/T 12730。

15N—窄型“V”形带型号为15N型；2500—窄型“V”形带有效长度为2500mm。

四 影响带传动工作能力的因素

带传动的工作能力，受打滑、疲劳破坏和带的工作面磨损三种失效形式的限制。

在传递动力时，由于载荷增大，传动带的有效拉力也增大。但是在一定条件下，带与带轮间的摩擦力是一定的，当载荷超过某一数值时，带与小带轮之间将产生相对滑动。这种由于载荷过大而引起的传动带与小带轮轮面在整个接触弧面上的相对滑动现象，称为打滑。打滑时从动轮的速度迅速下降，使传动带失去传动能力，打滑还会使胶带发热、磨损，缩短使用寿命。另外，在“V”形带传动中，传动带在进入带轮时，由平直变为弯曲，离开带轮时，又由弯曲变为平直。因此，“V”形带在绕两轮运转时，其剖面中的应力是交变的，即拉、弯应力周期性的变化。这样在工作了一段时间之后，就会出现胶带一层一层地剥裂脱开的现象，这种现象被称为“V”形带的疲劳破坏。“V”形带的工作面磨损不可避免，但可以通过增加轮槽工作面的光滑程度，减少磨损，从而提高“V”形带的使用寿命。下面分析影响打滑和疲劳破坏的主要因素。

（一）影响打滑的主要因素

1. 预紧力 F_0 的影响

预紧力 F_0 的大小影响传动带与带轮间压紧力的大小，因此也影响所能产生的摩擦力的大小。预紧力越大，传动带与带轮间的压紧力就越大，就能传递更大的圆周力。但是预紧力过大，传动带易失去弹性，结果还是使 F_0 降低，而且会缩短传动带的使用寿命。所以，传动带在安装时只能涨紧到一定程度，单根“V”形带的预紧力 F_0 可根据胶带型号、“V”形带每米长的质量、带速、传递功率、带的根数及小带轮包角修正系数等通过公式计算确定。在实际工作中，通常通过在旋紧“V”形带的中点处加一垂直带边的载荷，使其产生一定的挠度来控制预紧力的大小（例如：通过调整涨紧轮实现）。

2. 带速的影响

传动带沿带轮作圆周运动时产生离心力，带速越大，所产生的离心力也就越大，离心力将胶带拉长，使传动带与带轮间的压紧力减小，摩擦力也随之减小，传动能力降低，所以带速不能过高。

3. 小带轮包角的影响

包角越大，接触面间所产生的总摩擦力就越大，传动带的有效拉力也就越大。由于小带轮的包角总是比大带轮的包角小，在实际使用中一般规定小带轮的包角＞120°。

4. 工作情况的影响

当传动带遇到冲击或振动时，接触面间产生的摩擦力就要降低，因而会降低传动能力。

（二）影响疲劳破坏的因素

1. 限制带轮的最小基准直径

带轮的直径越小，则传动带在带轮上弯曲越厉害，产生的弯曲应力越大；传动带越厚，弯曲应力也越大。因此，对于一定厚度的“V”形带，匹配的带轮基准直径应有一个最小限定值。

2. 传动带每秒钟绕转次数

为了限制传动带在工作过程中弯曲应力的变化次数，应限制传动带上任一点在每秒内沿传动带长度绕过的次数。

（三）造成磨损的主要因素

“V”形带正常磨损不可避免，但异常偏磨就要引起重视，“V”形带的偏磨现象，在很大程度上是由于带轮的安装位置不正确，因此，在更换“V”形带时，应首先解决两带轮的安装位置存在着相对偏斜的问题。

两皮带轮相对偏斜的简易检查方法：贴近两皮带轮的外端面外侧拉一细线，绷紧后看其细线与带轮端面的贴合情况。如贴合良好，则证明两带轮安装合格。

五 “V”形带传动的特点

（一）“V”形带传动的优点

①结构简单，使用、维修方便。

②适用于两轴中心距较大的场合。

③传动带富有弹性，能缓和冲击和振动，使传动平稳，噪声小。

④过载时“V”形带将在带轮上打滑，可防止薄弱零部件损坏，起到安全保护作用。

（二）“V”形带传动的缺点

①在传动中，传动带和带轮间有滑动，故不能保证精确的传动比。

②由于存在张紧力，轴和轴承受力较大。

③外部轮廓尺寸较大。

六 “V”形带的使用与维护

正确的调整、使用和维护是保证“V”形带正常工作、延长其使用寿命的有效措施。因此，在使用中应注意以下几点：安装带轮时，两轮轴的轴心线必须平行，两轮的轮槽必须调整在同一平面内，否则将会引起“V”形带的扭曲和两侧面过早磨损。

①正确选用“V”形带的型号，以保证“V”形带截面在轮槽中的位置。

②“V”形带的张紧程度要适当。在生产实践中往往可根据经验来调整，一般在中等中心距的情况下，“V”形带的张紧程度按两带轮的中心距下垂尺寸来计算，每米小于 15mm，测力应垂直两三角带轮中心距的中心，力的大小应符合国标的规定。

③成组使用的“V”形带长度要尽量一致，新旧“V”形带最好不要同组使用，以免造成受力不均。

④安装“V”形带宜采用缩小带轮中心距的方法。严禁生拉硬拽，以免损坏“V”形带，降低其使用寿命。

⑤严防“V”形带与任何油脂、酸、碱等介质接触。

⑥“V”形带传动装置必须配备安全护罩，防止伤人和杂物飞溅到“V”形带上。

第二节　链传动

链传动是石油钻井现场应用较广的一种机械传动，是通过链条将具有特殊齿形的主动链轮的运动和动力传递到具有特殊齿形的从动链轮的一种传动方式。链传动被广泛应用在钻井现场绞车、并车链传动箱等设备中。

一 链传动的组成与工作原理

链传动是由安装在互相平行的主、从动轴上的两个链轮和跨绕其上的环形链条所组成，如图 3-2 所示。

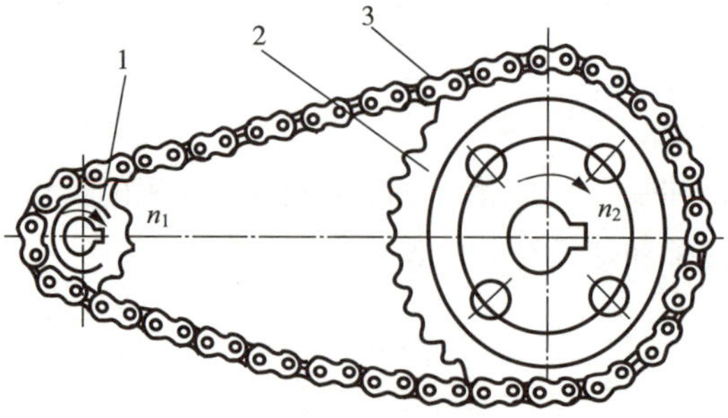

图 3-2　链传动

1—链轮；2—链轮 2；3—链条

在链轮上有特殊形状的轮齿，当主动链轮转过一个轮齿时，拨动链条转过一个链节，链条移动带动从动轮也转过一个轮齿，这样周而复始，主动链轮的动力就通过链条传递给从动链轮。因此，链传动是通过链轮轮齿与链条链节的相互啮合来传递运动和动力的。

二 平均传动比

链传动的平均传动比等于主动轮转速与从动轮转速之比，而与链轮的齿数成反比。其表达式为：

$$i=\frac{n_1}{n_2}=\frac{z_2}{z_1}$$

式中 n_1——主动链轮转速，r/min；

n_2——从动链轮转速，r/min；

z_1——主动链轮齿数；

z_2——从动链轮齿数；

i——传动比。

三 链条的结构

链条的种类很多，按结构分有滚子链条、套筒链条、输送链条、多板链条等，按用途分有传动链条、输送链条和其他用途链条，下面以滚子链为例进行介绍。

（一）滚子链的基本结构

滚子链是一种标准化产品，其基本结构由滚子、套筒、销轴、内链板和外链板组成，两相邻销轴中心线之间的距离称为链的节距。

（二）滚子链的种类

滚子链按排数可分为单排、双排、多排滚子链。双排链及多排链实际上相当于由加长的销轴将单排链并联而成。

多排链的承载能力理论上与排数成正比，但由于制造精度的影响，各排链的实际承载能力并不均等，且排数越多均等性越差，故链的排数不宜过多。在钻机中使用较多的是三排链和四排链，六排链、八排链在现场也有使用。

（三）滚子链的接头形式

当链节数为偶数时，接头处可用开口销或弹簧卡片来固定，一般前者用于大节距，后者用于小节距。当链节数为奇数时，采用过渡链节。由于过渡链节的链板受到附加弯曲应力，对强度有影响，所以在一般情况下，尽量避免采用奇数链节的闭合链条。滚子链的接头形式如图 3–3 所示。

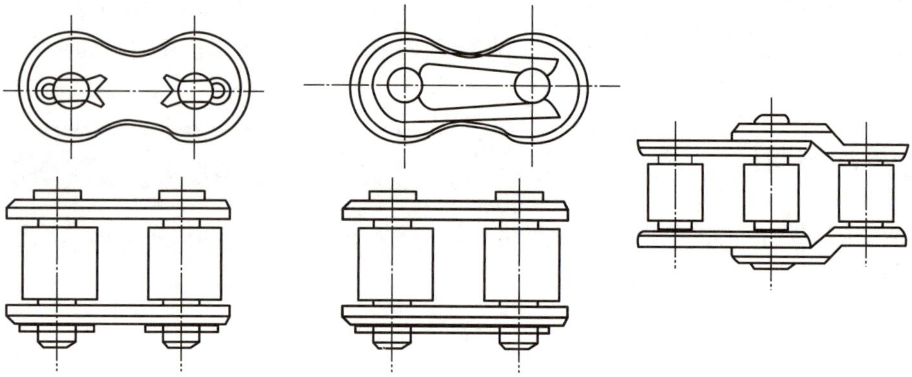

（a）开口销　（b）弹簧卡片　（c）过渡链节

图 3–3　滚子链的接头形式

四　链传动的特点

（一）主要优点

①能保持准确的平均传动比。

②磨损小，传动效率高，一般可达 0.95～0.97。

③可适用于中心距较大的两轴间的传动。

④作用在轴、轴承上的力较小。

⑤传递的功率范围大。

⑥能适应高温、多尘、淋水等恶劣工作环境。

（二）主要缺点

①工作时有冲击，噪声大。

②安装维护要求高。

③链节磨损后，由于链条伸长容易引起脱链。

④制造费用较高。

⑤瞬时传动比不恒定。

五　并车链传动箱（以 BCX40LDB 型为例）

并车链传动箱是链条并车钻机配套的传动设备，用来将动力机组的转矩传递和分配给不同的工作机，是钻机的重要组成部分。如图 3–4 所示。

图 3–4　并车链传动箱

（一）并车链传动箱的功用

①将三个动力机组输出的动力在并车箱体内汇合，实现 2 号、3 号动力机与 1 号动力机的任意并车。

②将动力分流后分别传递给绞车、两台泥浆泵，实现双泵的任意切换或同时使用以及绞车动力的切断和输入。

以上功能是通过输入离合器、带泵离合器、推盘离合器的结合与分离及一个换挡机构的不同组合实现的。

（二）并车链传动箱的结构及工作原理

该并车链传动箱主要由三根动力输入轴和三根动力输出轴组成。动力由三台动力机组提供，经液力耦合器正车减速箱（液力变矩器）传给三根输入轴，在并车链传动箱内经过并车，动力分配到三个动力输出轴，分别带动两台泥浆泵、绞车。并车传动箱的动力分配，由箱内设在 1#、3# 传动轴总成上的齿套式离合器来完成。若齿套式离合器均挂合时，则工作机构（泥浆泵、绞车）均可分配到功率，此为最常用的动力分配方式。

若只挂合 1# 传动轴总成上的齿套式离合器，则 1#、2# 传动轴总成并车后联合驱动 1# 泥浆泵和绞车工作；3# 传动轴总成单独驱动 2# 泥浆泵；若只挂合 3# 传动轴总成上的齿套式离合器，则 1# 传动轴总成单独驱动绞车工作，2#、3# 传动轴总成联合驱动 1# 泥浆泵、2# 泥浆泵。从功率配备上讲，后两种情况只能用于一些特殊情况。三个传动轴总成通过万向轴与液力耦合正车减速箱（液力变矩器）相连，1#、2# 泵传动轴总成通过万向轴带动泥浆泵工作。在并车链传动箱靠柴油机一侧中部位置设有气控箱，通过控制三套 AVB700/135 气胎离合器，来控制三台动力机组为并车链传动箱提供的动力，通过对两套 AVB700/250 气胎离合器的控制，来控制并车链传动箱对两台泥浆泵提供的动力。输入轴总成输出端装有 AVB600X250 离合器，靠它的离、合控制绞车的工作状态。在 1# 传动轴总成和 3# 传动轴总成上装有润滑油泵驱动皮带轮，分别带动两台油泵工作，为并车链传动箱各摩擦副提供润滑油。

第三节　齿轮传动

齿轮传动是石油钻井现场应用较多的一种传动方式，可以实现空间任意两轴间运动和动力的传递，传动平稳可靠、效率高、易于改变速度和方向。从大动力到小负荷，以及精确的角度传输中都可以见到齿轮传动的应用。

一　齿轮传动的组成与工作原理

齿轮传动主要由主动轮、从动轮、机架等组成。齿轮是指轮缘上有齿轮连续啮合传递运动和动力的机械元件。由两个相互啮合的齿轮所组成的基本机构称为齿轮副。利用两个带有轮齿的轮子相互啮合而传递动力的传动，称为齿轮传动。在齿轮传动中，主动齿轮的转动，通过其轮齿的侧面推动从动齿轮轮齿的侧面来实现从动齿轮的转动，从而达到传递运动和动力的目的。轮齿的顶部与齿槽底部不发生接触。如图 3–5 所示。

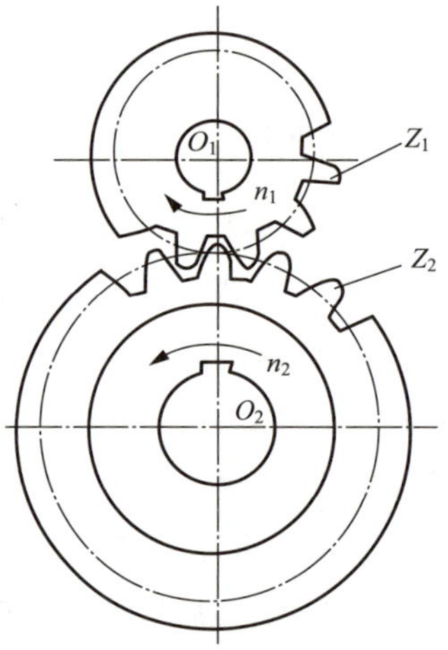

图 3–5　齿轮传动示意图

二　齿轮传动的种类

齿轮传动的种类很多，根据一对相互啮合齿轮的轴线相对位置和齿线形状可分为以下几种：

（一）用于两平行轴间的齿轮传动

1. 按轮齿的排列方向分

①直齿圆柱齿轮传动，见图 3–6（a）。

②斜齿圆柱齿轮传动，见图 3–6（b）。

③人字齿圆柱齿轮传动，见图 3-6（c）。

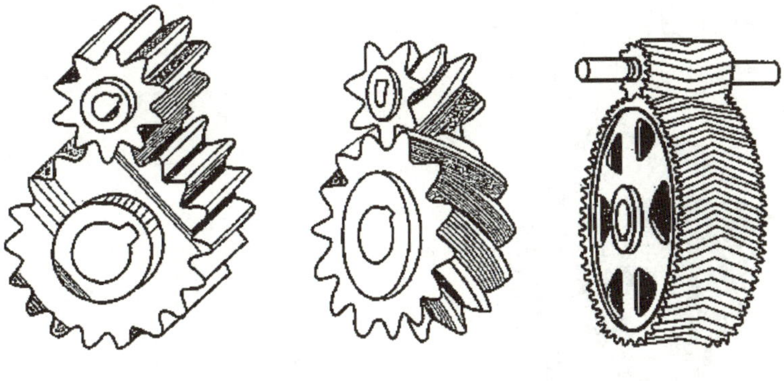

（a）　　（b）　　（c）

图 3-6　圆柱齿轮传动

2. 按啮合情况分

①外啮合齿轮传动，见图 3-6。

②内啮合齿轮传动，见图 3-7。

③齿轮齿条传动，见图 3-8。

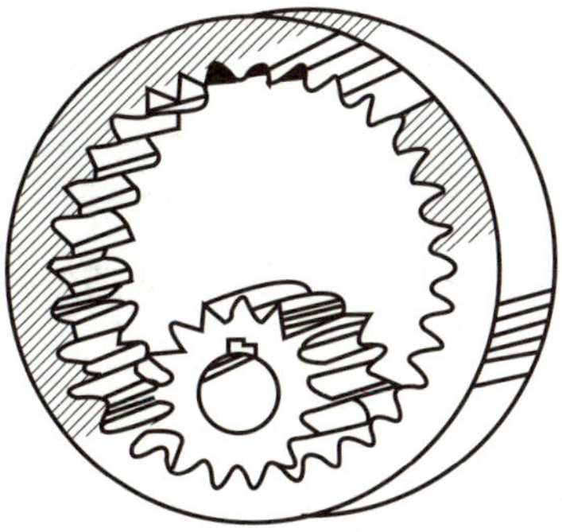

图 3-7　内啮合齿轮传动

图 3-8　齿轮齿条传动

（二）用于两相交轴间的传动

①直齿锥齿轮传动，见图 3-9（a）。

②斜齿锥齿轮传动，见图 3-9（b）。

③曲线齿锥齿轮传动，见图 3-9（c）。

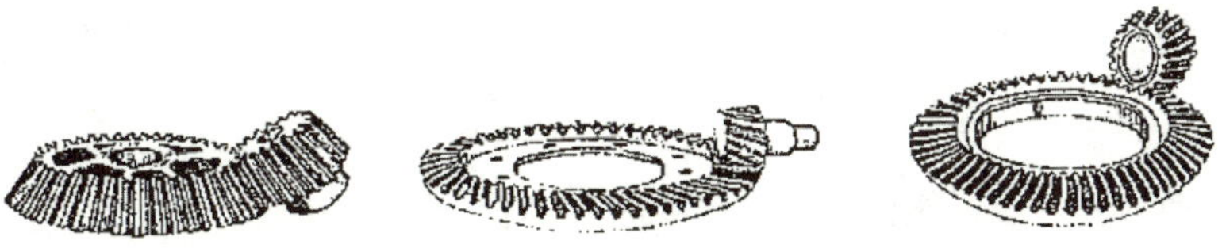

（a）　　（b）　　（c）

图 3-9　锥齿轮传动

（三）用于两轴交错的传动

①螺旋齿圆柱齿轮传动，见图 3–10。

②蜗轮蜗杆传动，见图 3–11。

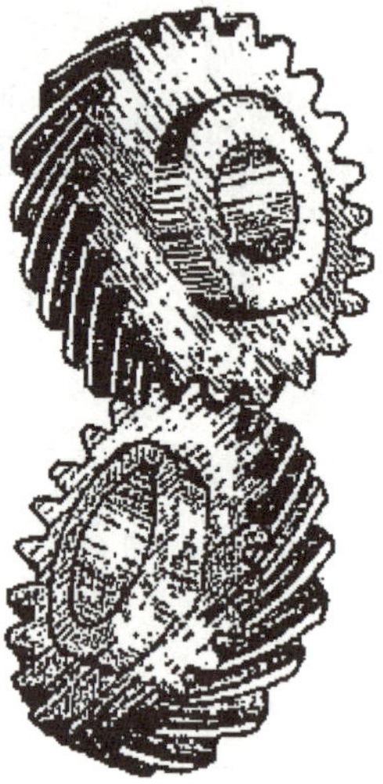

图 3–10　交错轴斜齿圆柱齿轮传动

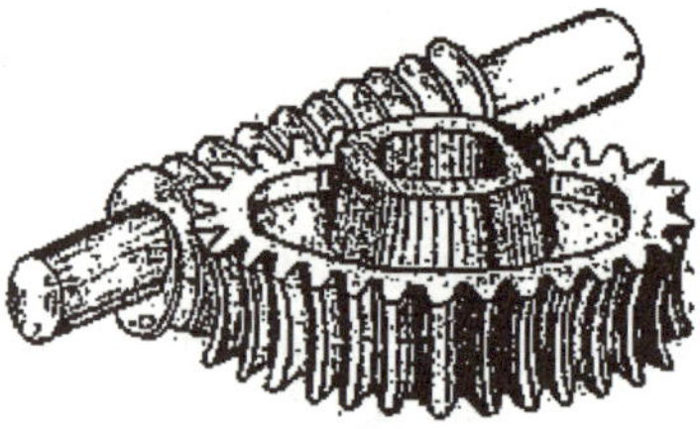

图 3–11　涡轮蜗杆传动

三　齿轮传动比

齿轮传动的传动比等于主动齿轮与从动齿轮转速之比，它与主、从动齿轮的齿数成反比。其表达式为：

$$i=\frac{n_1}{n_2}=\frac{z_2}{z_1}$$

式中　n_1——主动齿轮转速，r/min；

n_2——从动齿轮转速，r/min；

z_1——主动齿轮齿数；

z_2——从动齿轮齿数；

i——传动比。

四　齿轮传动的特点

1. 优点

①传递运动准确可靠，能保证恒定的瞬时传动比。

②传递功率和速度范围大。

③结构紧凑，体积小。

④传动效率高，一般一对圆柱齿轮传动效率可达 0.98。

⑤承载能力大，传动平稳。

⑥使用寿命长。

2. 缺点

①齿轮加工和安装精度要求高，制造成本高。

②不适用于中心距较大的两轴间的传动。

第四节　液力传动

以液体为工作介质，利用液体的动能来传递能量的传动方式称为液力传动。液力传动是 20 世纪末出现的一种传动机械，目前在钻机的传动系统中应用较广，它具有良好的传动性能，比纯机械传动更能适应钻机的要求，如液力耦合器、液力变矩器等。

一　液力系统的结构

液力系统通常由泵轮、涡轮、导轮、传动介质等四部分组成。

1. 泵轮

液力系统的动力（能量输入）部件，作用是接收动力机传来的机械能，并通过旋转来带动内部液体的旋转运动，将机械能转换为液体运动的动能。

2. 涡轮

即能量输出部件，作用是将液体旋转的动能转化为机械能并对外输出动力。

3. 导轮

其与机体固定连接，作用是导流及变矩。

4. 传动介质

系统工作液体，即液力传动油。作用是实现动力和运动的传递。

二　液力传动的工作原理

最初的液力传动采用了由离心泵和涡轮机组装的结构，如图 3–12 所示。

当发动机工作时，带动离心泵旋转，离心泵将工作液体从液槽经吸入管吸入，液体在泵中获得能量后，就沿着导管进入涡轮内，高速流动的液体冲动涡轮，带动与涡轮轴相连的工作机旋转对外做功。工作液体把能量传给涡轮后又回到液槽中，然后被离心泵吸入。这样，工作液体在循环的过程中成为转换和传递能量的中间介质，因此称为液力传动。

在上述装置中，由于泵轮与涡轮相距较远，装置尺寸太大，高速液体流经连通管时，能量损失也大，传动效率不高。为了减少这些缺陷，人们取消了导管而把泵轮与涡轮放在同一个壳体中构成了一种新的传动装置，就是现在的液力传动装置。

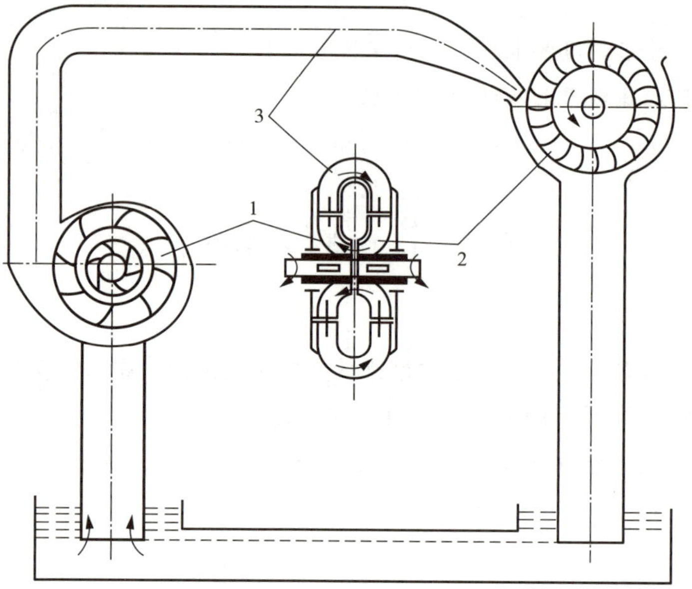

图 3-12　液力传动原理图

1—离心泵；2—涡轮机；3—导管

三　液力传动的特点

1. 优点

①传动性能柔和，当负荷变化时，可以实现自动无级调速。新型液力传动装置还能改变输出扭矩，充分利用动力机的功率，提高生产效率。

②对动力机和工作机具有良好的过载保护作用。当动力机和液力传动装置共同工作时，不论外界载荷如何变化，都对动力机工作影响不大，动力机始终平稳运转。

③能吸收振动。由于液力传动是靠液体在其内部的运动来传递能量的，主动部分和从动部分之间没有刚性的机械连接，所以可以缓和来自动力机的扭转振动和来自工作机的动载影响，使启动平稳、加速均匀，大大提高了从动力机到工作机有关设备的使用寿命。

④没有摩擦和磨损。液力传动以液体作为传递动力的介质，泵轮和涡轮之间没有直接接触，因而没有机械摩擦和磨损。

⑤具有良好的克服静载启动性能。液力传动可以在负载条件下启动和换挡，也可在运转条件下换挡，操作方便。

2. 缺点

①液力传动的功率损失较大，效率较低。

②一般只适用于高速传动。因为用于低速传动时，主动轴转速越低，尺寸越大。

③需增加一些附属设备。如工作压力补偿系统、工作液冷却散热系统，因而机构的复杂程度和制造成本比机械传动的要高。

四 液力传动的基本类型

液力传动的基本类型有三种：液力耦合器、液力变矩器和综合式液力变矩器。在钻井现场常用的是液力耦合器。

1. 液力耦合器

按照冷却方式可分为风冷式耦合器。

（1）液力耦合器的基本结构

液力耦合器的基本结构如图 3-13 所示。

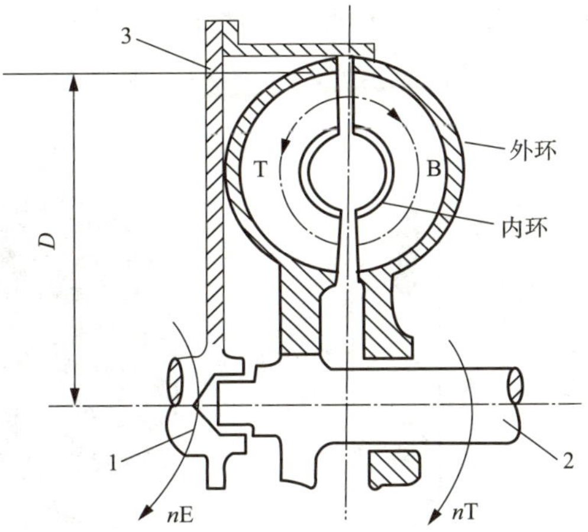

图 3-13　耦合器结构示意图

1—输入轴；2—输出轴；3—泵轮罩；B—泵轮；T—涡轮

耦合器的主要工作部件是输入轴、泵轮、泵轮罩、涡轮、输出轴、各种密封装置、压力补偿装置和冷却系统等。泵轮与输入轴连接，涡轮与输出轴连接，在泵轮和涡轮上分别装有许多径向的（或前倾、或后倾）平直叶片，其叶片所构成的液体流道互相衔接，形成一个封闭的环形空间，工作液体就在其间循环流动，因此被称为液力传动装置的循环空间或循环流道。而循环空间的轴截面（通过旋转轴的截面）叫作循环圆，即工作轮的内、外旋转曲面与轴截面的交线。循环圆的最大直径称为有效直径，它是耦合器的代表尺寸。如图 3-14 所示。

（2）液力耦合器的工作原理

当发动机带动泵轮旋转时，泵轮内的液体在泵轮叶片的作用下与泵轮同速旋转，液体质点在离心力的作用下，沿叶片之间的通道向外流动，液体沿泵轮叶片由小半径向大半径的流动过程中不断获得能量，这样泵轮就把发动机的能量传给了液体。从泵轮流出获得能量的液体，经过无叶片区进入涡轮冲击叶片，液流被迫沿着涡轮叶片间的流道流动，液流速度降低，迫使涡轮旋转，将液体的能量转变为输出轴的机械能。工作液体对涡轮做功后，

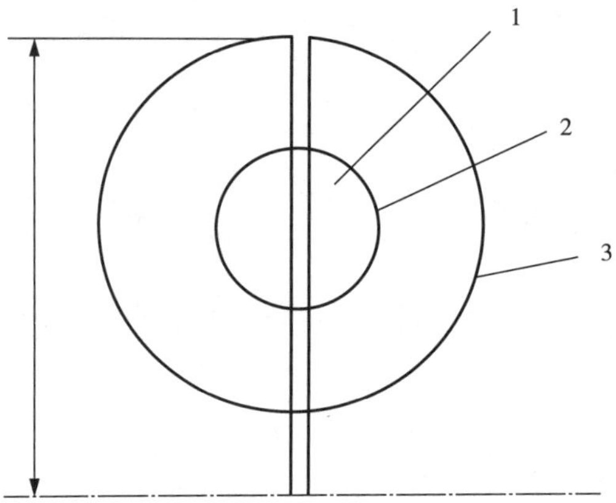

图 3-14　液力耦合器循环圆

1—内腔；2—内旋转曲面；3—外旋转曲面

经过无叶片区重新进入泵轮吸收能量，如此不断地循环，就实现了泵轮与涡轮间的能量转换，实现了动力机与工作机之间的能量传递。如图 3-15 所示。

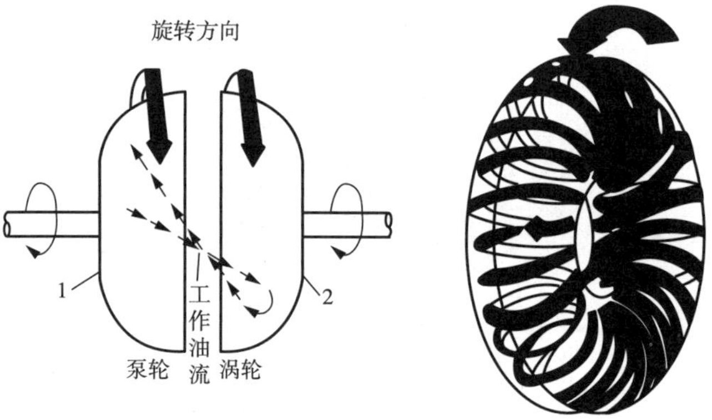

图 3-15　工作油液的螺旋形路线

（3）液力耦合器的特点

①涡轮轴的扭矩等于泵轮轴的扭矩。由于在泵轮和涡轮之间无任何中间部件，泵轮和涡轮中的工作液体形成一个闭合的循环，泵轮轴上的扭矩作用于液体，使液体的动能增大，而液体所增加的动能又作用于涡轮上，全部变为涡轮轴上的输出扭矩（这里忽略了各种有关的摩擦阻力）。因而可以说，泵轮轴上的输入扭矩近似等于涡轮轴上的输出扭矩，液力耦合器和普通的摩擦离合器一样，只能起到传递力矩的作用。

②涡轮轴的转速总是低于泵轮轴转速。工作液在循环圆内流动的过程中，不可避免地要产生能量损失，使涡轮转速总是小于泵轮转速。如果使涡轮转速等于泵轮转速，则涡轮和泵轮使液体产生的离心力相等，从泵轮流出的液体就不能进入涡轮，也就是说在循环圆内没有液体通过，即液力耦合器不能传递动力。因此，要使耦合器能够传递动力，涡轮转速必须小于泵轮转速。

③耦合器的传动效率等于传动比。

2. 调速型液力传动耦合器

调速型液力传动耦合器是靠泵轮与涡轮的叶轮腔室内工作油量的多少来调节转速的。因泵轮以固定转速旋转，工作油量越多，涡轮的转矩也就越大。相反，如果主动轮的转矩不变，那么工作油量越多，涡轮的转速也就越大。因此可以用改变腔内工作油量的多少来调节涡轮的转速，以适应负载的需要。油量的多少可由勺管来控制，勺管升高，回油量增多，腔内油量减少，涡轮转速下降，反之涡轮转速升高。所以调速型液力传动耦合器是在动力机转速不变的情况下改变其输出轴转速的。

思考题

1. “V”形带传动设备安装以后需要调整带轮之间平行度和皮带预紧力，具体方法是什么？
2. “V”形带传动、链传动的优缺点是什么？
3. 如何实现相交轴和交错轴传动，齿轮传动副齿数和转速的关系是什么？
4. 简单讲述一下液力传动的基本原理。
5. 液力耦合器传动特点是什么？

扫一扫
获取更多资源

第四章

辅助设备及工具

PART 4

辅助设备是钻机动力设备不可缺少的组成部分，了解设备的常用连接件、气源设备的性能要求和结构原理，熟练掌握常用的工具使用方法和操作规范，对于提高生产效率和进行安全生产，具有十分重要的意义。本章对钻井动力设备的常用连接件、密封件、气源设备、常用工具知识进行简单介绍。

第一节　常用连接方式及密封

任何机器都是由各种零部件组合而成的。由于机器功能各异、结构简繁不一，所用的零部件不仅种类繁多，而且数量巨大。其中一些零部件在各类机器中经常使用，例如螺纹连接件、键、销、轴、轴承、联轴器、离合器等，这些零部件称为常用零部件。

一　常用连接方式

国家有关部门为了方便实际生产，对某些常用的零部件做了统一规定，如螺纹连接件、键、销、轴承等。

（一）螺纹连接

1. 螺纹的种类

螺纹是在圆柱表面上，沿着螺旋线形成的具有相同剖面的连续凸起和沟槽。螺纹连接广泛使用在机械设备中，可以这样说，生产中不存在没有螺纹连接的机器。螺纹连接具有简单可靠、装拆方便等优点，并且大部分的连接零件已标准化，且成本低廉。螺纹的种类很多，可按不同的分类方法进行分类。

①根据加工螺纹的表面分为外螺纹、内螺纹。

②按螺纹的旋向分为右旋螺纹、左旋螺纹。

③按螺旋线的数目分为单线螺纹、多线螺纹。

④按螺纹的截面形状分为普通螺纹，自攻螺钉用螺纹，管螺纹，矩形螺纹，梯形螺纹，30° 锯齿形螺纹，圆弧螺纹。

普通螺纹、管螺纹等主要用于连接，而矩形、梯形和锯齿形螺纹等主要用于传动。

2. 螺纹的主要参数和基本尺寸

将普通螺纹沿轴线轴向切开，可得到如图 4–1 所示的牙型图。

螺纹的参数和尺寸很多。常用的普通螺纹，其主要参数和基本尺寸有大径、小径、中径、螺距、线数、导程、牙型角、升角、原始高度及螺纹旋向和旋合长度等。

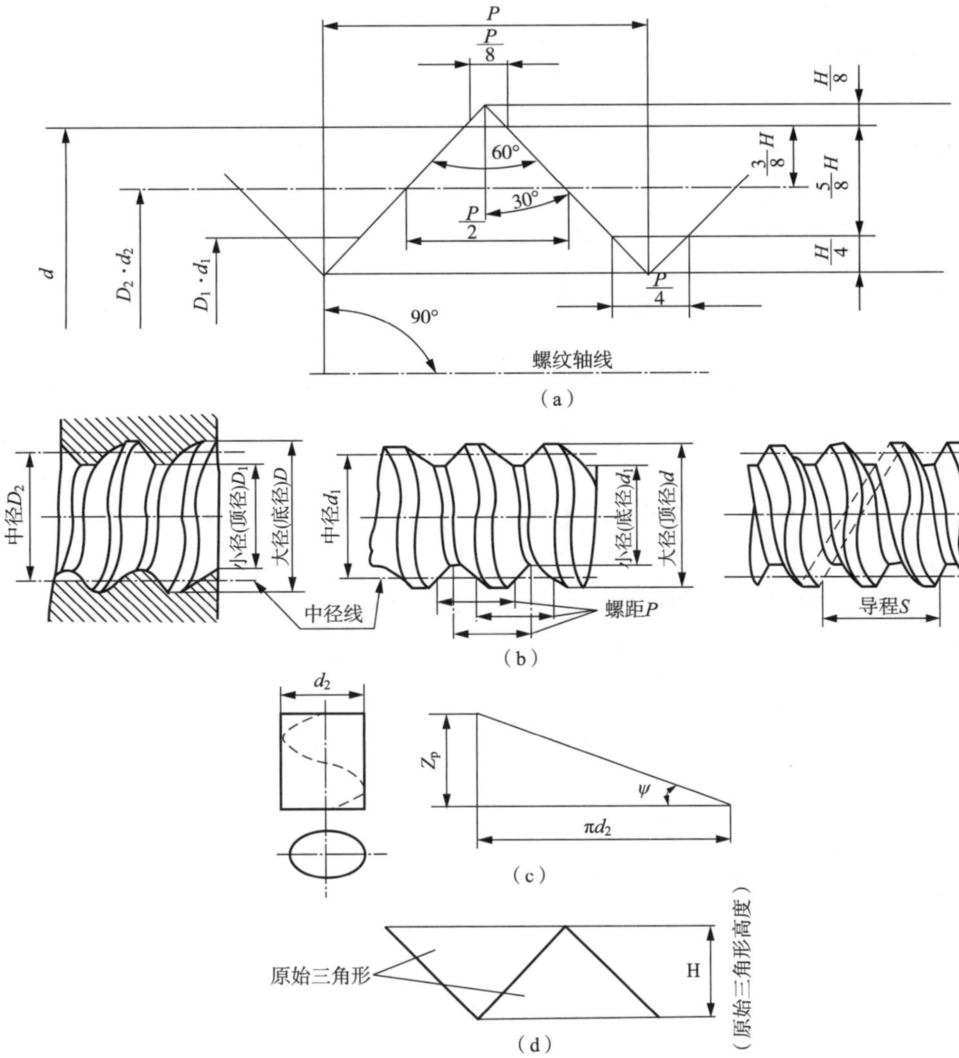

图 4–1 螺纹的参数

（1）螺纹大径

螺纹大径指与外螺纹牙顶或内螺纹牙底相重合的假想圆柱面的直径，又称螺纹的公称直径。内螺纹用 D 表示，外螺纹用 d 表示。

（2）螺纹小径

螺纹小径指与外螺纹牙底或内螺纹牙顶相重合的假想圆柱面直径。内螺纹用 D_1 表示，外螺纹用 d_1 表示。

（3）螺纹中径

螺纹中径是一个假想圆柱的直径，该圆柱的母线通过牙型上沟槽和凸起的宽度相等的地方。内螺纹用 D_2 表示，外螺纹用 d_2 表示。

（4）螺距

螺距是相邻两牙在中径线上对应两点间的轴向距离，用 P 表示。

（5）线数

线数指一个螺纹零件的螺旋线数目，用 n 表示。

（6）导程

导程指同一条螺旋线上的相邻两牙在中径线上对应两点间的轴向距离。用 S 表示。

（7）牙型角和牙型半角

牙型角指在螺纹牙型上相邻两牙侧间的夹角，用 α 表示；牙型半角是指螺纹牙型上牙侧与螺纹轴线的垂线间的夹角，用 $\alpha/2$ 表示。

（8）螺纹升角

螺纹升角指在中径圆柱上螺旋线的切线与垂直于螺纹轴线平面的夹角，用 ψ 表示。

（9）原始三角形高度

原始三角形指两个连接着的底边平行于螺纹轴线的三角形。普通螺纹的原始三角形是等边三角形。原始三角形高度指原始三角形顶点到底边的距离，用 H 表示。

（10）螺纹旋合长度

螺纹旋合长度指两个相互配合的螺纹，沿螺纹轴线方向相互旋合部分的长度。根据国家标准，螺纹旋合长度有短旋合长度 S，中等旋合长度 N，长旋合长度 L。

3. 普通螺纹代号与标记

一般来讲，连接螺纹的代号由牙型代号、公称直径、螺距与旋向等组成。

（1）普通螺纹

普通螺纹的牙型代号用“M”表示，公称直径即是螺纹的大径。对粗牙普通螺纹可不标出螺距的大小，但细牙普通螺纹要标出螺距。右旋螺纹可不标出旋向，但左旋螺纹必须标出“左”字。例如：M24×1.5 左，表示公称直径为 24mm、螺距为 1.5mm 的左旋细牙普通螺纹。M24 表示公称直径为 24mm 的右旋粗牙普通螺纹。

（2）管螺纹

对于非螺纹密封的管螺纹，特征代号用“G”表示，其中外螺纹有 A、B 两级，在标记中要标出；用螺纹密封的管螺纹的特征代号：Rc 表示圆锥内螺纹、Rp 表示圆柱内螺纹、R 表示圆锥外螺纹。螺纹的公称直径近似为管子的内径（以英寸计算），而不是螺纹的大径或小径。管螺纹不标出螺距，右旋螺纹可不标出“右旋”，但左旋螺纹要标出“LH”。

（3）英制螺纹说明

严格地说，UN、UNR、UNC、UNF、UNS 以及 UNEF 是螺纹系列的规定代号，而不是某些英文词组的缩写。

统一螺纹：Unified Screw Threads（由英国、加拿大和美国于 1948 年共同制定）。

UN：外螺纹设计牙型根部可平可圆。

UNR：外螺纹设计牙型根部必须为圆弧。

UNC：粗牙系列。

UNF：细牙系列。

UNEF：超细牙系列。

UNS：特殊螺距系列。

另外还有恒定螺距系列，有 8UN、12UN、16UN 等，不一一列举。

标注方法：

英寸制统一螺纹，在英寸制国家广泛采用，该类螺纹分三个系列，分别为粗牙系列 UNC，细牙系列 UNF，特细牙系列 UNFF，外加一个定螺距系列 UN。

标注方法：螺纹直径—每英寸牙数 系列代号—精度等级。

示例：粗牙系列 3/8—16 UNC—2A；细牙系列 3/8—24 UNF—2A；特细牙系列 3/8—32 UNFF—2A。

第一位数字 3/8 表示螺纹外径，单位为英寸，转换为公制单位 mm 要乘以 25.4，即 3/8 × 25.4=9.525mm；第二、第三位数字 16、24、32、20 为每英寸牙数（在 25.4mm 长度上的牙数）；第三位以后的文字代号 UNC、UNF、UNFF、UN 为系列代号，最后两位 2A 为精度等级。

螺纹配合等级：

螺纹配合是旋合螺纹之间松或紧的程度，配合的等级是作用在内外螺纹上偏差和公差的规定组合。

对统一英制螺纹，外螺纹有三种螺纹等级：1A、2A 和 3A 级，内螺纹有三种等级：1B、2B 和 3B 级，全部都是间隙配合。等级数字越高，配合越紧。在英制螺纹中，偏差仅规定 1A 和 2A 级，3A 级的偏差为零，而且 1A 和 2A 级的等级偏差是相等的。

1A 和 1B 级，非常松的公差等级，适用于内外螺纹的允差配合。

2A 和 2B 级，是英制系列机械紧固件最通用的螺纹公差等级。

3A 和 3B 级，旋合形成最紧的配合，适用于公差紧的紧固件，用于安全性的关键设计。

对外螺纹来说，1A 和 2A 级有一个配合公差，3A 级没有。1A 级公差比 2A 级公差大 50%，比 3A 级大 75%，对内螺纹来说，2B 级公差比 2A 公差大 30%。1B 级比 2B 级大 50%，比 3B 级大 75%。

实例：1/4–28 UNF–1B 这是一个英制螺纹的标注，1/4 是螺纹公称直径，28 指每一英寸 28 个牙，即牙距为 1/28 英寸，25.4mm/28。UNF 是螺纹的标准牙型，牙顶角为 60°。

螺纹按外形分为圆柱、圆锥两种；按牙型角分为 55°、60° 两种。螺纹中的 1/4、1/2、1/8 标记指螺纹尺寸的直径，单位是英寸。一吋等于 8 分，1/4 吋就是 2 分，以此类推。

国外常用英制螺纹的代号、名称和标准号：

B.S.W. 为标准惠氏粗牙系列，一般用于圆柱螺纹；B.S.F. 为标准惠氏细牙系列，一般用于圆柱螺纹。

Whit.S 为附加的惠氏可选择系列，一般用于圆柱螺纹。

Whit 为惠氏牙型的非标准螺纹。

以上为英国标准 BS84 牙型角为 55° 的英制螺纹。

UN：恒定螺距系列的统一螺纹。

UNC：粗牙系列的统一螺纹。

UNF：细牙系列的统一螺纹。

UNEF：超细牙系列的统一螺纹。

UNS：特殊系列的统一螺纹。

UNR：圆弧牙底恒定螺距系列的统一螺纹。

UNRC：圆弧牙底粗牙系列统一螺纹。

UNRF：圆弧牙底细牙系列统一螺纹。

UNREF：圆弧牙底超细牙系列统一螺纹。

UNRS：圆弧牙底特殊系列统一螺纹。

以上为美国标准 ANSIB1.1 标准牙型（牙底是平的或随意倒圆的）的内、外螺纹，圆弧牙底的 UNR、UNRC、UNRF、UNREF、NRS 只用于外螺纹而没有内螺纹。

NPT 为一般用途的锥管螺纹。

NPSC 为管接头用直管螺纹。

NPTR 为导杆连接用锥管螺纹。

NPSM 为机械连接用直管螺纹。

NPSL 为锁紧螺母用直管螺纹。

NPSH 为软管连接用直管螺纹。

以上为美国标准 ANSIB1.20.1 牙型角为 60° 的英制管螺纹。

NPTF 为干密封标准型锥管螺纹，美国标准 ANSIB1.20.3，Ⅰ型。

PTF-SAE SHORT 为干密封短型锥管螺纹，美国标准 ANSIB1.20.3，Ⅱ型。

NPSF 为干密封标准型燃油用直管内螺纹，美国标准 ANSIB1.20.3，Ⅲ型。

NPS1 为干密封标准型一般用直管内螺纹，美国标准 ANSIB1.20.3，Ⅳ型。

ACME 为一般用途的梯形螺纹，美国标准 ANSIB1.5，牙型角为 29° 的英制传动螺纹。

注：①尺寸和公差使用与标准系列相同的公式计算的标准系列之外的所有直径与螺距组合。

②我国的 60° 圆锥管螺纹 GB/T12716—1991 与 NPT 等效。

③ ACME 螺纹包括一般用途和定心两种配合的梯形螺纹，其中一般用途的与我国标准 GB/T5796-1986 规定的梯形螺纹的性能类似。

螺距用每英寸的牙数来表示，如：每英寸 11 牙，则螺距 =25.4/11=2.309mm。

4. 螺纹连接的基本形式

螺纹连接的基本形式有螺栓连接、双头螺柱连接、螺钉连接和紧定螺钉连接。此外，还有吊环螺钉连接和地角螺钉连接等。

（1）螺栓连接

螺栓连接中，被连接件上不必加工螺纹，只需钻孔，一般孔径要比螺栓直径略大。因此，螺栓连接装拆方便，易于更换，成本低，应用较广，适用于被连接件不厚、通孔的场合，如图 4-2 所示。

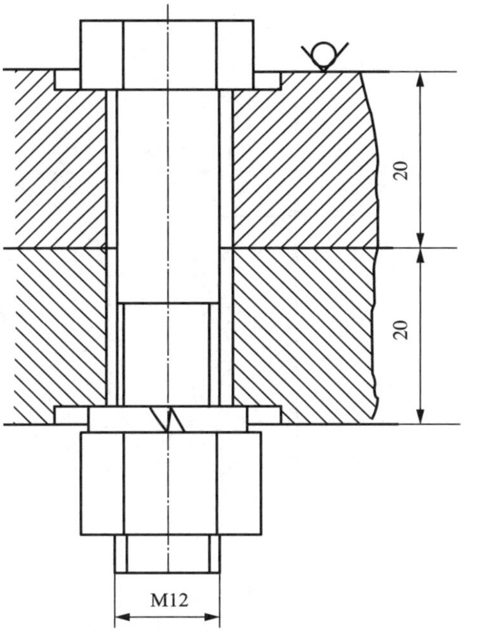

图 4–2　普通螺栓连接

（2）双头螺柱连接

双头螺柱两端都有螺纹，使用时应把螺柱上螺纹较短的一端旋入被连接件的螺孔中，放上另一被连接件，然后在螺柱另一端的螺纹上旋紧螺母。拆卸时，只要松开螺母就可取下被连接件，螺柱不必旋下。双头螺柱连接多用于盲孔、连接件较厚、经常拆卸的场合。如图 4–3 所示。

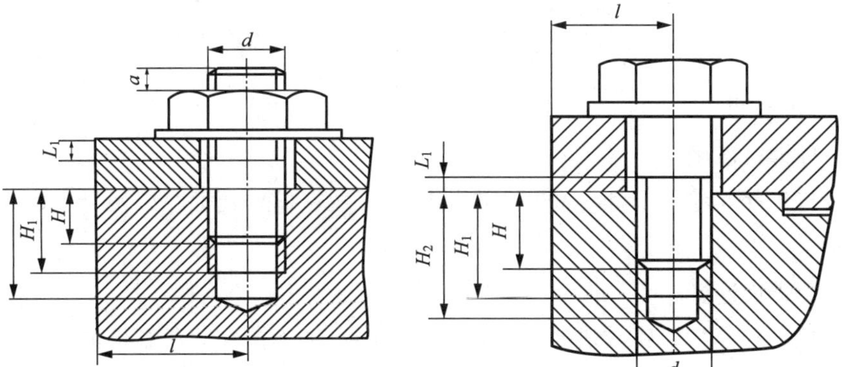

图 4–3　双头螺柱连接示意图

（3）螺钉连接

螺钉连接不用螺母，螺钉穿过被连接件的光孔，直接旋入另一连接件的螺纹孔中。螺钉连接多用于盲孔、被连接件较厚、不常拆卸的场合。如经常拆卸，易使被连接件的螺纹磨损，引起连接松动。如图 4–4 所示。

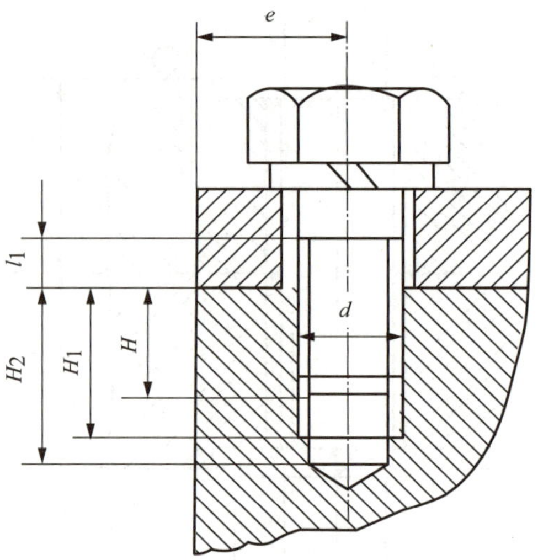

图 4–4　螺钉连接

（4）紧定螺钉连接

紧定螺钉连接常用于固定两零件的相对位置，也可以传递不大的力和转矩。如图 4–5 所示。

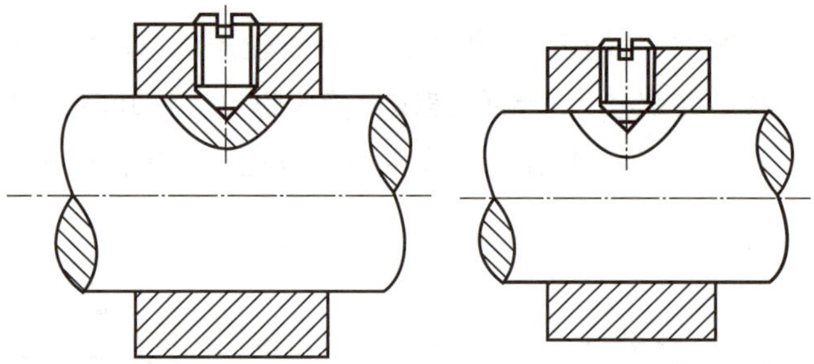

图 4–5　紧定螺钉连接

（5）吊环螺钉连接

吊环螺钉连接是将吊环螺钉安装在电动机或减速器的外壳上，以便于吊运和装配。如图 4–6 所示。

（6）地角螺栓连接

地角螺栓连接是把机座或机架固定在地基上的一种连接。地角螺栓伸入地基连接的一端，可根据需要做成各种各样的形状。如图 4–7 所示。

5. 常用的螺纹连接件

螺纹的连接零件包括螺栓、双头螺柱、螺钉、螺母、垫圈和防松零件等，大部分是标准零件，使用时可按标准选用。

6. 螺纹连接的防松与紧固

连接用的普通螺纹，螺纹升角通常都为 1.5° ~ 3.5°，螺纹斜面间以及支撑面间的摩擦力在一般情况下可以防止螺纹连接的自动松脱，具有自锁性。但是，在交变载荷作用下受

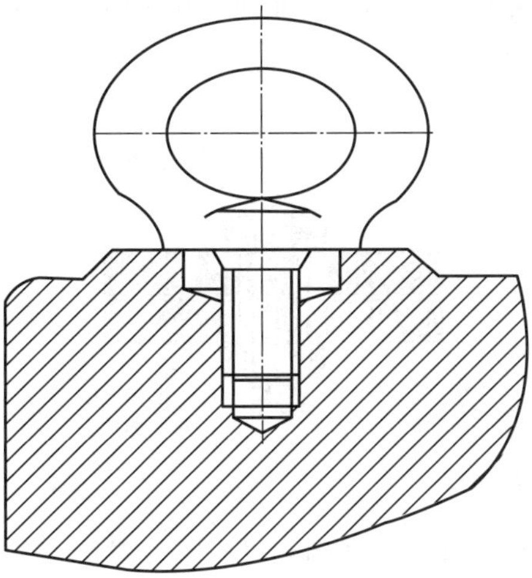

图 4-6　吊环螺钉连接

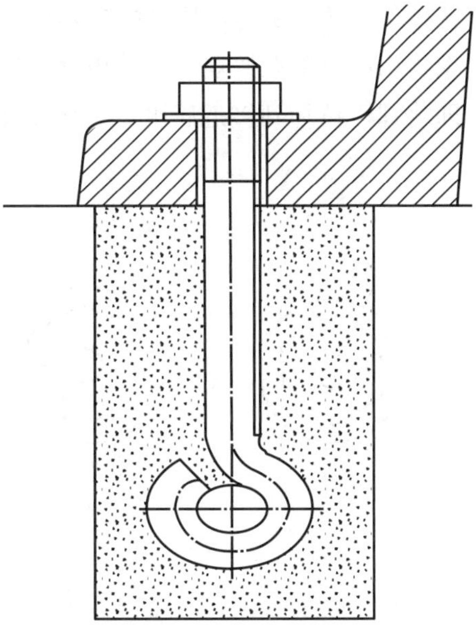

图 4-7　地角螺栓连接

到长时间的冲击、振动时，预紧力可能在某一瞬间消失，连接自动松脱。这不仅影响连接的刚性和紧密性，还可造成严重事故。因此，螺纹连接应有必要的防松措施。

①所谓防松，就是防止螺纹连接件在使用过程中的相对转动，避免松动造成事故。常用的防松装置主要有弹簧垫圈、双螺母、开口销、外舌止动垫圈、圆螺母用止退垫圈、金属锁线等。

②螺栓紧固控制方法有扭矩旋紧法、转角旋紧法和屈服点旋紧法。

扭矩旋紧法：扭矩大小和轴向预紧力之间存在一定关系。通过将旋紧工具设置到某个扭矩值来控制被连接件的预紧力。在螺栓旋紧的过程中，施加的扭矩并不像夹紧力那么简单，其中有 90% 的扭矩被摩擦力所消耗，螺栓与机件接触面的摩擦力占了 50%，螺纹副中摩擦力占了 40%，只有 10% 的扭矩转化为夹紧力，这就是螺栓旋紧 50—40—10 规则。由于外界不稳定条件对扭矩旋紧法的影响很多，所以通过控制旋紧扭矩间接实施预紧力控制的扭矩法将导致对轴向预紧力控制精度低。如图 4-8 所示。

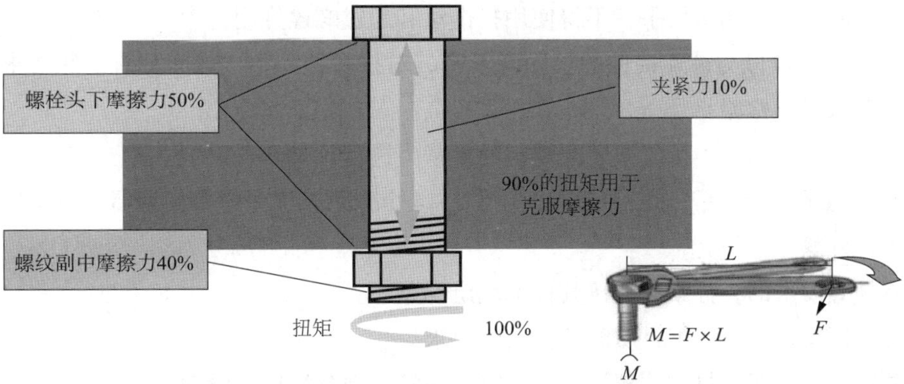

图 4-8　扭矩旋紧法示意图

转角旋紧法：螺栓旋紧时的旋转角度与螺栓伸长量和被旋紧件松动量的总和大致成比例关系，因而可采取按规定旋转角度来达到预定旋紧力的方法。首先将螺栓旋紧到起始力矩，即将螺栓拉伸到接近屈服点，再旋转一定的角度，将螺栓拉伸到塑性区域。如图 4–9 所示。

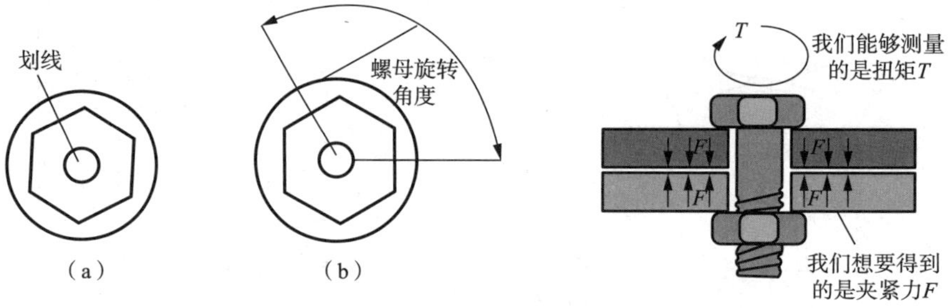

图 4–9　转角旋紧法示意图

③屈服点旋紧法：屈服点旋紧法的理论目标是将螺栓旋紧到刚过屈服极限点。屈服点旋紧法最大的优点是将摩擦系数不同的螺栓都旋紧到其屈服点，最大限度地发挥螺纹件强度的潜力，但是它对干扰因素比较敏感，同时对螺栓的性能及结构设计要求极高，控制难度较大。因此旋紧工具的价格十分昂贵。如图 4–10 所示。

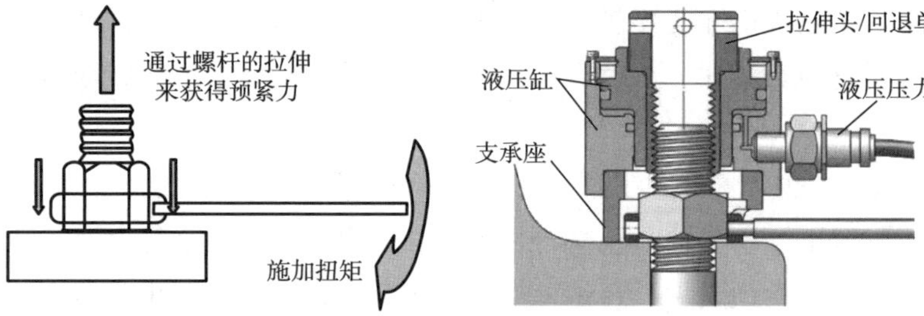

图 4–10　屈服点旋紧法示意图

7. 螺栓装配要求

（1）钢制螺栓的装配要求

装配钢制螺栓时，应符合下列要求：

①紧固时，宜采用呆扳手，不得使用打击法和超过螺栓许用应力。

②螺栓头、螺母与被连接件的接触应紧密，对接触面积和接触间隙有特殊要求的，按技术规定要求进行检验。

③有预紧力要求的连接应按装配规定的预紧力进行预紧。

④螺栓与螺母旋紧后，螺栓应露出螺母 2 ~ 4 个螺距；沉头螺钉旋紧后，钉头应埋入机件内，不得外露。

⑤有锁紧要求的，拧紧后应按其技术规定锁紧。

（2）不锈钢、铜、铝等材质的螺栓装配要求

不锈钢、铜、铝等材质的螺栓在装配时应在螺纹部分涂抹润滑剂。

（3）有预紧力要求的螺栓

连接的预紧力测定方法，应利用专门装配工具中的扭力扳手、电动或气动扳手等，直接测得数值。

（4）精制螺栓和高强度螺栓的装配

应按设计要求检验螺栓孔直径的尺寸和加工精度。库检已做过主轴承螺栓、缸盖螺栓、连杆螺栓、平衡块螺栓等检验。高强度螺栓在装配前应按设计要求检查和处理被连接件的结合面；装配时，结合面应保持清洁，不得在雨中装配。高强度螺栓及其紧固件应配套使用。旋紧时，应分两次进行，初始旋紧扭矩值不得小于最终旋紧扭矩值的 30%；最终扭矩值应符合设计要求。

（二）键连接

键主要用来实现轴和轴上零件间的轴向固定，以传递转矩。有些类型的键还可以实现轴上零件的轴向固定或轴向移动。

键可分为平键、半圆键、楔键和切向键等几种类型，且已经标准化。键连接根据装配时的松紧程度，可分为紧键连接和松键连接。紧键连接包括楔键连接和切向键连接；常用的松键连接包括平键连接、半圆键连接、花键连接等。

松键连接的两侧面为工作面，工作时靠侧面的挤压作用传递转矩。具有制造简单，拆装方便，轴与轴上零件的对中性好，应用广泛，特别适用于高速及高精度的传动机械中的特点，但松键连接不能承受轴向力。

1. 平键连接

平键连接包括普通平键连接、导向平键连接和花键连接。其中常用的是普通平键连接和导向平键连接两类，花键连接主要用于轴上零件轴向移动量较大的场合。

（1）普通平键连接

普通平键的各个相对表面都互相平行，横剖面是矩形的，如图 4–11 所示。使用时，轴和轮毂上都开出键槽，平键就放在键槽中。

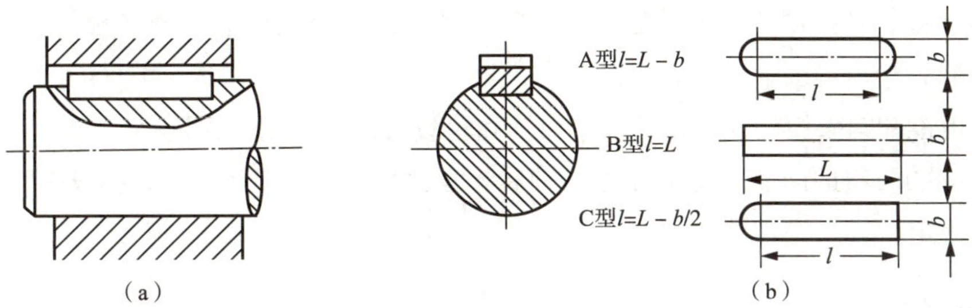

图 4–11　普通平键连接

a—普通平键连接；b—普通平键的三种形式

（2）导向平键连接

导向平键连接用于动连接，如图 4–12 所示。用螺钉将导向平键固定在轴上，键的顶面与毂槽间有间隙，因此轴上零件可沿导向平键做移动量不大的轴向移动。导向平键有圆头（A 型）和方头（B 型）两种形式。

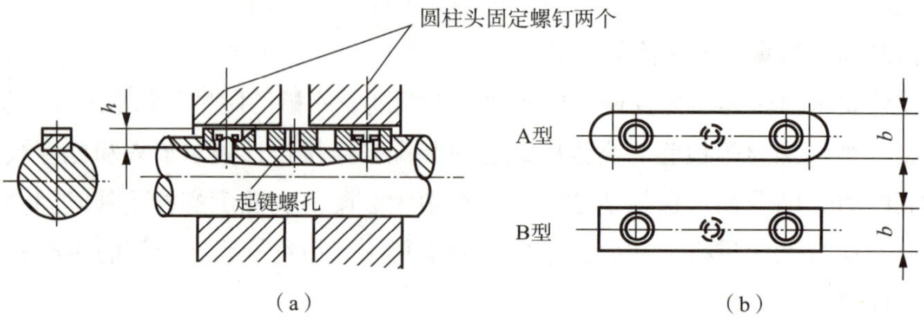

图 4–12　导向平键连接

2. 半圆键连接

半圆键的两个侧面为半圆形，并以两个侧面为工作面。半圆键可以在轴槽上绕槽底圆弧曲率中心摆动，连接装配方便，尤其适用于锥形轴与轮毂的连接。但由于键槽较深，对轴的强度削弱较大，因此只适用于轻载连接。

3. 花键连接

花键连接是由带键齿的花键轴和轮毂组成。大多数花键为直齿，齿的两侧面为工作面。花键连接的承载能力高，定心和导向性好，对轴的削弱程度较小，适用于载荷较大和定心精度要求较高的连接或动连接。

4. 各种类型键的现场配制

各种类型键的现场配制，均应符合国家现行标准《装配通用技术条件》规定的尺寸和精度。键用型钢的抗拉强度不应小于 588MPa。济柴 190 系列柴油机曲轴、凸轮轴、平衡轴使用平键较多，高压油泵轴类使用半圆键较多。

5. 键的装配应符合的要求

①键的表面应无裂纹、浮锈、凹痕、条痕及毛刺，键和键槽的表面粗糙度、平面度和尺寸在装配前均应检验。

②普通平键、导向键、薄型平键和半圆键，两个侧面与键槽应紧密接触，且与轮毂键槽底面不接触。

③普通楔键和钩头楔键的上、下面应与轴和轮毂的键槽底面紧密接触。

④切向键的两斜面间以及键的侧面与轴和轮毂键槽的工作面间，均应紧密接触；装配后，应用销固定。

（三）销连接

销主要用来固定零件，也用于轴与毂的连接或其他零件的连接，并可以传递不大的载荷，还可以作为安全装置中的过载剪断零件（常称为安全销）。

1. 销的分类

销按形状可分为圆柱销、圆锥销及异形销（槽销、开口销和安全销）等，均已标准化，选用时可查阅有关手册。

2. 销的装配

销的装配应符合下列要求：

①检查销的型式和规格，应符合设计及柴油机技术文件的规定。

②有关连接机件及其几何精度经调整符合要求后，方可装销。

③装配时不宜使销承受载荷，根据销的类型，选择相应的安装方法，销孔的位置应正确。

④对定位精度要求高的销和销孔，装配前检查其接触面积，应符合工艺文件的规定；当无规定时，宜按其总接触面积的 50% ~75%，端面不得砸铆。

⑤装配中，当发现销和销孔不符合要求时，应铰孔，另配新销；对定位精度要求高的，应在设备的几何精度符合要求或空运转实验合格后进行。例如柴油机齿轮座、齿轮系、缸盖与机体、前后飞轮罩壳的定位销等。

（四）轴

1. 轴的定义

在机械装置中，能用来确定各个回转部分几何轴线的零件，称为轴。轴是机械装置中的主要零件之一，所有做回转运动的零件或部件（如齿轮、蜗轮、链轮、带轮等），都必须安装在轴上才能进行运动和动力的传递。

2. 轴的用途

①确定各回转部分的几何轴线。

②支撑其他回转零部件。

③传递运动和转矩。

3. 轴的分类

（1）按轴承载情况不同划分

①心轴：只承受弯矩的轴称为心轴，如滑轮的轴、火车车轴。

②转轴：工作中既承受弯矩又承受扭矩的轴称为转轴，如减速箱中的轴。

③传动轴：主要用来承受扭矩的轴称为传动轴，如柴油机的曲轴。

（2）按几何形状分

轴的各横截面心形的连线称为轴线。按轴线的形状分为：

①直轴（见图 4-13）：轴线为一直线。它又可分为光轴和阶梯轴。光轴指各处直径相同的轴；阶梯轴指各段直径不同的轴。阶梯轴便于轴上零件的装拆、定位与紧固，在生产实践中应用较为广泛。

②曲轴（见图 4-14）：轴线不是直线的轴。在生产中，有时为了减轻轴的重量或满足使用上的要求，将曲轴制成空心。

4. 常用轴的结构

在机械中，应用最为广泛的是圆截面实心阶梯形直轴。在考虑轴的结构时，除满足强

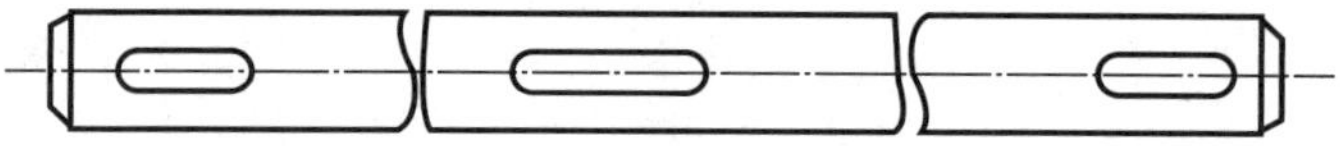

（a）光轴

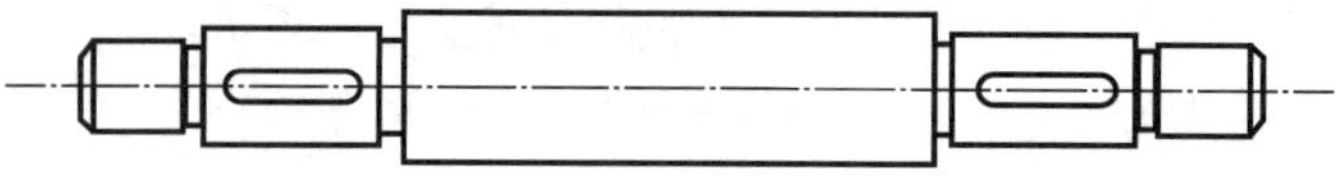

（b）阶梯轴

图 4–13　直轴

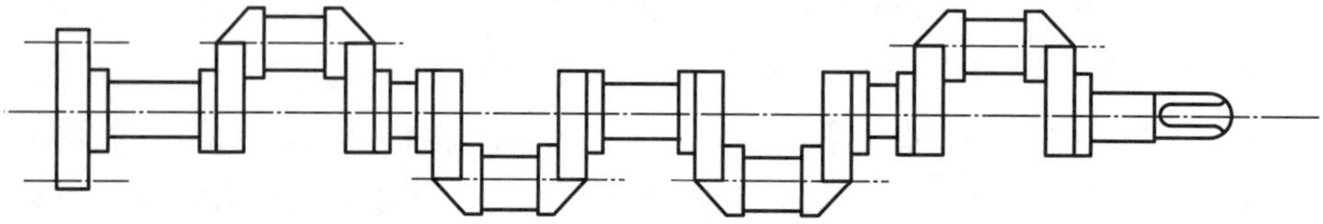

图 4–14　曲轴

度和刚度要求外，还应满足下列要求：

①轴及轴上零件能准确而牢固地安装在其工作位置上。

②轴上零件装拆和调整方便。

③轴应具有良好的制造工艺。

④减轻轴的应力集中。

（1）轴上零件的轴向定位与紧固

轴上零件的轴向定位与紧固的目的是保证零件在轴上有确定的轴向位置，防止零件做轴向移动，并承受轴向力。常用的轴向定位与紧固方法如下：

①轴肩或轴环定位。

②套筒定位。

③锥面定位。

④螺母定位。

⑤压板和螺钉定位。

⑥弹性挡圈定位。

（2）轴上零件的周向定位与紧固

轴上零件的周向定位与紧固的目的是保证零件在轴上有确定的周向位置，防止零件与轴产生相对转动，并传递运动和转矩。常用的周向定位与紧固方法为键和销做周向定位和紧固，其中有平键、半圆键、切向键、花键、圆锥销等，如图 4–15 所示。用过盈配合做周向固定和紧固。

（3）轴上零件安装和拆卸对轴结构的要求

在满足使用的前提下，轴上零件与轴配合的紧度应尽量小、长度应尽量短；安装重量大的零件的轴段或过盈配合的轴段，装入端要有倒角或导向锥面；阶梯轴应该中间直径大，并由中间向两边依次减小。

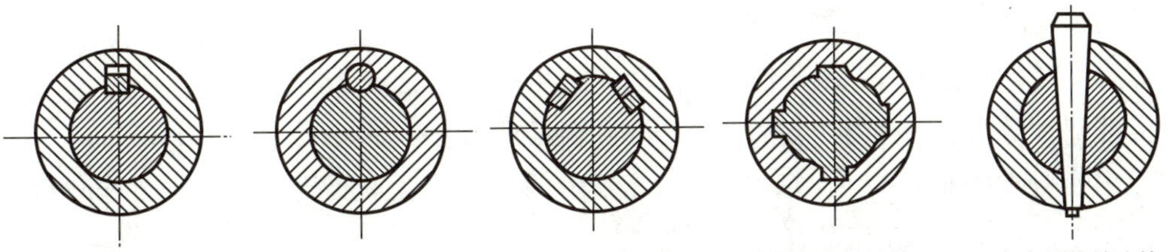

图 4-15　键、销做周向定位和固定

（五）轴承

1. 滑动轴承

轴上与轴承配合的轴段称为轴颈。在运转中轴承与轴颈之间产生相对滑动摩擦的轴承称为滑动轴承。滑动轴承是支撑轴的零件，它具有承载力大、成本低、装拆修理方便等优点。

（1）滑动轴承的分类

①根据摩擦状态分类。

a. 液体摩擦轴承。

b. 非液体摩擦轴承。

②根据载荷形式分类。

a. 静载滑动轴承

b. 动载滑动轴承

③根据承受载荷的方向分类。

a. 径向滑动轴承（径向轴承）——承受径向载荷的滑动轴承。

b. 止推滑动轴承（止推轴承）——承受轴向载荷的滑动轴承。

c. 径向止推滑动轴承——主要承受轴向载荷，也可承受一定的径向载荷。

d. 法兰轴承——同时承受径向和轴向载荷的滑动轴承。

④根据润滑类型分类。

a. 流体动压轴承。

b. 流体静压轴承。

c. 气体静压轴承。

d. 挤压膜轴承——由于两滑动表面的趋近导致润滑膜中产生沿垂直于轴承表面方向的压力，从而使两滑动表面完全分离的滑动轴承。

e. 动静压混合轴承——同时在流体静压润滑状态和动压润滑状态下工作的滑动轴承。

f. 固体润滑轴承——用固体润滑剂润滑的滑动轴承。

g. 无润滑轴承——工作中无润滑剂的滑动轴承。

h. 自润滑轴承——用轴承材料、轴承材料成分或固体润滑剂层进行润滑的滑动轴承。

i. 多孔质自润滑轴承——滑动部分采用多孔性材料制成，孔隙充以润滑剂的轴承。

⑤根据结构分类。

a. 圆柱形滑动轴承——内孔各横截面为同直径圆形的径向滑动轴承。

b. 非圆滑动轴承——内孔各横截面为非圆形的径向滑动轴承。

c. 多油楔滑动轴承——在轴承表面布置两个或两个以上收敛形几何区，工作时沿几何区形成若干楔形流体动压区的径向滑动轴承。

d. 瓦块止推轴承——滑动表面由若干固定瓦块组成的止推滑动轴承。

e. 斜平面轴承——滑动表面一部分为斜面的滑动轴承。

f. 可倾瓦块径向轴承——滑动表面由若干瓦块组成，各瓦块在润滑膜流体动压作用下能相对于轴颈自行调整瓦块姿态的径向滑动轴承。

g. 可倾瓦块止推轴承——滑动表面由若干瓦块组成，各瓦块在润滑膜流体动压作用下能相对于止推轴肩自行调整姿态的止推滑动轴承。

（2）轴瓦结构

轴瓦是滑动轴承中的重要元件。轴瓦应具有一定的强度和刚度，在轴承体中应固定可靠、散热润滑性能良好，便于装拆和调整。轴瓦有整体式和对开式两类。整体式轴瓦又叫轴套。对开式轴瓦有厚轴瓦和薄轴瓦两种。轴瓦和轴承座配合紧密，一般采用带有较小过盈量的配合，一般在轴瓦上开设油孔和油槽。

2. 滚动轴承

轴承元件在运转中产生相对滚动摩擦的轴承称为滚动轴承。滚动轴承在工业上应用极其广泛。它具有启动阻力小、精度高、耗油少、轴向尺寸小、维护简单、同规格轴承可以互换等优点。但也有径向尺寸较大、承受冲击振动能力较差等缺点。

（1）构造

滚动轴承一般由外圈、内圈、滚动体和保持架组成。轴承安装时，轴承内圈和轴颈装配在一起，外圈装在机座或零件座孔内，通常是内圈随轴一起转动，外圈固定不动，如图 4-16 所示。

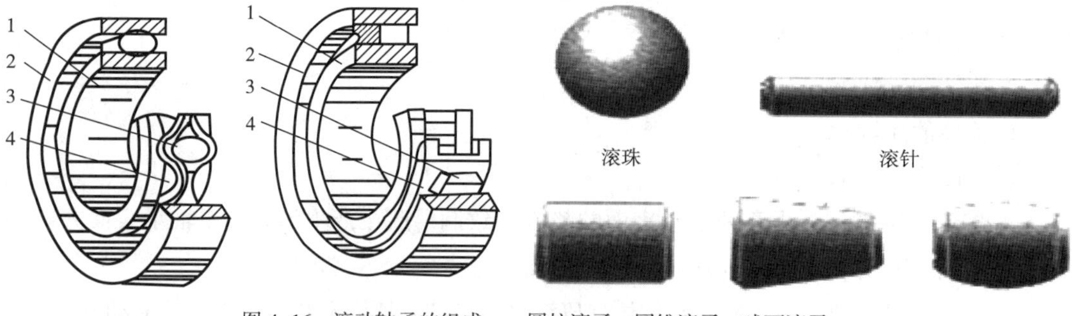

图 4-16　滚动轴承的组成——圆柱滚子、圆锥滚子、球面滚子

1—外圈；2—内圈；3—滚动体；4—保持架

（2）分类及特性

①按承受的载荷方向或公称接触角不同分类。

a. 向心轴承主要用于承受径向载荷的滚动轴承，其公称接触角为 0° ~ 45° 。按公称接触角不同，可分为：

（a）径向接触轴承——公称接触角为 0° 的向心轴承。

（b）角接触向心轴承——公称接触角为 $0° < \alpha \leqslant 45°$ 的轴承。

b. 推力轴承——主要用于承受轴向载荷的滚动轴承，其公称接触角为 45° ~ 90° 。按公称接触角，又分为：

（a）轴向接触轴承——公称接触角为 90° 的推力轴承。

（b）角接触推力轴承——公称接触角 $45° < \alpha < 90°$ 的推力轴承。

②按滚动体的种类分类。

a. 球轴承——滚动体为球的轴承。

b. 滚子轴承——滚动体为滚子。滚子轴承按滚子种类，又分为：

（a）圆柱滚子轴承 – 滚动体是圆柱滚子的轴承。

（b）滚针轴承——滚动体是滚针的轴承。

（c）圆锥滚子轴承——滚动体是圆锥滚子的轴承。

（d）调心滚子轴承——滚动体是球面滚子的轴承。

③按能否调心分类。

a. 调心轴承——滚道是球面形的，能适应两轨道轴心线间较大角偏差及角运动的轴承。

b. 非调心轴承——能阻抗滚道间轴心线角偏移的轴承。

④按滚动体的列数分类。

a. 单列轴承——具有一列滚动体的轴承。

b. 双列轴承——具有两列滚动体的轴承。

c. 多列轴承——具有多于两列的滚动体并承受同一方向载荷的轴承。

⑤按部件能否分离分类。

a. 可分离轴承——分部件之间可分离的轴承。

b. 不可分离轴承——各部件之间不可分离的轴承。

⑥按外径尺寸大小分类。

a. 微型轴承——公称外径尺寸范围为 $D \leqslant 26$mm 以下的轴承。

b. 小型轴承——公称外径尺寸范围为 $26 < D < 60$mm 的轴承。

c. 中小型轴承——公称外径尺寸范围为 $60 \leqslant D < 120$mm 的轴承。

d. 中大型轴承——公称外径尺寸范围为 $120 \leqslant D < 200$mm 的轴承。

e. 大型轴承——公称外径尺寸范围为 $200 \leqslant D \leqslant 440$mm 的轴承。

f. 特大型轴承——公称外径尺寸范围为 440mm $< D \leqslant$ 2000mm 及以上的轴承。

g. 重大型轴承——公称外径尺寸 $D > 2000$mm 的轴承。

轴承按其结构形状、尺寸还可以分为多种类型，具体可查阅轴承手册。

（六）联轴器、离合器

1. 联轴器

机械装置中，能把两轴连接起来，且只能在停止转动时装拆、接脱的连轴装置称为联轴器。联轴器的主要功用是连接两轴，传递运动和转矩，有时还兼作安全保护装置。使用联轴器便于把机器分成若干部件，给机器的设计、制造、装拆、运输均带来方便。联轴器的种类很多，下面只介绍常用的几种。

（1）套筒联轴器

套筒联轴器是由套筒和连接件（键或销）组成的，如图 4–17 所示。

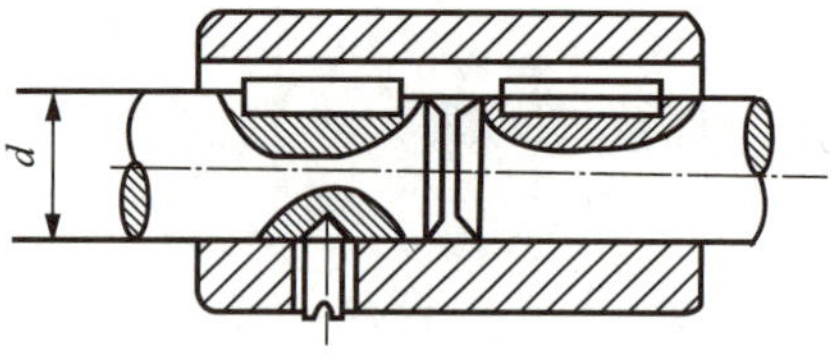

（a）用键连接

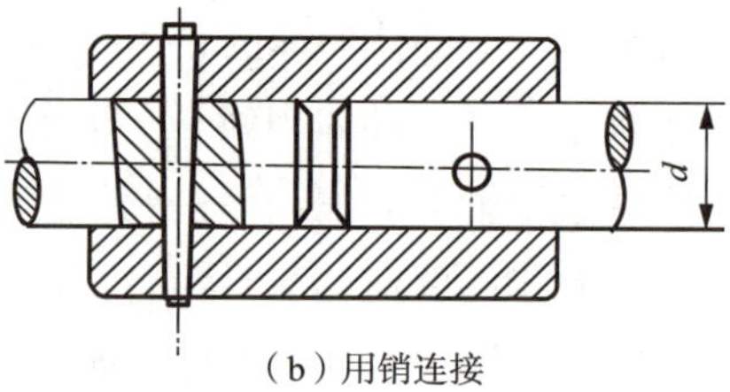
（b）用销连接

图 4–17　套筒联轴器

套筒联轴器结构简单，径向尺寸小，能兼作安全保护装置。可用于负荷不大、工作平稳，两轴线能严格对中，经常换向转动的两轴。缺点是安装精度要求较高，装拆不方便。

（2）刚性凸缘联轴器

刚性凸缘联轴器由两个分别装在两轴上的带刚性凸缘的半联轴器和连接两半联轴器的螺栓、螺母及用来把两轴与半联轴器连接在一起的普通平键组成，并以此把两轴连接起来，如图 4–18 所示。

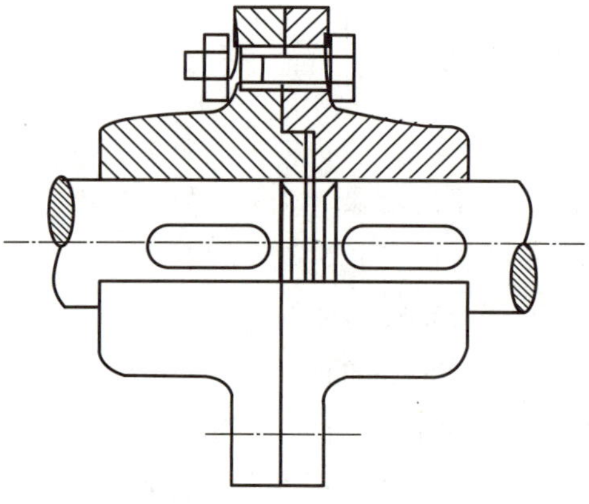
Ⅰ型

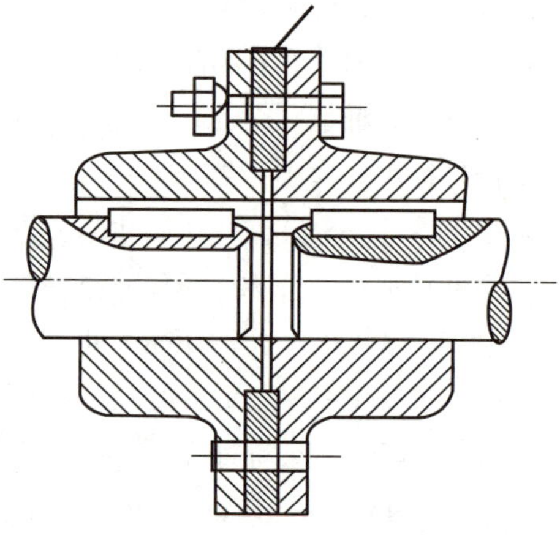

Ⅱ型

图 4–18　刚性凸缘联轴器

刚性凸缘联轴器结构简单，装拆较为方便，能传递较大的转矩。但安装精度要求高，无吸振缓冲作用，径向尺寸较大。主要用来连接转速较低、对中较好、转矩较大、冲击较小的大刚度轴。

（3）万向联轴器

万向联轴器由分别装在两轴上的两个叉状端部的万向接头和一个用来连接两万向接头的十字销组成，并以此把两轴连接起来，如图 4–19 所示。

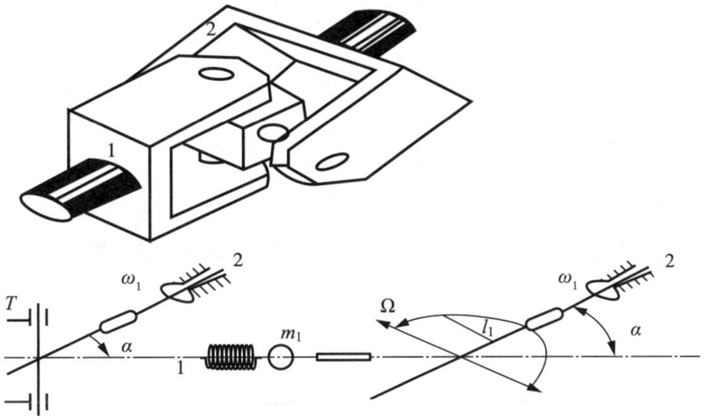

图 4–19　万向联轴器

1，3—万向接头；2—十字销

万向联轴器可用于连接夹角较大的相交轴或径向距离较远的平行轴，在运动中可改变夹角，径向尺寸较小，因此使用广泛。

（4）齿轮联轴器

齿轮联轴器由分别装在两轴上，两个具有外齿的半联轴器、两个具有内齿的外壳、螺栓和螺母、密封胶圈、挡板（端盖）、油孔的油堵螺钉等组成，如图 4–20 所示。两个具有外齿的半联轴器用键与两轴连接，两个具有内齿的外壳用螺栓和螺母连接，内、外齿相互啮合将两轴连接在一起。半联轴器的外齿顶制成了球面形，两半联轴器端面间留有较大间隙，相互啮合的齿间侧隙较大。这种联轴器能补偿较大的综合位移和传递较大的转矩，对安装精度要求不高，但结构复杂、制造费用高。

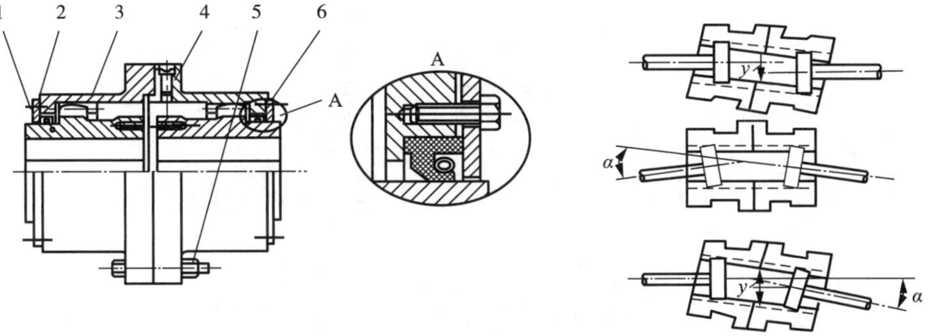

（a）　　（b）

图 4–20　齿轮联轴器

1—半联轴器；2—挡板；3—外壳；4—螺钉；5—螺栓；6—胶圈

齿轮联轴器多齿同时工作，传递转矩能力大，多应用于重型机械，缺点是结构复杂、重量较大、制造困难。

（5）十字滑块联轴器

十字滑块联轴器由分别装在两轴上两个端面开有凹槽的半联轴器和一个用来连接两个半联轴器的两侧带有凸牙的中间盘组成，如图 4–21 所示。

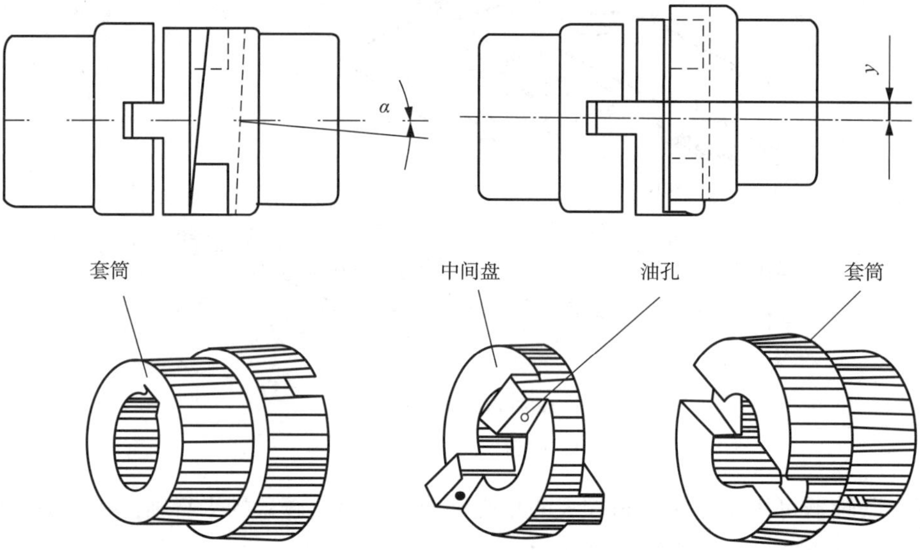

图 4–21　十字滑块联轴器

其特点是结构简单，径向尺寸小，工作面易磨损，转速不宜过高，一般适用于两轴同心度较差（有较大的径向偏移）、工作时冲击负荷小和转速不高的场合。

（6）弹性圈柱销联轴器

在弹性圈柱销联轴器中，用若干个套有橡胶圈的柱销把两个半联轴器连接起来，如图 4–22 所示。橡胶圈的变形可以补偿两轴线的径向偏移和角偏移，并具有缓冲和吸振作用。同时，整个柱销能在销孔中移动，能在较大范围内补偿两轴的轴向偏移。

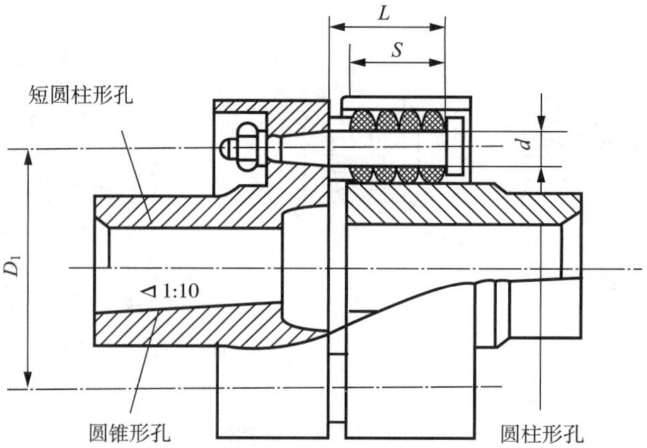

图 4–22　弹性圈柱销联轴器

这种联轴器可用于连接经常正反转、启动频繁、交变载荷下运转的轴，不适用于速度过低的场合。在使用中，要避免与油质或其他对橡胶有害物质相接触。

2. 离合器

在各种机械中，用来连接同轴线上的两轴，并能在机械运动中，通过操纵机构，随时实现两轴的接合与分离的装置称为离合器。

离合器的主要功用是接合与分离运转中的两轴，传递运动和转矩，也可兼作安全保护装置或变速装置。

离合器按其结构、功能可分为机械离合器（摩擦离合器和刚性离合器）、电磁离合器、安全离合器和超越离合器等形式。生产实际中，对离合器的总体要求是工作可靠、接合平稳、分离迅速彻底、操纵方便、易于调整和维修、外廓尺寸小、重量轻。

离合器的形式很多，在这里仅介绍常用的几种类型：

（1）圆盘摩擦离合器

圆盘摩擦离合器是依靠摩擦片之间的摩擦力来实现转矩传递的。根据摩擦片的多少，可分为单片摩擦离合器和多片摩擦离合器。如图 4–23 所示为多片式摩擦离合器。

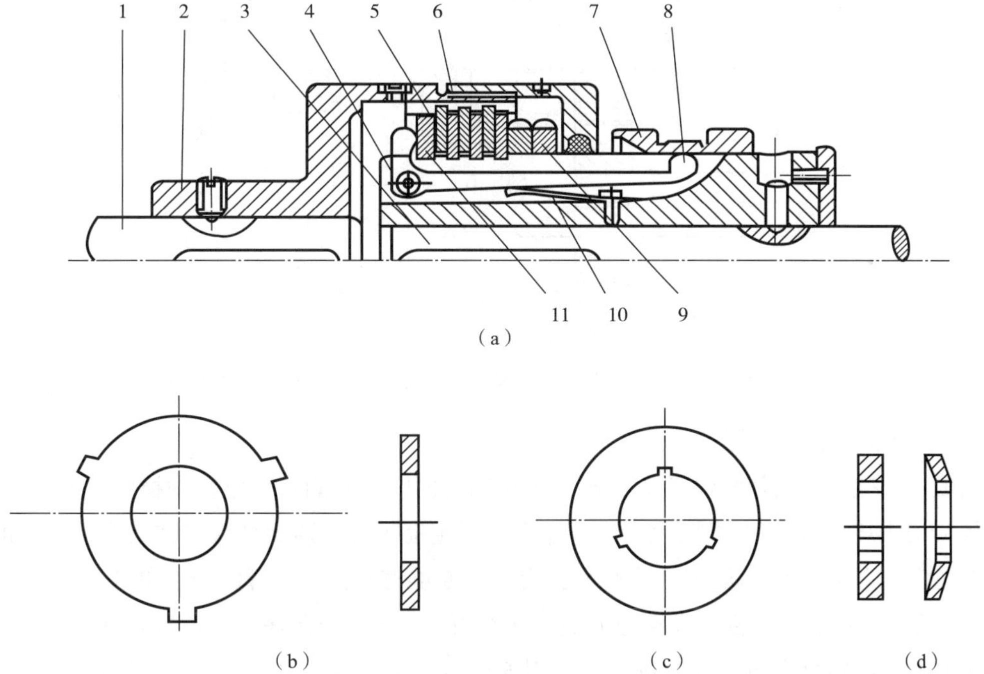

图 4–23　多片式摩擦离合器

1—主动轴；2—外鼓轮；3—从动轴；4—套筒；5—外摩擦片；6—内摩擦片；7—滑环；8—曲柄压杆；9—圆螺母；10—弹簧片；11—压板；（a）多片式摩擦离合器结构；（b）外摩擦片；（c）内摩擦片；（d）碟形摩擦片

多片式摩擦离合器是由带内齿的外鼓轮、带有外齿的套筒、带有内齿的一组内摩擦片［见图 4–23（c）］、带有外齿的一组外摩擦片［见图 4–23（b）］、滑环、曲柄压杆、圆螺母、弹簧片及压板等组成的。

摩擦离合器具有接合平稳、无冲击，过载时如发生打滑能起保护作用，接合或分离迅速、操纵方便等优点。缺点是传动比不准确、容易磨损等。

（2）侧齿离合器

侧齿离合器又称牙嵌式离合器，是由端面带有若干个牙齿的两个半离合器组成的。可动的半离合器与从动轴用能做相对滑动的导向平键或花键连接，不能动的半离合器与主动轴固定连接。工作中，通过操纵机构使可动部分做轴向移动，实现离合器的接合与分离。这种离合器是靠端面上的牙齿相互嵌合来传递运动和转矩的。为了导向和定心，在主动轴半离合器上，用螺钉固定了一个对中环，从动轴的一段伸入对中环内，并能在其中自由转动。

（3）内齿离合器

内齿离合器又称为齿轮离合器，如图 4–24 所示。它由制有内齿的齿轮形半离合器和制有外齿的齿轮形半离合器组成。一个空套在轴上，另一个通过导向平键或花键滑套在轴上，并通过操纵机构使其沿轴滑移，实现离合器的接合与分离。

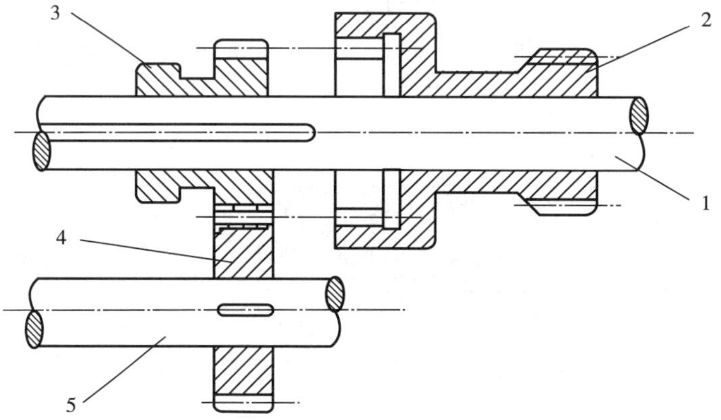

图 4–24　内齿离合器

1—主动轴；2—内齿半离合器；3—外齿半离合器；4—从动齿轮；5—从动轴

（4）气胎式摩擦离合器

气胎式摩擦离合器简称气胎离合器，主动圈的内壁上有固定的坚韧的橡胶气囊，气囊的内缘 W 面用销钉固定上摩擦片。当压缩空气经主动轴心气道及外接进气管进入气囊时，气囊膨胀，抱紧摩擦毂（从动），离合器接合；切断供气并排放气囊内压缩空气，待压力降到一定程度时，气囊在弹性力和离心力的共同作用下，放开摩擦毂，离合器分离。

这种离合器接合平稳，分离迅速；因用气控制，操纵轻快、安全；传递转矩大；对制造、安装精度要求不高；易损件便于拆换。但其结构复杂，需增设气路系统和气源设备；径向尺寸大，极限转速低。

（5）定向离合器（超越离合器）

定向离合器只能传递单方向运动和转矩。它可以使安装在同一轴上的两个回转件同时有两种不同的转速。其结构有两种形式：棘轮棘爪式和摩擦滚动元件式。

二 密封技术

（一）概述

在工矿企业中，机器设备普遍存在着泄漏问题，其后果往往是机器设备效率降低，设备性能变坏，能源浪费，环境污染，甚至危害人们身体健康和生命安全。特别是石油、化工企业的连续生产中，泄漏是造成非计划停车的主要原因。

泄漏，就是流体通过密封面由一侧传递到另一侧。泄漏的原因有内因和外因。外因是密封面上有间隙，内因是密封面两侧存在着压力差或浓度差等推动力。密封的本质在于阻止被密封的空间与周围介质之间的质量交换。密封装置所要解决的问题就是设法防止或减少泄漏，主要有以下方法：

①尽量减少密封部位。

②堵塞或隔离泄漏通道。

③增加泄漏通道中的流动阻力。

④采用永久性或半永久性连接。

⑤引出或注入。

⑥在通道中增设做功元件。

⑦几种密封方法的组合。

⑧其他新型密封，如磁流体密封、封闭式密封、刷式密封、指尖密封等。

密封具有提高机器效率、降低能耗、减少机器的内漏、外漏和穿漏、节约原材料、提高机器可靠性以及安全和保护环境的作用。密封分类如图 4–25 所示。

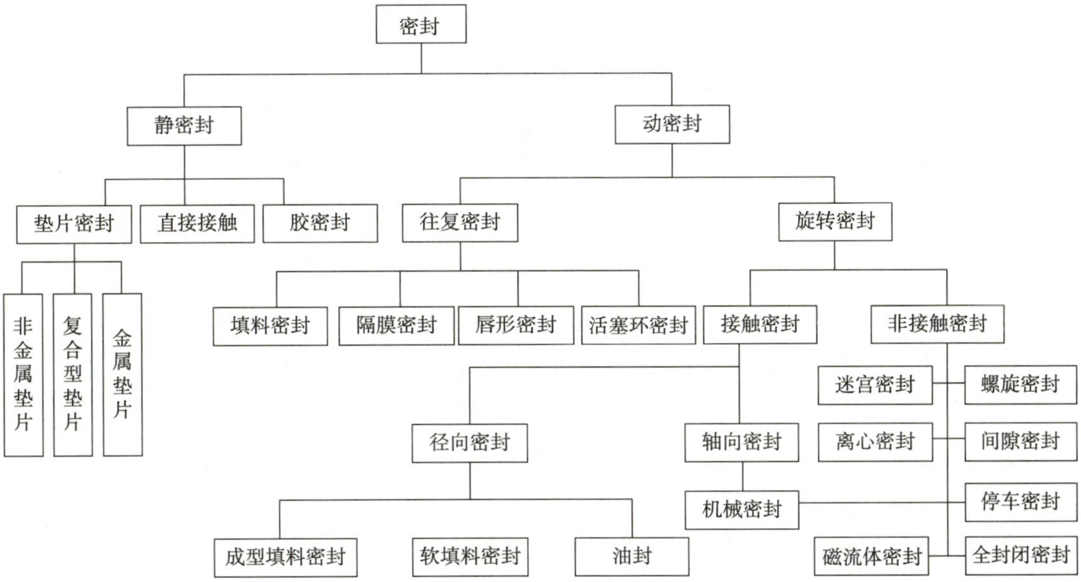

图 4–25　密封的分类

（二）静密封

静密封均为接触式密封，主要有垫片密封和胶密封。垫片密封广泛用于管道、压力容器以及各种壳体的接合面的静密封中。通常垫片密封按材料分为非金属垫片、金属垫片和复合型垫片。根据工作压力，垫片密封可选择不同的材质和接触宽度。通常中低压常用材质较软、接触宽度较宽的垫片密封，高压则用材料较硬、接触宽度较窄的金属垫片。胶密封是一种无固定形状的膏状或腻子状的新型密封材料，分为液态密封胶、厌氧胶和热熔型密封胶，广泛应用于机械、车辆、航空、造船、建筑、仪表、电子设备等连接部位，如减速器加油孔、锐接、螺栓和其他结构的缝隙等。

（1）垫片密封

垫片密封是过程工业装备中压力容器、工艺设备、动力机器和连接管道等可拆连接处最主要的静密封形式。

垫片密封是靠外力压紧密封垫片，使其发生弹性或塑性变形，以填满密封面上的微观凹凸不平来实现密封的；也就是利用密封比压使介质通过密封面的阻力大于密封面两侧的介质压力来实现密封。它包括初始密封和工作密封两部分。

垫片按其构造的主体材料分为金属、半金属和非金属垫片三大类。

中低压设备和管道的垫片密封主要采用法兰连接密封，其连接件和紧固件主要是法兰和连接螺栓、螺母等。法兰密封面的形式、大小与垫片的形式、使用场合及工作条件有关。常用的法兰密封面有全平面、突面、凹凸面、榫槽面和环连接面（或称梯形槽）等几种，如图 4-26 所示，其中以突面、凹凸面、榫槽面最为常用。

（a）全平面　（b）突面　（c）凹凸面　（d）榫槽面　（e）环连接面

图 4-26　法兰密封面形式

（2）密封胶密封

密封胶是用于机械结合面，起密封作用的一种胶黏剂，也称液态垫片。按化学成分可分为树脂类（环氧树脂、聚氨酯等）、橡胶类、混合类、天然高分子类。按应用范围可分为耐热类、耐压类以及耐化学腐蚀类等。按强度可分为结构类和非结构类。按涂膜特性，可分为不干性黏接型密封胶、半干性黏弹型密封胶、干性固化型密封胶和干性剥离型密封胶。

密封胶是理想的填塞剂，它具有良好的填充性、贴合性、浸润性、成膜性、黏附性、不渗透性及耐化学性等，可通过对接合面间隙进行填塞、阻漏而获得良好的密封效果。

密封胶的选用：

①干性黏接型密封胶主要用于不经常拆卸的部位。

②干性剥离型密封胶由于其溶剂挥发后能形成柔软而具有弹性的胶膜，适用于承受振动或间隙比较大的连接部位，但不适用于大型连接面和流水线装配。

③不干性黏接型密封胶可用于经常拆卸、检修的连接部位，形成的膜长期不干，并保持黏性，耐振动和冲击，适用于大型连接面和流水线装配作业，更适用于设备的应急检修。

④半干性黏弹型密封胶干燥后具有黏合性和弹性，受热后黏度不会降低，复原能力适中，密封涂层比较理想，可单独使用或用于间隙大的接合面。此类密封胶介于干性或不干性之间，兼有两者的优点，较为常用。

（3）高压密封

①高压容器密封结构的特点。

高压容器的密封比中低压容器的密封要困难得多，两者在密封原理与密封结构上的区别主要表现在以下几个方面。

a. 一般采用金属垫片。由于高压密封要求垫片应力大，因此非金属垫片材料一般无法满足。常用的金属垫片材料有延性好的退火铝、退火紫铜、软钢及不锈钢等。

b. 采用窄面密封。窄面密封有利于提高垫片应力，减小总的密封力，减小螺栓、法兰和封头的尺寸。有时亦采用线接触密封代替窄面密封以减小总的密封力。

c. 尽可能采用自紧密封。利用介质的压力在密封部位产生附加的密封比压，以阻止介质的泄漏。介质压力愈高，垫片压得愈紧，密封就愈可靠。故预紧力不需很大，相应的连接件尺寸就可减小，并能保证压力和温度有波动时连接的紧密性。因此，自紧密封要比强制密封的结构更为紧凑、可靠。

②高压容器密封结构的分类。

根据密封作用力的不同，高压密封可分为以下三类：

a. 强制密封。如平垫片密封、卡扎里密封、透镜垫密封等。

b. 半自紧密封。如八角环垫、椭圆环垫等。

c. 自紧密封。如楔密封、伍德密封、三角垫密封等。

强制密封是依靠拧紧主螺栓使顶盖以及密封元件和筒体端部之间具有一定的密封比压从而实现密封的。内压上升后，螺栓伸长，顶盖上浮，密封比压减小。因此，强制型密封要求大的螺栓力，使垫片在操作状态下仍有较大的残余压紧应力，以保证垫片、顶盖与筒体端部之间的可靠密封。

半自紧密封是利用螺栓预紧载荷使密封元件产生变形并提供初始密封比压，当压力升高后，由于密封结构的自紧作用，密封面上的密封比压也随之上升，从而保证连接的密封性能。

自紧式密封是利用其结构的特点，使垫片、顶盖和筒体端部之间的密封比压随工作压力的升高而增大，由此发挥密封作用。其特点是压力越高，垫片在接触面间的压紧力就越大，密封性能也就越好，操作条件波动时，密封仍然可靠；但是结构比较复杂，制造较困难。自紧密封按密封元件变形方式可分为轴向自紧密封和径向自紧密封。在预紧时，为建立初始密封所需施加的螺栓力较小，故可以不用大直径螺栓。

（三）动密封

动密封根据密封面间是相对滑动或相对转动，分为往复密封和旋转密封。活塞环密封、唇形密封、隔膜密封和填料密封等，都是典型的用于往复运动的轴封，往复密封均为接触式密封。填料密封、机械密封、浮环密封、迷宫密封、螺旋密封、离心密封、停车密封、磁流体密封等都是典型的用于旋转运动的轴封。旋转密封中，填料密封和机械密封中的大部分属于接触式密封，通过隔离或切断泄漏通道来达到密封的目的。现场常用的形式分为以下几种：

1. 软填料密封

软填料密封又称压盖填料密封，俗称盘根，填料密封依其采用的密封填料分成软填料密封和硬填料密封，如离心泵、真空泵、搅拌机、反应釜等的转轴和往复泵、往复压缩机的柱塞或活塞杆，以及螺旋运动阀门的阀杆与固定机体之间的密封。近年来许多新材料和新结构的出现，使填料密封获得了新的发展。填料密封的机构有如下几种：

（1）基本结构

图 4–27 为一典型结构的软填料密封。软填料装在填料函内，压盖通过压盖螺栓轴向预紧力的作用使软填料产生轴向压缩变形，同时使填料产生径向膨胀，而填料的膨胀又受到填料函内壁与轴表面的阻碍作用，使其与两表面之间紧贴，间隙被填塞而达到密封。即软填料是在变形时依靠合适的径向力紧贴轴和填料函内壁表面，以保证可靠的密封。为了使沿轴向径向力分布均匀，用中间封液环将填料函分成两段。为了使软填料足够润滑和冷却，往封液环入口注入润滑性液体（封液）。为了防止填料被挤出，使用了具有一定间隙的底衬套。

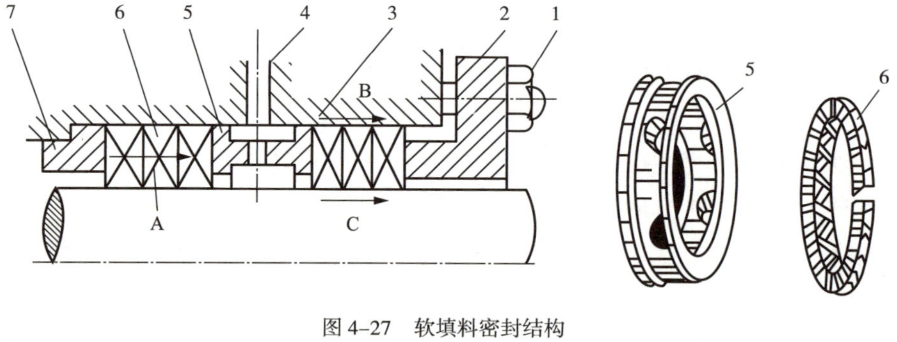

图 4–27　软填料密封结构

1—压盖螺栓；2—压盖；3—填料函；4—封液环入口；5—封液环；6—软填料；7—底衬套；A—软填料渗漏；B—靠填料函内壁侧泄漏；C—靠轴侧泄漏

（2）常用结构

常用的密封结构有封液冲洗填料箱结构、双重填料箱结构、改进型填料密封结构、填料旋转式密封结构、夹套式填料箱结构、带轴套填料箱结构、柔性石墨填料密封结构、胶圈填料密封结构、胶圈填料密封结构、弹簧压紧胶圈水泵填料密封结构、弹簧压紧填料密封结构、新型结构填料函。如图 4–28 所示。

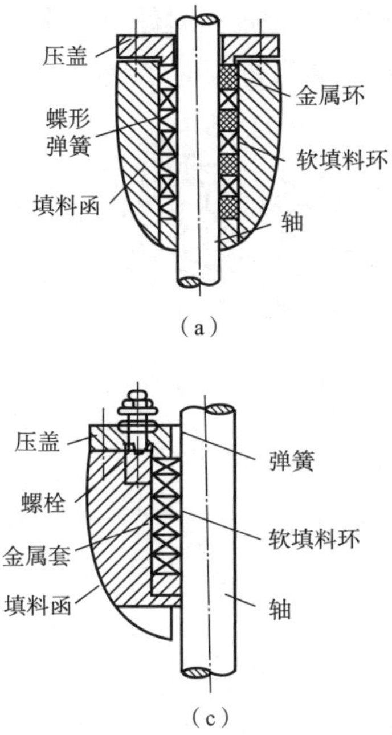

图 4–28　常用密封结构

2. 往复密封

往复密封指用于机械作往复运动机构处的密封，包括液压密封、气动密封、活塞环密封（发动机、压缩机等）、柱塞泵密封等。

（1）液压密封

液压传动是以液体为工作介质，实现有控制地传递和转换能量的传动。一般的液压密封指液压缸活塞密封和活塞杆密封，当应用范围更广、要求更严时，液压密封还包括防止灰尘或外界液体进入系统的防尘密封。液压密封由聚合物、弹性体或塑料等材料制造。液压缸中的支承环由聚合物材料或金属制成，起到类似滑动轴承的作用，支撑侧向载荷，维持液压密封同心的作用。往复运动密封与纯粹旋转运动密封的不同之处在于，往复运动密封的泄漏率在构成一个循环的两个行程中是彼此不相同的。液压缸往复运动密封系统如图 4–29 所示。

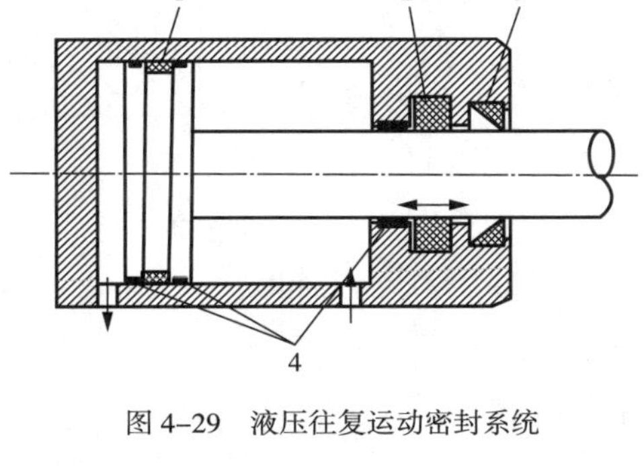

图 4–29　液压往复运动密封系统

1—活塞密封；2—活塞杆密封；3—防尘密封；4—支承环

液压往复运动密封包括活塞密封、活塞杆密封及辅助密封件防尘圈、导向支承环、缓冲圈、挡圈、防污保护圈。液压缸中往复运动密封结构如图 4-30 所示。

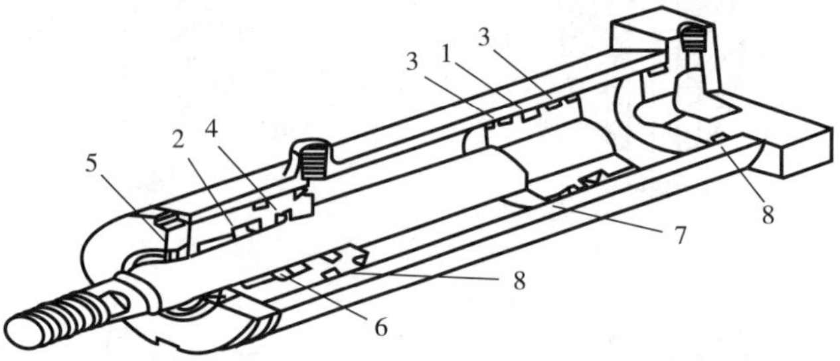

图 4-30　液压缸往复运动密封

1—活塞密封（孔用密封）；2—活塞杆密封（轴用密封）；3—导向支承环；4—缓冲圈；5—防尘圈；6—挡圈；7—防污保护圈；8—静密封

（2）气动密封

气动是“气动技术”或“气体传动与控制”的简称，是以空气压缩机为动力源，以压缩气体为工作介质，进行能量传递或信号传递的工程技术，是实现各种生产控制、自动控制的重要手段之一。气动元件（气缸、气动马达、气阀）的密封技术是气动技术的一项关键技术，其中以往复运动的气缸密封技术更为关键。与液压密封相比，气动密封的压力较低，一般为 0.6 ~ 0.7MPa，有时可达 1.6MPa，且其滑动速度多为 0.2 ~ 0.5m/s，有时可达 2m/s。气动密封的寿命，按其滑动距离要求达到 5000 ~ 20000km。图 4-31 所示为气动气缸的主要构件，其密封构件有活塞杆密封、活塞密封、防尘密封、冲程终了刹车系统的衬垫密封。活塞杆和活塞的支承环承担了附加的侧向载荷。从本节可以看出，气动密封在接触区与液压密封明显不同。

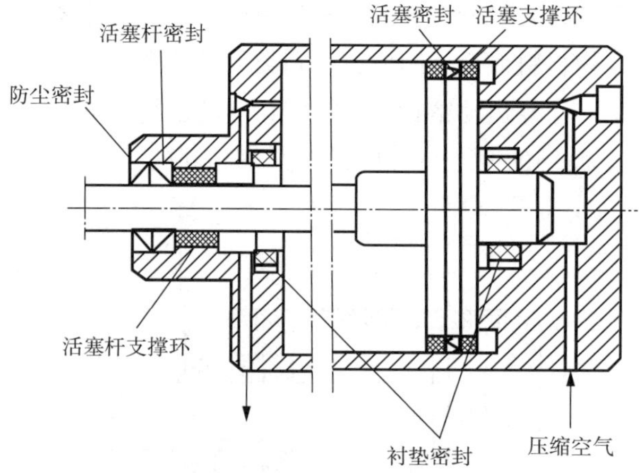

图 4-31　气动气缸主要构件和密封系统

3. 旋转轴唇形密封

旋转轴唇形密封（见图 4-32）由于结构简单、紧凑，摩擦阻力小，对无压或低压环境的旋转轴密封可靠，获得了广泛应用。在无压环境中，常用于防止机械润滑油的向外泄漏，故又称为“油封”；或者用于防止外界灰尘等有害物质进入机械内部，被称为“防尘密封”，在压力较低的环境中，出于成本或机械结构空间限制的考虑，旋转轴也往往采用唇形密封。

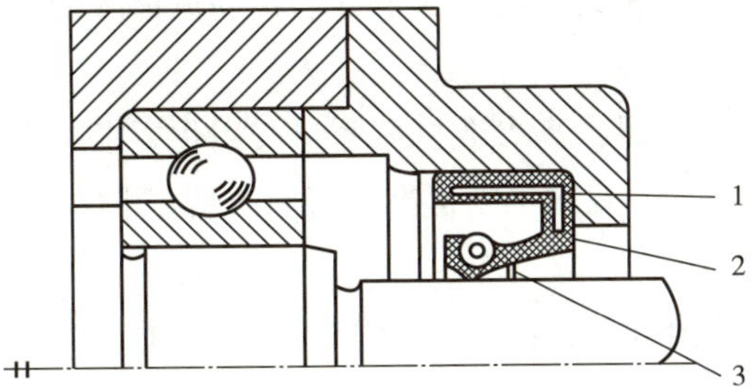

图 4-32　油封在旋转轴上的密封

1—骨架；2—油封；3—弹簧

对润滑油的密封，最早用纤维、皮革等材料进行填料密封，随着耐油和耐磨性能良好的合成橡胶出现，发展出了密封性能良好的径向唇形密封。从填料密封到唇形密封的发展过程如图 4-33 所示。

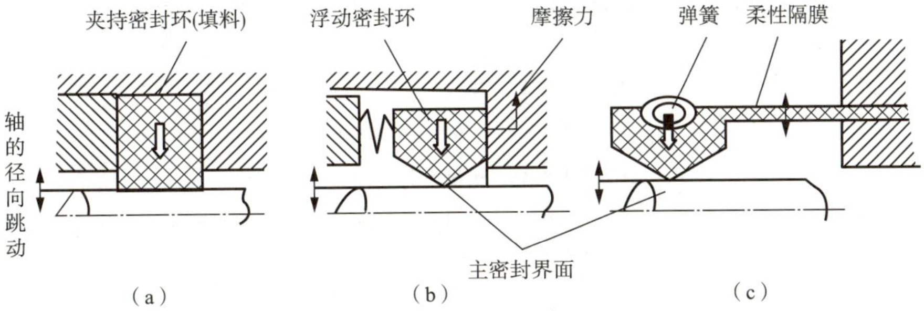

图 4-33　弹性体唇形密封的主要构件及其发展过程

（四）机械密封

1. 机械密封的基本结构和工作原理

（1）相关概念

机械密封按国家有关标准定义：由至少一对垂直于旋转轴线的端面在流体压力和补偿机构弹力（或磁力）的作用以及辅助密封的配合下保持贴合并相对滑动而构成的防止流体泄漏的装置。

机械密封又称端面密封，是旋转轴用动密封。机械密封性能可靠，泄漏量小，使用寿命长，功耗低，无需经常维修，且能适应生产过程自动化和高温、低温、高压、真空、高速以及各种强腐蚀性介质、含固体颗粒介质等苛刻工况的密封要求。

（2）目前机械密封的技术水平

单级压力最高可达 52MPa。

使用温度最高达 1000℃；最低温度可达 -100℃。

机器转速高达 50000r/min。

（3）发展方向及特点

机械密封发展方向，对于接触式密封，应减少泄漏、减小磨损、提高可靠性和稳定性、延长使用寿命。对于非接触式密封，应减少泄漏、提高流体膜刚度和工作稳定性、延长使用寿命。

随着科技进步和工业的发展，高参数机械密封实用化要求越来越高。其发展具有技术不断创新、使用范围不断扩大、要求不断提高、研制产品要求实用化等特点。

（4）机械密封的基本结构

机械密封一般有四个密封部位，如图 4-34 所示的 A ～D。

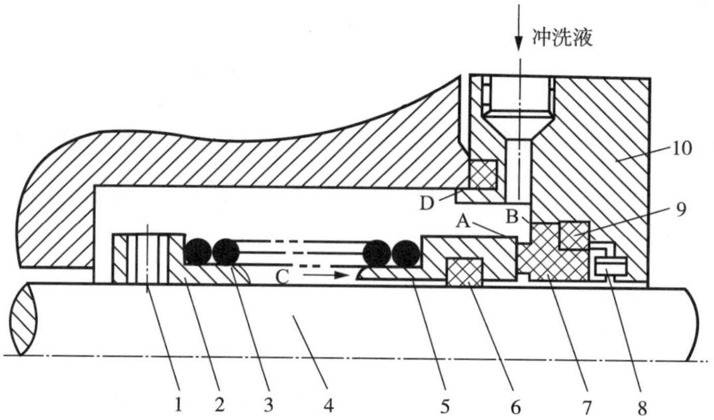

图 4-34　机械密封结构原理图

1—紧定螺钉；2—弹簧座；3—弹簧；4—轴（或轴套）；5—旋转环（动环）；6—动环密封圈；7—静止环；8—防转销；9—静环密封圈；10—压盖

A 处为端面密封，旋转环与静止环的端面彼此结合做相对滑动的动密封，又称机械密封装置中的主密封，是决定机械密封性能和寿命的关键；B 处为静止环与压盖端面之间的密封；C 处为动环与轴（或轴套）配合面之间的密封，因能随补偿环轴向移动并起密封作用，所以又称副密封，当端面磨损时，它仅能跟随补偿环沿轴向做微量的移动，实际上是一个相对静密封；D 处为压盖与泵壳端面之间的密封。B、C、D 三处是静止密封，这些泄漏通道相对来说比较容易封堵，一般不易泄漏；A 处为端面相对旋转密封，只要设计合理即可达到减少泄漏的目的。

2. 机械密封的结构

（1）机械密封的结构

由于机械密封结构形式多样性，需根据不同用途、具体使用要求及工作条件，选定合适的结构形式。初步选定时，可以从以下几个角度考虑。

①介质特性：浓度、黏度、腐蚀性、有无固体颗粒及纤维杂质、是否易气化或结晶等。

②工作参数：被密封介质的压力和温度、轴径和转速。

③主机对被密封介质的允许泄漏量及泄漏方向的要求，密封装置寿命及可靠性要求。

④主机对密封装置结构尺寸的限制。

⑤操作及生产工艺的稳定性。

（2）机械密封的主要零件

机械密封的主要零件有摩擦副（密封副）、辅助密封、弹性元件、传动件和紧固件。

第二节　气源设备

供气系统是将压缩气体由管道和控制阀输送给气动执行元件，把压缩气体的压力能转换为机械能而做功。传递信息的系统是利用气动逻辑元件或射流元件以实现逻辑运算等功能，也称气动控制系统。

一　供气系统的特点

1. 优点

①工作介质是空气，使用后直接排入大气，无污染，不需设置专门的回收装置。

②空气的黏度很小，只有液压油的万分之一，流动阻力小，便于集中供气和中、远距离输送。

③输出力及工作速度的调节便捷。气缸动作速度一般为 50～500mm/s，比液压和电气方式动作速度快。

④工作环境适应性好。在易燃、易爆、多尘、辐射、强磁、振动、冲击等恶劣的环境中，气压传动系统都能安全可靠地工作。外泄漏不污染环境，在食品、轻工、纺织、印刷、精密检测、石油勘探等环境中使用最为适宜。

⑤具有过载保护功能。

⑥气动装置结构简单、紧凑、易于制造、成本低、使用维护简单、压力等级低、使用安全。

2. 缺点

①空气具有可压缩性，不易实现准确的速度控制和定位精度，负载变化时对系统的稳定性影响较大。

②空气的压力较低，只适用于压力要求不高的场合（一般为 0.4～0.8MPa）。

③气压传动系统的噪声大，排气端需加消声器。

④因空气无润滑性能，故在气路中应设置给油润滑装置。

二　钻井现场常用空气压缩机

空气压缩机是石油钻机气压传动系统的动力源，现场操作人员了解并掌握空气压缩机的类型及结构原理，是使用维护好空气压缩机的前提条件。本节简要介绍目前钻井现场常用的空气压缩机。

（一）活塞式空气压缩机

活塞式空气压缩机在石油钻井方面应用非常广泛，在 20 世纪 90 年代中期之前，我国的机械钻机气源设备使用的都是这种空气压缩机。目前，一些机械钻机中仍在使用。

1. 活塞式空气压缩机类型

活塞式空气压缩机有立式、*V* 型、*W* 型、*H* 型、*L* 型多种结构，目前用于石油钻井现场的主要是 *V* 型。

2. 活塞式空气压缩机结构

目前，用于石油钻井的活塞式空气压缩机主要由驱动系统、主机、润滑系统（曲轴箱）、冷却系统和电气控制系统组成，如图 4–35 所示。

图 4–35　活塞式空气压缩机

3. 工作原理

活塞式空气压缩机的工作原理如图 4–36 所示。主机由两级气缸组成，一级气缸内径尺寸最大，末级气缸内径尺寸最小，两级气缸之间有冷却器。电动机驱动曲轴旋转，一级气缸无杆腔容积加大，外界空气从进气阀吸入，活塞到达下止点，吸入过程结束。随着曲轴

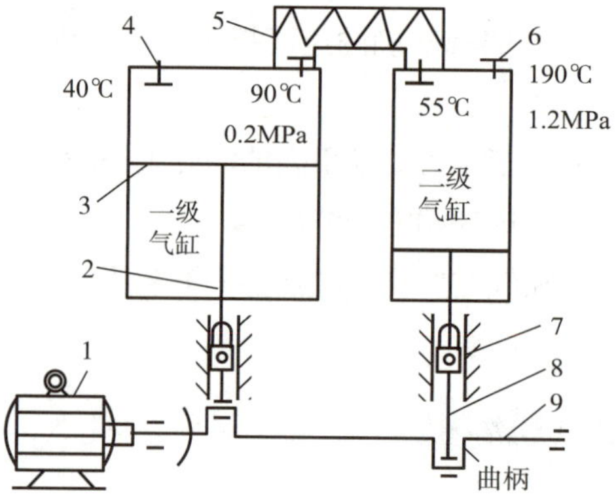

图 4–36　活塞式空气压缩机的工作原理图

1—动力机；2—活塞杆；3—气缸活塞；4—进气阀；5—冷却器；6—排气阀；7—十字头；8—连杆；9—曲轴

旋转一级气缸活塞从下止点向上运动，进气阀关闭，随着工作容积变小，缸中气体被压缩，当活塞到达上止点，一级气缸压缩结束，压缩终点压力为 0.2MPa，温度为 90℃，与此同时，排气阀开启，一级压缩空气经冷却器温度降至 55℃，随着二级气缸吸入阀开启被吸入二级气缸。当二级气缸活塞由下止点向上运动时，经过一级压缩的空气被二级压缩。当二级气缸活塞到达上止点时，压缩空气压力达到 1.2MPa，温度为 190℃。

（二）螺杆式空气压缩机

螺杆式空气压缩机属于容积回转式空气压缩机，特点是结构简单、寿命长、自动化程度高。螺杆式空气压缩机在钻井现场应用最为广泛。

1. 螺杆式空气压缩机类型

螺杆式空气压缩机有风冷、水冷、喷油、无油、单级和两级等形式。

①单级喷油螺杆式空气压缩机：借助喷入机体的大量润滑油润滑、密封、冷却和降低噪声，通过电动机驱动机一对相互啮合的螺杆压缩空气，不设同步齿轮，内部没有阀门，结构简单。

②单级无油回转式螺杆空气压缩机：螺杆之间存在一定间隙，利用同步齿轮进行传动，主机无需喷油就可进行压缩，产生无油压缩空气。无油回旋螺杆式空气压缩机有风冷和水冷两种。

③两级喷油回转式螺杆空气压缩机：在主机部件里带有两对转子，压缩过程由第一级和第二级串接逐级压缩完成。两级回转式螺杆空气压缩机有风冷和水冷以及全封装式等型式。

2. 螺杆式空气压缩机工作原理

螺杆压缩机的工作可分为以下三个过程：

（1）吸气过程

开始时气体经吸气口分别进入阴螺杆、阳螺杆的齿间容积，随着螺杆的回转，这两个齿间容积不断扩大。当这两个容积达到最大值时，齿间容积与吸气口断开，吸气过程结束。需要指出的是，此时阴螺杆、阳螺杆的齿间容积并没有连通。

（2）压缩过程

螺杆继续回转。在阴螺杆、阳螺杆齿间容积彼此连通之前，阳螺杆齿间容积中的气体受阴螺杆齿的进入先行压缩。经某一转角后，阴螺杆、阳螺杆齿间容积连通，通常将此连通的阴螺杆、阳螺杆呈“V”字形的齿间容积称作齿间容积对。在齿间容积对中，因齿的互相挤入，其容积值逐渐减小，实现气体的压缩过程，直到该齿间容积对与排气孔口相连通时为止。

（3）排气过程

在齿间容积对与排气孔口连通后，排气过程开始。由于螺杆回转时容积不断缩小，将压缩后的气体送至排气管。此过程一直延续到该容积对达到最小值时为止。

随着螺杆的继续旋转，上述过程重复进行。

第三节　常用工具、量具

工欲善其事，必先利其器。现场操作人员在进行设备使用、保养、维修等工作时，选择适当的检修工具、量具，并掌握其具体的使用方法和操作规范，是安全高效完成岗位工作的前提。本节对钻井现场常用工具、量具及安全用电方面的知识进行简要介绍。

一　现场手工具的使用

（一）扳手的名称及规格

1. 活扳手（活络扳手）

活扳手的开口宽度可以调节，能紧固或卸松一定范围内的螺栓或螺母。在设备修理工作中，活扳手的用途较广、使用便捷，但易打滑。

目前我国生产的活扳手有 8 种规格，以扳手的长度不同，单位为毫米（mm）来表示。活扳手的规格见表 4–1。

表 4–1　活扳手规格

长度 /mm	100	150	200	250	300	375	450	600
最大开口宽度 /mm	14	19	24	30	36	46	55	65

2. 开口扳手

开口扳手又叫呆扳手，分双头和单头两种。双头的开口扳手可以扳两种不同尺寸的螺栓或螺母。开口扳手的规格是以开口宽度尺寸（mm）来表示的，如 17×19 的开口扳手，指一头能扳 17mm 的螺栓或螺母，另一头能扳 19mm 的螺栓或螺母。开口扳手的规格见表 4–2。

表 4–2　开口扳手规格

单件扳手	12×14　14×17　17×19　19×22　22×24　24×27　27×30
套扳手（6 件）	8×10　12×14　14×17　17×19　19×22　22×24
套扳手（8 件）	8×10　12×14　14×17　17×19　19×22　22×24　24×27　30×32
套扳手（10 件）	5.5×7　8×10　9×11　12×14　14×17　17×19　19×22　22×24　24×27　30×32

3. 梅花扳手

梅花扳手由于扳手孔呈多角形而得名。此类扳手应用在螺栓和螺母周围空间小的场合。由于梅花扳手是多角形状，在扳六方螺栓或螺母时，螺栓或螺母的 6 个角同时受力，只要规格型号选用得当，不易打滑，不会使螺栓或螺母的 6 角发生滚圆。梅花扳手的规格以能旋六角螺母或螺栓的对边距离尺寸（mm）来表示。例如，规格为 22 的梅花扳手，指的是此扳手适用于对边距离尺寸为 22mm 的螺母或螺栓。

目前常用的各种成套梅花扳手为双头梅花扳手，两头分别能扳两种不同尺寸的螺栓或螺母。梅花扳手的规格见表 4–3。

表 4-3 梅花扳手的规格

6 件套	8×10　12×14　14×17　17×19　19×22　22×27
8 件套	5.5×7　8×10　9×11　12×14　14×17　17×19　19×22　22×27
10 件套	5.5×7　8×10　9×11　12×14　14×17　17×19　19×22　22×24　24×27　30×32

4. 套筒扳手

当螺栓或螺母由于位置的限制或在某些特殊情况下其他扳手扳不动螺栓或螺母时，要采用套筒扳手。在使用此类扳手时，为了提高装卸螺栓或螺母的速度，可以把套筒装在手摇把上或棘轮上，这样可以连续转动螺栓或螺母，最后再用加力杆扳紧；如果螺栓或螺母处在孔中或凸台下，可借助于长短杆完成操作；如果扳手不能作螺栓或螺母的垂直方向扳动时，可借助万向接头。

套筒扳手的规格同梅花扳手一样，也是用能旋六方螺栓或螺母的对边距离尺寸（mm）表示的。

（二）管子钳的名称及规格

1. 管子钳

管子钳的作用是转动金属管线或其他圆柱形工件，是管路安装和机械修理中常用的工具。管子钳的规格是以其长度和能夹持管子的最大外径来表示的，以公制单位毫米作为度量单位。

常用管子钳的规格有 150×20、200×25、250×30、300×40、350×50、450×60、600×70、900×80、1200×100。

2. 链条管子钳（简称链钳）

链条管子钳的用途和管子钳基本相同，只是用于尺寸较大的管子或圆柱形工件。常见链条管子钳的规格有 900×（50～150）、1000×（50～200），1200×（50～250）。

（三）手钳的名称及使用

1. 钢丝钳

钢丝钳被用来夹持金属薄片和切断金属丝。有电场合应使用胶柄的钢丝钳（工作电压不高于 500V）。钢丝钳的钳口经过热处理淬火，因此在使用时应尽量避免长时间夹持温度极高的金属，避免与火焰接触，以免钳口退火。

2. 鲤鱼钳

鲤鱼钳能夹持扁的或圆柱形零件，带刃口的鲤鱼钳也能用来切断金属丝。鲤鱼钳的一个钳脚上有两个相连的孔眼，连接销呈扁圆形，使用时，连接销可以从一个孔眼滑到另一个孔眼，这样可以调节钳口的张开度。

3. 尖嘴钳

尖嘴钳用来夹持细小零件或进行小零件（如开口销、钢丝卡环、销定铁丝等）的装配及拆卸，也可用于活动空间受限处的作业及电工作业（必须在额定电压下使用）。尖嘴钳也能用来剪切一些细小的铜丝、铝丝等。

4. 卡簧钳

卡簧钳有内、外卡簧钳之分。内卡簧钳的构造与尖嘴钳相似，只是钳头较长，呈圆锥形。外卡簧钳的杠杆作用与一般钳子相反，工作时，两钳柄向靠拢，钳嘴张开，就可把卡簧张大取出或套上轴颈。弯嘴卡簧钳多数属于外卡簧钳，适用于某些特殊场合。

（四）螺钉旋具

螺钉旋具俗称螺丝刀、螺丝起子、旋凿、改锥等。常用的螺钉旋具有标准螺钉旋具、梅花螺钉旋具（又称十字头螺钉旋具）、重级螺钉旋具和偏置螺钉旋具等。标准螺钉旋具用于普通螺钉的拆装，重级螺钉旋具用于拆装较大的螺钉，梅花螺钉旋具用于带“十字槽”的螺钉拆装，偏置螺钉旋具用于拆装一般螺钉旋具无法拆卸的螺钉。

螺钉旋具的规格是按其长度来区分的。最常用的螺钉旋具长度为 50 ~ 350mm。螺钉旋具的手柄有木柄、塑料柄和铁柄之分。木柄和塑料柄螺钉旋具由于柄部具有绝缘性能，故可用于电工的安装和修理；铁柄螺钉旋具在使用时可在尾部敲击，较一般螺钉旋具结实耐用。

（五）扭矩扳手

扭矩扳手与普通扳手功用一致，都是一种螺纹连接件的拆装工具，不同处在于：普通扳手在使用时，旋紧力矩的大小完全靠人工掌握；而扭矩扳手是配合套筒使用的一种专用工具，在使用时能够直接显示出旋紧力矩的大小，能满足某些连接螺纹的特殊要求。

扭矩扳手在使用前，注意观察指针是否指向“0”的位置，如有偏差，应该校正。使用扭矩扳手旋紧螺纹连接件时，要注意观察其刻度盘上的指针读数。根据不同的螺纹连接旋紧力矩要求，使其刻度盘上的指针读数达到其规定数值。

切勿把扭矩扳手当作锤头，敲击其他物体，以免影响使用寿命。柴油机装配时，许多螺栓（如气缸盖螺栓、主轴承螺栓、连杆螺栓等）必须按规定的扭紧力矩扭紧。

（六）测电笔

测电笔是检查低压用电设备及区别火线和零线的一种工具。使用时，手拿测电笔以一个手指触及头部金属夹或中心螺钉上，工作触头和被检查的设备相接触，看氖光灯泡是否发亮，如果发亮，证明被检查设备带电。

1. 测电笔的使用方法

①用 2.5m^2 导线将电机、断路器、380V 交流电源连接，构成电机直接启动回路。

②检查测电笔外观，观察有无裂痕、受潮等现象。

③用测电笔在确定有电的电源处测量，观察氖管是否发光，由此判断该测电笔性能。

④区别电压的高低：用测电笔触及被测电压，氖管发光强为高电压，氖管发光弱为低

电压。

⑤区别相线和零线：在交流电路中，用测电笔触及导线，氖管发光的为相线，氖管不发光的为零线。

⑥区别直流电和交流电：用测电笔触及被测部位，氖管两极均发光为交流电，氖管一个极发光为直流电。

⑦区别直流电的正负极：将测电笔连接在直流电的正负极，氖管发光的一端为直流电负极，另一端为直流电正极。

⑧识别相线碰壳：用测电笔触及电机外壳，若氖管发光则说明有相线碰壳故障。

2. 技术要求及注意事项

①测电笔的测试范围为 60 ~ 500V。

②测电笔在使用前，应在电源处验证，确定测电笔性能良好。

③使用测电笔时，用手握住测电笔笔身，拇指触及笔尾的金属体，使氖管小窗背光朝向自己，测电笔金属部分触及需测量的部位。

④使用测电笔时应逐渐靠近被测部位。

⑤测量时严禁身体碰触测电笔金属部位。

（七）压杆式黄油枪

1. 压杆式黄油枪的结构

压杆式黄油枪的主要功能是在设备或工具的润滑部位添加润滑脂，主要由枪筒、拉杆、活塞、手柄前后端盖、排气丝堵及油枪头等部分组成，是钻井现场最常用的保养工具之一。

2. 压杆式黄油枪的使用方法

①左手握住黄油枪储油筒中部，右手向后拉活塞杆，使活塞紧贴在后端盖上并锁住拉杆。

②左手握住黄油枪储油筒中部，右手握住前端盖，将前端盖旋下。

③打开润滑脂桶上盖，用抹具将清洁的润滑脂装入储油筒内，压实，不留空隙。

④将抹具拿出，盖上润滑脂桶上盖。

⑤旋上黄油枪前端盖，将拉杆解锁，恢复到工作状态，将黄油枪外表面擦干净。

⑥往复压动手柄，排出储油筒内空气。当发现油嘴处连续出现润滑脂时即可给润滑部位加注润滑脂。

⑦保养前确定保养设备处于静止状态，并悬挂检修警告牌。将黄油枪的油嘴对正润滑部位的油嘴插入，往复压动手柄，按保养规定将适量润滑脂注入润滑部位。

⑧注完润滑脂后拔出黄油枪。

⑨将润滑部位与黄油枪擦拭干净。

⑩摘下检修警告牌。

⑪ 回收工具，清理现场。

3. 技术要求及注意事项

①所用润滑脂、用具要清洁，以防杂物堵塞油嘴及油道。

②加注润滑脂时，保持枪头与油嘴对正。

③加注润滑脂时压手柄与储油筒之间拉开 45° 角，效果最佳。

④黄油枪内压不出润滑脂时，证明储油筒内有空气，应卸松排空丝堵，排净内部空气后旋紧。

（八）常用工具使用注意事项

①任何种类的扳手、管钳和螺钉旋具都不能用明火熏烤，尽量避免接近高温，以免工具的头部退火软化。

②各类工具都不得擅自錾削或磨削来更改开口。

③各类扳手不准强行套进与开口尺寸不符的螺栓或螺母，以防损坏工具、螺栓或螺母。

④不能将工具当作榔头使用。

⑤扳手和其他工具的长度为合理设计的尺寸。在使用中，不得在工具上套接加力杆，以免扳弯或扳断手柄或扳裂开口而损坏。

⑥使用活扳手和开口扳手时，应清除油脂，以免打滑。

⑦各类工具都要保持清洁，经常擦拭，以防止锈蚀。

二 现场设备量具的使用

（一）塞尺

塞尺（又称厚薄规）是检验两个结合面之间空隙大小的一种量具。它是一种极限量规，由形状为长条的一组薄片组成。塞尺的上、下两面是工作面，具体尺寸标注在工作面上，其长度可为 50mm、100mm 或 200mm 等；薄片的厚度就是塞尺的测量尺寸，厚度一般有 0.03 ~ 0.1mm 和 0.1 ~ 1mm 两种。0.03 ~ 0.1mm 的塞尺中间每两片相隔 0.01mm，0.1 ~ 1mm 的塞尺则中间每两片相隔 0.05mm。

在使用塞尺时，要根据被测间隙的大小，先将一片或数片重叠在一起插入被测间隙内试用。假如用 0.05mm 一片能插入，而 0.06mm 一片不能插入，说明被测间隙为 0.05 ~ 0.06mm。

塞尺使用的注意事项：

①使用前必须清除塞尺和工件上的油污和灰尘。

②使用时不能用力过大，以防止弯曲和折断。

③不能测量温度较高的工件。

（二）游标卡尺

游标卡尺是一种结构简单、精度较高的万能量具，用它可测量出零件的内径、外径、宽度、长度或深度等。

1. 游标卡尺的结构形状

游标卡尺的式样较多，常用的结构形状如图 4–37 所示。

游标卡尺是由主尺和游标（副尺）组成。在主尺上有每格 1mm 的刻度，游标上也刻有线条，当游标需要移动较大的距离时推动游标。

游标卡尺上端的两个尖角，可用来测量齿轮公法线长度，或测量内孔中狭小的凸柱直径和其他孔距尺寸。下端两脚的内侧面是测量外圆或厚度用的，外侧面（带有圆弧面）是测量内孔或沟槽用的。

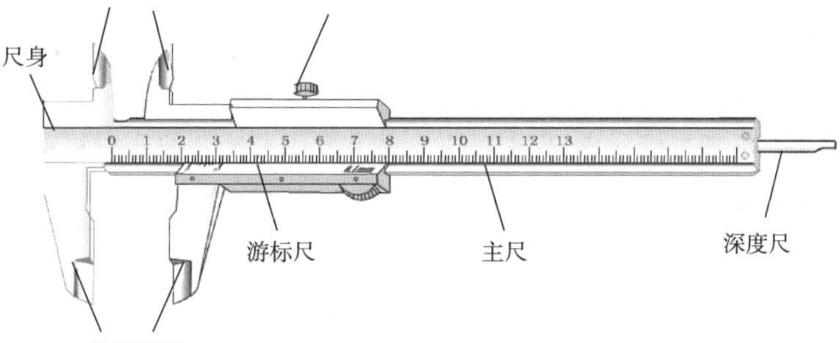

图 4–37　游标卡尺结构形状

2. 游标卡尺的刻线原理

游标卡尺是主尺和游标（副尺）相互配合进行读数的。游标卡尺能够测出的最小尺寸，称游标读数值，也就是游标卡尺所能测量的精度。游标卡尺的读数值分为 1/10mm（0.1）、1/20mm（0.05）和 1/50mm（0.02）3 种。这 3 种游标卡尺主尺的刻度均相同，所不同的是游标（副尺）刻线间距。

① 0.1mm 游标卡尺主尺每小格为 1mm，当两角合并时，主尺上 9mm 刚好等于副尺上 10 格，如图 4–38 所示，则：

副尺每格 =9 ÷ 10=0.9（mm）；

主尺与副尺每格相差 =1–0.9=0.1（mm）；

另一种是主尺上 19mm 对副尺 10 格，则副尺每格 =19 ÷ 10=1.9（mm），主尺 2 格与副尺 1 格相差 =2–1.9=0.1（mm），这种刻线法的优点是线条清晰，容易看准。

② 0.05mm 游标卡尺主尺每小格为 1mm，当两脚合并时，主尺上的 19mm 刚好等于副尺上的 20 格。如图 4–38 所示，则：

副尺每格 =19 ÷ 20=0.95（mm）；

主尺与副尺每格相差 =1–0.95=0.05（mm）。

同理，也有主尺上的 39mm，在副尺上分成 20 格的，则：

副尺每格 =39 ÷ 20=1.95（mm）；

主尺 2 格与副尺 1 格相差 =2–1.95=0.05（mm）。

③ 0.02mm 游标卡尺主尺每小格为 1mm，当两脚合并时，主尺上的 49mm 刚好等于副尺上 50 格，如图 4–38 所示，则：

副尺每格 =49 ÷ 50=0.98（mm）;

主尺与副尺每格相差 =1–0.98=0.02（mm）。

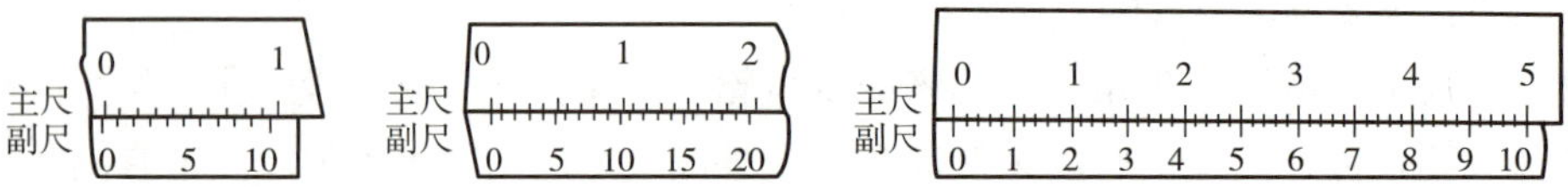

（a）0.1mm游标卡尺　（b）0.05mm游标卡尺　（c）0.02mm游标卡尺

图 4–38　游标卡尺刻线原理

3. 游标卡尺的使用方法

①擦拭干净被测件。

②测量时必须用左手持平或放平被测件，右手握住卡尺，拇指操纵游标向前或向后推动，使两个量爪刚好接触到被测件的表面即可，不许过分施加压力，然后拧紧固定螺钉。

③测量工件外径尺寸时，应先将两量爪张开比被测件尺寸大一些，然后使量爪的测量面贴靠工件，必须在垂直于轴线的截面处进行；测量内孔时，应先将两量爪张开比被测件尺寸小一些，然后使量爪的测量面贴靠工件，使两爪的测量线通过孔心，并轻轻摆动找出最大值；测量孔深或高度时，应使深度尺的测量面紧贴孔底，而游标卡尺的端面则应与被测件的表面接触，且深度尺要垂直，不可前后、左右倾斜。

④读数时，应将游标卡尺持平，朝着亮光的方向，眼睛应垂直地看所读的刻线，防止因偏视而造成误差。

⑤读出副尺上“0”线左起主尺上第一条刻线的数值，即为整数部分。看副尺上第几条线和主尺上刻线对齐，读出毫米小数部分。将主尺和副尺上读数相加，即为所测的尺寸。

⑥测量完毕后，擦拭干净并涂上防锈油后，将游标卡尺游标归零装入盒内。

⑦收拾擦拭工具、用具，并摆放整齐。

4. 技术要求及注意事项

①不准把游标卡尺的量爪当作划针、圆规和螺钉旋具等使用。

②不能用游标卡尺测量锈件、铸件等毛坯，也不能用它去测量精度要求高的工件。

③工件转动时，不得进行测量。

④游标卡尺不要放在强磁场附近，也不要和其他工具堆放在一起。

⑤发现游标卡尺受到损伤后应及时送计量部门修理，不得自行拆修。

（三）千分尺

千分尺是利用螺旋传动原理制成的一种测量与检验零件尺寸的精密量具。它的精度比游标卡尺高，且比较灵敏。

1. 外径千分尺的结构形状

常用的外径千分尺的结构如图 4–39 所示。

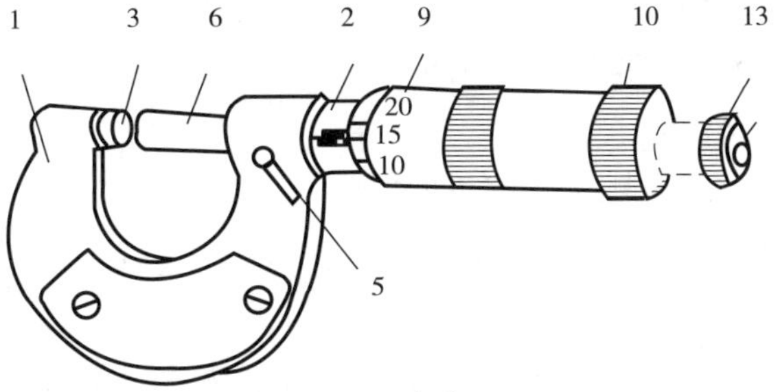

（a）

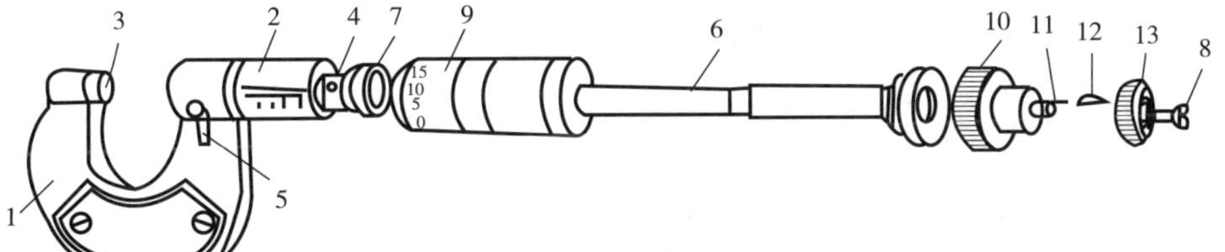

（b）

图 4–39　外径千分尺的结构形状

图 4–39（a）是尺架，尺架的左面有砧座，右端有固定套管，固定套管的表面有刻度，里面有衬套，其内有螺纹，螺距为 0.5mm。轴杆右面的螺纹可沿此内螺纹回转，并用轴套固定。在固定套管的外面有一活动套管（上面刻有线条），它通过锥孔与轴杆右端锥体相连。轴杆在转动时的松紧程度可用衬套调节。当要轴杆固定不动时，可转动手柄通过偏心锁紧。松开罩壳时，可使轴杆与活动套管分离，以便调整零线位置。转动棘轮盘，轴杆就会前进。当轴杆左端面接触工件时，棘轮在棘爪销的斜面上打滑，由于弹簧的作用，使棘轮在棘爪上滑过而发出“吱吱”声。如果棘轮盘以反向旋转，则拨动棘爪和活动套管以及轴杆转动，使轴杆向右移动。棘轮盘用螺钉与罩壳连接。

2. 千分尺的刻线原理及读法

千分尺轴杆右端的螺距为 0.5mm，当活动套管转动一周时，轴杆就推进 0.5mm。固定套管（主尺）上每格刻 0.5mm，活动套管圆周上共刻 50 格，因此当活动套管转一格时，轴杆就推进了 0.01mm（0.5 ÷ 50=0.01）。

千分尺的读数方法（见图 4–40）：

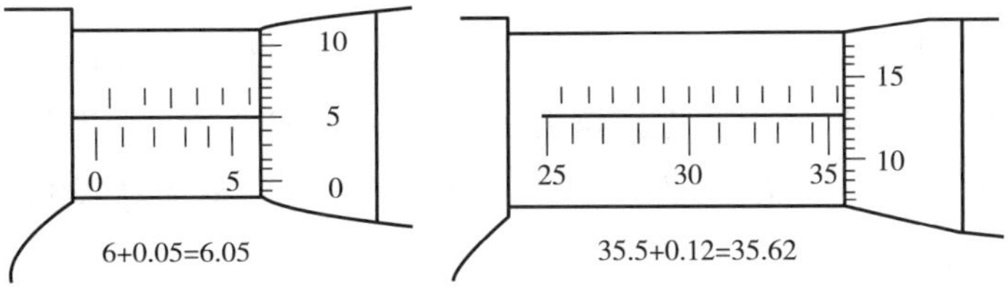

图 4–40　千分尺所示尺寸

第一步，读出活动套管边缘在固定套管的哪一尺寸后面；

第二步，活动套管上哪一格与固定套管上基准线对齐；

第三步，两个读数相加。

3. 使用外径千分尺测量活塞销直径的操作

①用棉纱布擦净活塞销。

②取出外径千分尺，擦去测量面上的防锈油。

③校尺：用标准杆校尺，读出误差。

④测量：

a. 测量轴径，先将外径千分尺两测量面距离调整至大于被测轴径，固定端先接触轴径，再调活动端接近轴径，转动棘轮盘，卡紧轴径即可读数。

b. 读数应消除千分尺本身误差且准确。

c. 将外径千分尺旋转 90° 重复测量一次，并做记录。

d. 保养量具，回收工具。

4. 技术要求及注意事项

①操作前检查量具的合格证，确保测量数据有效。

②使用量具测量时，要认真、仔细，确保测量数值准确。

③测量后及时清洁、保养。

④读数时要与量具保持平视，减少误差。

（四）千分表

千分表一般是利用齿轮、齿条传动机构，把测量头的直线移动转变成指针的旋转运动，来进行测量和读数的一种量具。

1. 千分表的读数原理

千分表的结构如图 4–41 所示。

图中淬硬的测头和测杆用螺纹连接。测杆上部有齿纹，当测杆上升时，带动与之啮合的 16 牙小齿轮，同轴上装有 100 牙大齿轮，小齿轮旋转，大齿轮随之旋转，于是长针也一起转动。小齿轮又带动与之啮合的另外一个 100 牙的大齿轮。该齿轮轴下端装有游丝，用以消除齿轮间的间隙，保证传动精度。轴上端装有短指针，用来记录长指针的转数，即长指针转一圈，短指针转过一格。

表盘上刻有刻度，每格代表 0.01mm。转动表盘外圈，可调整表盘刻线与长指针的相对位置。

测杆和齿轮的周节（牙）是 0.625mm，当测杆上升 16 牙时，即上升 $0.625 \times 16=10$（mm），小齿轮转一圈，同轴上的大齿轮也转一圈，带动 10 牙小齿轮连同长指针转了 10 圈。当测杆上升 1mm 时，长指针旋转一圈。由于表盘圆周上刻度为 100 格，所以长指针转过一格就表示测杆上升了 0.01mm。

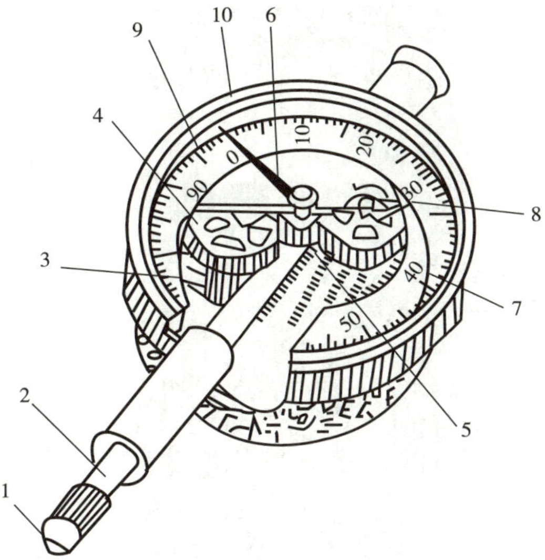

图 4-41　千分表的结构

1—测头；2—测杆；3，5—小齿轮；4，7—大齿轮；6—长指针；8—短指针；9—表盘；10—表盘外圈

2. 测量济柴 12V190 系列柴油机气缸套内径

①百分表、千分尺应有有效的计量合格证。

②用绒布擦净量具。

③用标准杆校对千分尺，把千分尺调整到 190mm 并锁紧。

④据缸套内径选择合适的测头，安装内径百分表表头，并保证有一定的压缩余量，然后锁紧螺母。

⑤用外径千分尺校对百分表，并保证有 0.3 ~ 1mm 的预压值，用手转动百分表的活动表面，使长指针对准表面上的“0”，即可进行测量。

⑥擦净缸套内表面。

⑦将缸套垂直放置在工作台上，沿轴向从上部至下部标出 140mm、250mm、360mm 的位置。

⑧手握内径百分表杠杆上的手柄，稍稍倾斜，让活动测头接触到缸套内径边缘。

⑨前后摆动杠杆，观察百分表指针，注意摆动幅度不要过大。

⑩沿轴向从上部至下部（140mm、250mm、360mm）测量三个点，记录读数。

⑪ 转 90° 方向重复测量（三点），记录读数。

⑫ 根据测量结果计算出圆度、圆柱度。

⑬ 使用后将百分表擦拭干净并涂上防锈油，放入盒中。

（五）数字式万用表

1.DT9205A 万用表结构

从上到下分别是显示屏（最大可显示 ±1999）、电源开关、指示灯、hFE 测试插座（可测量三极管参数）、调节旋钮（用于转换测量参数）、表笔插座。数字万用表面板结构如图 4-42 所示。

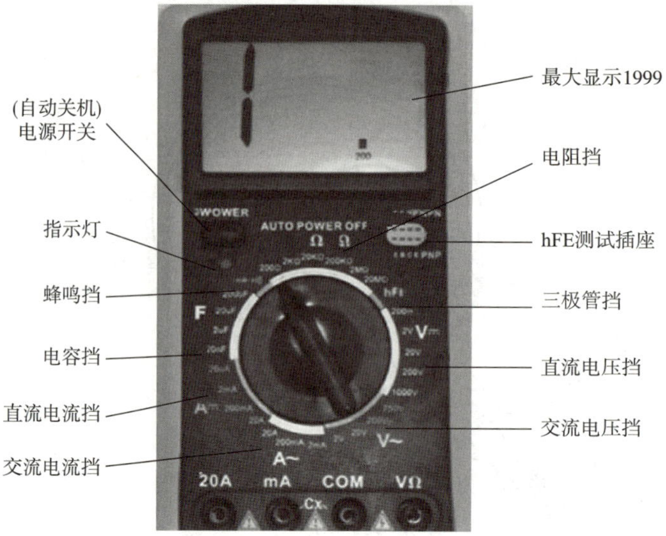

图 4–42　数字万用表面板结构图

2. 万用表的使用方法

①对万用表进行机械调零，用一字螺丝刀旋转调节螺钉，使万用表表针指向零位。

②测量直流电压，万用表转换开关选择直流电压挡，根据被测直流电压大小选择适当量程，红表笔接被测电压正极，黑表笔接被测电压负极，正确读取直流电压值。

③测量交流电压，万用表转换开关选择交流电压挡，根据被测交流电压大小选择适当量程，红表笔与黑表笔接入被测交流电压两端，正确读取交流电压值。

④测量直流电流，万用表转换开关选择直流电流挡，根据被测直流电流大小选择适当量程，断开电源，将万用表串入电路，红表笔接断点正极，黑表笔接断点负极，合上电源，正确读取直流电流值。

⑤测量电阻，万用表转换开关选择电阻挡，根据被测直流电流大小选择适当量程，每次测量前，均要将表笔短接，调节欧姆调零旋钮，使表针指向零位，之后将两表笔分别接触电阻两端，读数乘以量程开关倍数，即为该被测电阻的阻值。

⑥测量完毕后，将万用表挡位开关调至交流电压最大挡或者空挡。

⑦清理现场，回收工具。

3. 技术要求及注意事项

①测量过程中不得用手接触表笔金属体和被测物，以保证安全和测量结果的准确。

②测量电压前若不知其电压范围，应先选择最大量程，再逐步减小，直至合适。

③测量过程中严禁转换任何挡位开关，以免触头产生电弧损坏万用表。

④为了减小测量误差，应尽量调整量程挡位，测电流、电压时使指针指在表盘的 1/2 ~ 2/3 处，测电阻时使指针指在表盘的 1/2 处。

（六）绝缘电阻表

电气产品的绝缘性能通过绝缘电阻值来反映，使用绝缘电阻表进行测量，绝缘电阻表又称兆欧表、摇表、梅格表，是测量最大电阻值、绝缘电阻值、吸收比、极化指数的专用仪表，它的标度单位是兆欧，本身带有高压电源（或可产生高压电源）。

1. 绝缘电阻表的结构

绝缘电阻表主要由手摇发电机、电磁式无机械反作用的表头、接线柱、显示表盘和表盖等几部分组成。绝缘电阻表外形如图 4–43（a）所示，常见结构如图 4–43（b）所示。

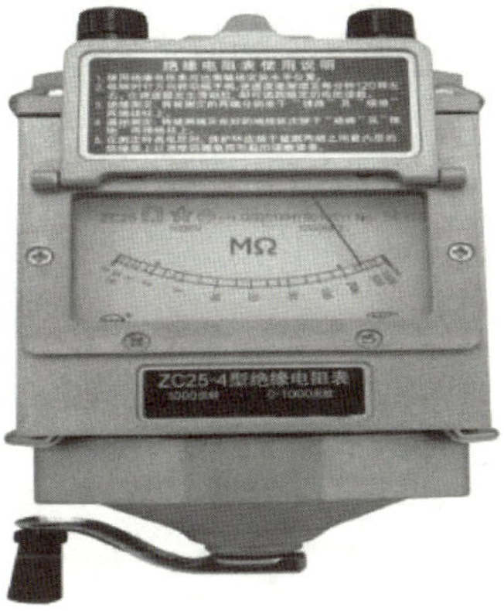

（a）

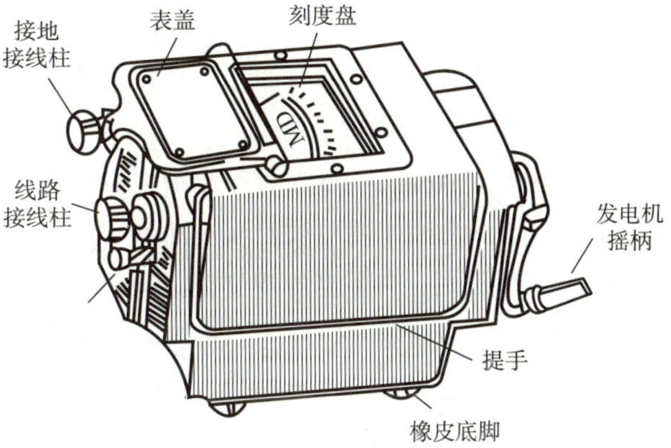

（b）

图 4–43　绝缘电阻表

2. 使用摇表检测三相电机绝缘阻值的操作

①根据待测电动机额定电压选择合适量程兆欧表。

②断开待测电动机供电开关，停止供电，用低压测电笔检测是否停电，验电后悬挂“禁止合闸”标识牌。

③使用梅花螺丝刀拆除电动机电源接线盒，再次使用验电笔测试接线桩及连接片是否带电，确定没电后，使用活动扳手拆除连接片及电源线，使用绝缘胶布包扎电源线。

④连接兆欧表测量导线，摇动兆欧表手柄，对兆欧表进行开路与短路试验。

⑤将兆欧表测量导线正确接到电机接线桩，摇动兆欧表，逐相测量电机相间绝缘电阻值并记录。再逐相测量电机相地之间绝缘电阻值并记录。

⑥对电机相间与相地逐相放电。

⑦恢复电机接线，安装电机电源接线盒，拆除兆欧表测量导线。

⑧清理现场，回收工具。

3. 技术要求及注意事项

①测量前应对选择的兆欧表做开路及短路试验。

②测量过程中，应保证以每分钟 120 次摇动兆欧表手柄，待指针稳定时再读取电阻值。

③测量结束后，应先断开接线端，后停止摇动兆欧表。

④被测电动机未放电前，人员不得触碰。

（七）THY-20BY 油液质量测试仪

油液质量检测仪可判断油品综合污染程度及水分含量，配置了大屏幕液晶屏，实现了操作提示及各项功能的汉字化，可直观读取各种数据；采用了高精度的 a/d 转换电路，使仪器的重复性更好。具有交、直两用功能（直流可连续工作 28h），在无人操作状态下会自动关机，在电池电量不足时，蜂鸣器自动报警提示。携带方便，可满足现场及野外作业。

1. 使用方法

①将仪器箱放置于水平的台面上，打开箱体上盖。

②抽取 25mL 润滑油样品。

③在仪器两个油腔滴入石油醚（沸程为 60～90℃），干后用棉球擦拭。

④将合格的润滑油（要与被测润滑油型号相同）滴入仪器油腔。

⑤左手按动开关，右手旋转调节旋钮调“0”。

⑥用干棉球擦净仪器右边油腔，再滴入石油醚浸泡后，擦净。

⑦将测试润滑油 3～5 滴，滴入右边油腔。

⑧滴入大约 10s 后，按动开关。

⑨测取读数，并与参考值进行比较，得出所测试润滑油是否可用的结论。

⑩填写润滑油化验记录。

⑪清理仪器。

⑫ 回收仪器。

2. 技术要求与注意事项

①抽取润滑油时，一定要在热车情况下进行。

②使用测量仪器时必须放平。

③在雨、雪、雾中不能测试。

④仪器校零后，不得震动仪器或触动调零旋钮。

⑤测试完成后，要认真清理所使用仪器，为下次使用做好准备。

⑥认真填写化验记录。

安全风险提示

①穿戴好劳保用品，严格执行安全操作规程。

②严格执行安全用电操作规程，预防触电风险。

③确保工作场所有可供使用的灭火器，熟悉灭火器的使用方法。

④不得将乙醚存放在密闭、阳光直射、温度超过 49℃的地方并远离明火及火花。

⑤严禁随意触摸运转中的动力设备的旋转部位，确保护罩齐全。

⑥严禁高空抛物，高处作业、临边作业，严格执行相关操作规程及安全要求。

⑦工具使用过程中注意分析物体打击、机械伤害等风险。

⑧使用工器具时防止打滑或触电，避免损坏工器具。

⑨在工作前，必须断开电源或切断动力源，落实能量隔离措施，并悬挂检修警示牌。

⑩其他安全注意事项，请执行相关规定要求。

思考题

1. 普通螺纹、英制螺纹是现场常用螺纹，请分别简单描述其标注方法和基本外形判断方法。
2. 螺纹件的紧固方法有哪些，请简要描述一下，转角选转法和屈服点旋紧法的优缺点。
3. 离合器、联轴器作为钻机大量使用的传动部件，请列举常见的几种并简要描述其优缺点。
4. 简要陈述机械密封的基本构造。

扫一扫
获取更多资源

第五章

设备安装

PART 5

动力系统由柴油机或燃气机、柴油发电机组、交流电动机、直流电动机、油气系统、其他辅助控制装置组成，其作用是向钻台区、泵房区、固控区、生活区及其他区域的所有设备提供动力。动力系统中柴油机或燃气机、柴油发电机组、网电电机按需要实现并列运行，负荷可自由调节分配。

第一节　主要设备的安装

钻机动力系统包括机房底座、动力机组（柴油机、发电机组）、传动设备（链条并车箱、电传动系统）、气源装置（电动空气压缩机、自动空气压缩机等）、节能发电机等设备，安装调整正确与否，直接影响着钻机动力使用性能。因此，在机房设备的起吊、搬运、安装过程中，现场作业人员必须按要求标准操作，做到平、正、稳、全、牢、灵、通、“四不漏”（即不漏水、油、气、电）。

一　底座的安装

（一）技术要求

①底座安装技术要求应满足整机安装总体技术要求。

②安装人员必须具备资质且在安装前仔细阅读底座用户手册，掌握安装技术要求，遵守安全规则，按照操作规程及顺序进行安装，不可盲目操作。

（二）安装步骤

①根据绞车底座位置摆放。

②安装 1 号动力机座、2 号动力机座、3 号动力机座、走道。

③穿上销轴和别针。

④安装斜撑、铺台、走台、斜梯等附件。

（三）注意事项

①底座周围应留出一定宽度的排水沟，使积水及时排出。

②大雨或连阴雨后，对底座要进行检查，如有下沉或塌陷情况，要及时修补和加强，并对底座和井架重新校正。

③摆放底座前对构件进行检查。所有零部件应齐全，对受损的构件，如焊缝开裂、材料有裂纹或锈蚀严重的构件应按制造厂的有关要求修复合格后才能安装在底座上。

④组装前先清理底座构件各销孔中的油漆等杂物，涂黄油。

⑤安装过程中注意高空作业风险，严禁违章作业。

二 柴油机的安装调试

（一）安装

1. 技术要求

①柴油机起吊、搬运、安装和调整过程中，应按规定要求操作，做到安全、平稳、牢固、准确、“四不漏”（即不漏水、油、气、电）。

②柴油机和被驱动部件之间应统一找正、固牢，两轴轴线的同轴度误差应在说明书技术要求范围内，配套安装时，应充分考虑柴油机运行状态时曲轴上浮的特点，严格按规定要求对中并紧固。

③柴油机的外接管路应清洁、畅通、密封可靠，管路应排列整齐、连接牢固。

④排气管固定应牢靠。

2. 安装步骤

①按照高弹性联轴器连接的技术要求：在直径 500mm 毫米的圆周范围内平行度误差不大于 0.15mm，两轴的同轴度误差不大于 0.2mm；按照万向轴连接的技术要求：在直径 500mm 的圆周范围内平行度误差不大于 0.5mm，两轴的同轴度误差不大于 1mm。

联轴器装配的主要技术要求是保证两轴线的同轴度。过大的同轴度误差将使联轴器、传动轴及其轴承产生附加载荷，引起机器的振动、轴承的过早磨损、机械密封的失效，甚至发生疲劳断裂事故。

②柴油机或柴油机耦合器机组找正后用压板固定，配齐螺栓、螺母及背帽，并紧固。

③连接柴油管线、启动气管线，安装排气管及支架，注入润滑油，将油量加至油标尺的“停机油位”两刻度之间。

④安装万向轴护罩、过桥梯等附件。

3. 注意事项

①吊装柴油机应满足安全要求。

②压板螺栓固定可靠。

③检查柴油管线、启动气管线无泄漏。

④排气管支架、防护罩、过桥梯子应齐全、固定牢靠。

（二）调试

1. 调试准备

（1）进气系统

①检查进气系统所有卡箍和接头安装牢固，无松动。

②检查防爆装置应处于开位。

③查看空气滤清器污堵指示器，当指示在红色区应清洁或更换空气滤芯。

（2）冷却系统

①检查冷却系统无泄漏和接头松动现象。

②检查水泵无泄漏。

③检查风扇驱动皮带无裂缝、张紧合适。

④检查水箱散热器芯和中间冷却器外部应无覆盖物。

⑤检查冷却液液面在规定范围内。

（3）燃油系统

①检查燃油供给管线畅通，管线接头无松动、无泄漏。

②检查所有的阀门和电磁阀处于开启状态。

③检查调速器和高压油泵润滑油量、油质。

④检查高压油泵齿杆或单体泵推杆应灵活。

（4）润滑系统

①检查柴油机曲轴箱润滑油量，油面在油标尺静态上、下刻度之间。

②检查机油滤清器、传感器、油冷器等部件无泄漏，呼吸器畅通。

（5）启动系统

①检查启动机固定，排气消音器畅通。

②检查分水滤气器清洁，油雾器油量在 1/2 ~ 2/3 位置。

③检查气源压力在 0.7 ~ 0.9MPa。

④检查启动气源管道畅通无泄漏，打开供气阀门。

（6）控制系统

检查调速器操纵装置、传动杠杆部件清洁良好，转动灵活，油量操纵装置处于怠速位置。

（7）监控仪报警系统

检查监控仪报警系统传感器、仪表和保护装置应完好。

（8）机械传动系统

①检查并紧固各连接、旋转部位的螺栓。

②检查所有护罩应齐全牢靠，防护装置处于正确位置。

③检查柴油机与驱动设备离合器，处于脱开状态。

④检查液力耦合器机组，固定牢靠，油量在油标尺静态上、下刻度之间。

2. 调试

①打开气阀，按下预供油泵按钮，使润滑油压力至 98kPa。

②人工盘转曲轴至少两圈，应无卡碰或异常现象。

③按下油压低自动停车装置，将齿条推向油量最大位置。

④按下柴油机启动按钮，启动后释放按钮，并关闭气阀。

⑤各仪表指示在规定范围内，运转正常。

3. 注意事项

①柴油机组旋转部位附近严禁人员逗留。

②在盘车前预供油时，确保柴油机不启动。

③气启动机连续运转时间不得超过 15s，30s 后再次启动，三次启动不成功，应查明原因，排除故障。

三 并车箱的安装调试

（一）安装

1. 技术要求

①联动机安装前与机房底座接合面应清洁、平整。

②绞车安装就位后，安装 1 号联动机（或整体链条箱）。如交换安装顺序应满足绞车和 1 号联动机（或整体链条箱）的定位技术要求。

③联动机输出链轮同绞车传动链轮共面度误差不大于 1mm。

④联动机输入、输出法兰应满足：

a. 主动力连接法兰允许误差不大于 0.5mm（相差 90° 四点测量）。

b. 钻井泵连接法兰允许误差不大于 1mm（相差 90° 的四点测量），轴向间隙按照配套联轴器技术要求确定。

⑤联动机与底座接触面应贴合，并紧固。

⑥联动机传动三角皮带轮共面度误差不大于 1mm，同一组中三角皮带长度误差符合规定；三角皮带应成组更换。

⑦单根传动三角皮带的张紧度按两带轮的中心距下垂尺寸来计算，每米小于 15mm，测力应垂直两三角带轮中心距的中心，力的大小应符合规定。

⑧链条的张紧度按两链轮间链条的下垂度尺寸计算，水平传动链条应小于两链轮间切线长度的 2% ~ 3%，爬坡链条应小于切线长度的 2%。

⑨采用气胎离合器联接时，同轴度误差不大于 0.5mm，未充气离合器间隙为 1 ~ 3mm。

⑩联动机之间、联动机与绞车之间顶杠采用销轴联接。联动机安装完毕，所有固定螺栓应配齐背帽，各联接及旋转护罩应齐全、牢固。

⑪检查润滑油量应符合要求，并保养各传动轴轴承。

⑫各支座轴承径向和轴向应满足安装技术要求。

2. 安装步骤

①按定位及安全要求安装 1 号联动机组（或整体链条箱）。

a. 测量与绞车传动链轮安装中心距，以绞车输入链轮为基准，找正联动机组链轮；与绞车采用法兰连接的，应找正连接法兰，安装万向轴，并紧固。

b. 检查联动机与底座接触面应贴合，并紧固。皮带传动联动机用顶杠与绞车、底座连接并锁紧。

②安装链条盒、撑杆、连接链条，紧固密封链条盒；与绞车采用法兰连接的，应安装护罩，并紧固。

③采用皮带传动联动机组。依次以 1 号联动机组为基准，分别安装 2 号联动机组、3 号联动机组。安装三角皮带，紧固轴承座及离合器螺栓，调整三角皮带张紧度，用压板、螺栓紧固，固定联动机之间顶杠并锁紧。

④依次安装同联动机相连的柴油机、钻井泵（或两挡箱）、节能发电机、自动压风机等设备。

⑤安装输入、输出连接万向轴并校正。

⑥安装输出传动三角皮带，并校正。

⑦按标识安装油、气、水管路。

⑧安装护罩及过桥梯子。

3. 注意事项

①禁止新旧传动三角皮带或链条混用。

②整体链条箱空套离合器轴承应加注适量润滑脂（油腔 1/2 ~ 2/3）。

③检修作业时，应挂检修标识牌，并上锁，断开外界动力（含绞车联带动力）。

④严禁油液落地污染环境。

（二）调试

1. 调试准备

①检查联动机各部件润滑油质是否合格，油量是否在标尺刻度范围内；润滑脂油量在轴承油腔 1/2 ~ 2/3 位置。

②部件应齐全、可靠，旋转部位附近无人员及杂物。

③检查各气胎离合器处于分离状态。

④气源压力应为 0.7 ~ 0.9MPa。

⑤检查链条箱齿套式离合器是否灵活可靠，并且处于挂合状态。

⑥检查管路无漏气、漏油。

⑦检查气胎离合器进、放气时间，进气时间应小于 5s，放气时间小于 4s，完毕后应处于分离状态。

2. 调试

①启动 1 号动力机，对联动机进行调试。

a. 胶带传动。试挂合 1# 联动机离合器，检查 1# 减速箱，挂合 1# 并车离合器，检查正车箱及 1# 并车传动轴；正常后再挂合离合器，各部件无异常，润滑油压力在 0.15 ~ 0.3MPa。依次调试其他联动机。

b. 链条箱传动。试挂合链条箱 1 号机组离合器，链条箱无异常；再次挂合离合器运转链条箱，各部件无异常，润滑油压力在 0.15 ~ 0.3MPa。依次挂合其他动力机组进行调试。

②离合器、三角皮带无打滑、异味、摆动现象；传动链条无异响和异常跳动。

③试机正常后，依次调试驱动设备。

3. 注意事项

①试运转应在无负荷状态下进行。

②新机及大修机试运转时间不得少于 20min，累计试机不少于 4h。

③试运转过程中出现异常情况时，应停机检查，查找原因，排除故障。

四 发电机组的安装调试

（一）安装

1. 技术要求

①发电房放置在结实水平的基础或地面上，基础的水平度不大于 3mm，基础承压大于 0.15MPa。

②发电机组周边环境应利于通风及排气，操作空间充足，布局合理，不应放置易燃易爆物品。

③发电机组（并车装置）同底座固定牢靠，各线路布局合理，排放整齐、固定牢靠，发电房可靠接地，电阻应不大于 4Ω。

④排气管固定应牢靠。

2. 安装步骤

①检查发电机组（并车装置）在发电房内应固定牢靠。

②安装排气系统，应单独支撑，固定牢靠，并设防水装置。

③清洁并安装油、气管线。

④连接输出电缆和控制线路。

⑤安装房体间上下铺板。

3. 注意事项

①发电房应防雨、防泄漏、防沙尘、防火，通风良好。

②发电机组护罩、排气管齐全，排气管室内部分应加装防烫装置。

③蓄电池电解液无泄漏，接线桩紧固，安装有防护套。

（二）调试

1. 调试准备

（1）进气系统

①检查进气系统所有卡箍和接头是否安装牢固，无松动。

②检查防爆装置是否处于开位。

③查看空气清洁器伺服指示器，当指示在红色区应清洁或更换空气滤芯。

（2）冷却系统

①检查冷却系统无泄漏和接头松动现象。

②检查水泵无泄漏。

③检查风扇驱动皮带无裂缝、张紧合适。

④检查水箱散热器芯和中间冷却器外部应无覆盖物。

⑤检查冷却液液面在规定范围内。

（3）燃油系统

①检查燃油供给管线畅通，管线接头无松动、无泄漏。

②检查所有的阀门和电磁阀处于开启状态。

③检查调速器和高压油泵润滑油量、油质。

④检查高压油泵齿杆或单体泵推杆是否灵活。

（4）润滑系统

①检查柴油机曲轴箱润滑油量，油面在油标尺静态上、下刻度之间。

②检查机油滤清器、传感器、油冷器等部件无泄漏，呼吸器畅通。

（5）启动系统

①检查电瓶电缆安装牢固，无腐蚀。

②检查电瓶电压、电量、电解液是否足够。

③检查柴油发电机控制系统供电是否正常。

④检查所有传感器、仪表和保护装置是否齐全完好。

⑤检查所有护罩和护盖已安装到位，防护装置在正确位置。

⑥检查旋转部件的周围无杂物，机组附近无闲杂人员。

⑦检查启动机固定，排气滤清器畅通。

⑧检查分水滤气器清洁，油雾器油量在 1/2 ~ 2/3 位置。

⑨检查储气瓶压力在 0.7 ~ 0.9MPa。

⑩检查启动气源管道畅通无泄漏，打开供气阀门。

（6）控制系统

检查调速器操纵装置、传动杠杆部件是否清洁良好，转动灵活，油量操纵装置是否处于怠速位置。

（7）监控仪报警系统

检查监控仪报警系统传感器、仪表和保护装置是否完好。

（8）发电机

①检查电缆接头有无松动、破损，电力输出电缆有无短路，相序是否正确。

②新机或封存柴油发电机组启用时，应检查发电机定子、转子、励磁机绕组对地绝缘大于 1MΩ。

2. 调试

①接通油门开关电源，用手动输油泵连续泵油，直到感到泵油有阻力，盘车 2 圈，手动启动机组。（采用气启动机的应打开气阀，按下预供油泵按钮，使润滑油压力为 98kPa）。

②按下柴油机启动按钮，启动后释放按钮。

③各仪表指示在规定范围内，运转正常。

④检查柴油发电机组有无异常噪音及振动。

⑤检查柴油机有无泄漏。

⑥柴油机排烟正常。

⑦检查控制系统仪表是否在正常指示范围内。

⑧检查输出电压和频率是否正常。

3. 注意事项

①在发电机组或附近工作前，须换下宽松的衣服或手饰，女工应将长头发盘好，以免被发动机运动部件卷入，造成人员伤害，同时须配戴护目镜和耳塞。

②不按规定使用启动马达和燃油泵进行燃油系统预注，会导致启动装置，燃油泵和喷油器的损坏，大量空气从供油箱和缸头进入油管和滤器，还会引起发动机运转的不稳定。

③发电机组或发动机储存或停用超过 6 个月，在启动发动机之前检查燃油系统和喷油器，空气、燃油和滑油滤器都要更换。

④发电机组旋转部位附近，严禁人员逗留。

⑤调试期间，确保断路器处于断开状态。

⑥启动机连续运转时间不得超过 15s，30s 后再次启动，三次启动不成功，应查明原因，排除故障。

第二节　辅助设施的安装

柴油机组、发电机组、气源房及电控房就位、校正、安装完毕后，就可安装机房的各种管路。

一　安装油罐及油管线

①油水罐的安装应符合 SY/T 6202 的相关规定。

②罐内应无杂物或泥沙。各部分应完好，无焊口开裂、裂缝，呼吸孔应畅通。缸盖、法兰、阀门等部件应齐全完好。

③油罐的安装、摆放位置应考虑井场地形、地貌、环境等因素，宜摆放在井场左后方；油罐区设置在土坎、高坡等特殊地形时，应有防滑、防塌等措施；油罐不应摆放在高压线路下方，且应距放喷管线一定安全距离，油罐应接地。

④油罐与发电房距离应不小于 20m；井场条件达不到时，宜采取设立安全墙、挡墙等安全措施。油罐应两端接地。

⑤高架油罐供油面应高于最高位置柴油机输油泵 0.5 ~ 1m；罐体支架结构应稳定牢固，无开焊断裂，罐上应安装流量表并设置溢流回油管线，流量表应在检测周期内；应设置梯子，并固定牢靠，安装防坠器。

⑥按照设备图册安装要求铺设、安装燃油管路；

⑦管线及连接装置应清洁；橡胶软管无皱裂、起包、渗漏等缺陷，管线布局整齐、规范；各管线连接时，要注意保持管内清洁，各接头密封可靠；法兰盘之间必须连接过渡导线（不小于 $25mm^2$）。

⑧环境温度低于 5℃时，管线要做好防冻保温工作。

二 安装气源房

（一）安装

①气源房的安装应符合井场设备布局的要求，基础平面度误差不大于 5mm。

②按标识安装进排气管线，应紧固牢靠。

③动力及控制电缆连接紧固、正确，电缆不得裸露在地面上，电缆中间不应有接头，绝缘层应完好。

④安装气源净化装置，引风设施（选配）。

⑤气源房应按照标准要求安装接地装置，接地电阻不大于 4Ω。

⑥使用前应排净气源系统冷凝水。

⑦环境温度较低时做好保温措施，以免气路及元件冻结或失灵。

（二）调试

①接好电气线路后，送电并检查电压应为 380V ± 10%；检查油位，视油镜油位在中位即可；打开供气。

②检查电动机转向。复位紧急停机按钮，按下启动按钮，启动电动机。若从电动机输出端看过去，传动轴是顺时针旋转，则转向正确（联轴器上有一标识指明转向）；如果转向不对，断开电源，交换任意两根电源线。还可以通过电脑板上的 P_1 显示来判断。按启动按钮，马上再按下停止按钮，启动电动机。如果 P_1 有压力显示，则电动机转向正常，如果无压力显示，则电动机转向不正确。

③工作中加载、卸载值设定：首先设定卸载值，再设定加载值。如某场合需要供气压力为 0.8MPa，并且要求相对稳定，则应设置两种参数：卸载压力设定 0.9MPa，加载压力设定 0.8MPa。

设定方法：在电脑控制器中设置参数，如空气压缩机的控制采用按钮控制，则加载与卸载参数应从压力开关调节。

④机组内压设定：机组内压应在 0.2 ~ 0.45MPa，以保证润滑油循环的最低压力。校正方法：该压力值应在机组卸载运行时进行，值的大小在最小压力阀的调节螺母上调节。旋

松、锁紧螺母，顺时针旋转调节螺母，开启压力升高，逆时针旋转调节螺母开启压力降低。通常出厂前已调节好，无须调节。

⑤高温保护值校正：螺杆式空气压缩机正常工作时，其温度应在 65 ~ 98℃。校正方法：在控制器中调节高温自动停机温度值，温度过高保护的自动停机温度不得超过 105℃（推荐值，具体以随机说明书为准）。

三 安装气管线

①将自动压风机气管线配合端抬起，与储气罐进气接口吻合对接，调整好对接角度后，用合适的工具将其旋紧。

②重复上述动作，完成自动压风机与储气罐之间的管线连接。

③沿主气源至各设备走向，依次连接各气管线，与各设备接口对接前，缓慢开通气源，确认顶通且管线内无异物，再将管线与各设备连接。

④各气路连接后，反复挂合各气开关，检查连接是否有误以及各阀件工作是否正常。

四 电路的安装

电气系统是钻机动力系统的重要一环，随着电气自动化技术广泛应用，对电气设备和电路的安装调试有了更多的要求。

（一）技术要求

①电控房按照井场设备摆放图安装在基座上，距离井口位置不小于 30m。

② VFD/MCC 房内温度应控制在 20 ~ 25℃，相对湿度应低于 70%。

（二）安装步骤

1. 安装电控房、电缆槽（排）、电缆桥架

①依次打开发电房、电控制房、机房电缆槽上盖。

②将发电房输出电缆放置在电缆槽内，与电控制房配电室对应线桩正确连接，用扳手上紧线桩压线螺丝。

③将机房各电气设备电源线放置在电缆槽内，与电控制房配电室对应插座正确连接。

④依次关闭发电房、电控制房、机房电缆槽上盖。

⑤将各配电箱（柜）前绝缘胶皮放置到位。

⑥用榔头将各电气设备及发电房、电控制房、油罐及防冻保温装置的地线桩砸入地面，并紧固好接地线连接螺丝。

2. 电缆连接

①电缆敷设前，核对电缆型号、规格、长度、起终点设备名称和位置，确保与图纸一

致，并检查电缆有无损伤。

②按图纸要求依次连接动力机组与电控房之间，电控房与各用电设备之间动力及控制电缆。

③各电缆连接接头应插接到位，密封可靠。

④动力电缆与信号电缆、控制电缆应分别独立敷设于电缆槽内。避免动力电缆与信号电缆交叉，无法避免时，应垂直交叉，并进行屏蔽隔离。

⑤动力电缆严禁多层圆圈形叠压，多余电缆应蛇行排放于电缆槽内。

3. 系统接地

①按照标准分别对电气设备和房体进行可靠接地。VFD、SCR、MCC 房需两端同时接地。保证各房体与柜体、电缆槽与底座、电机外壳与安装底座等形成等电势体，且与接地装置可靠连接。

②保护导体的截面积应符合表 5–1 要求。

表 5–1　保护导体的截面积要求

序号	设备相导体的截面积 S/mm^2	相应保护导体（PE，PEN）的最小截面积 S/mm^2
1	$S \leqslant 16$	S
2	$16 < S \leqslant 35$	16
3	$35 < S \leqslant 400$	S/2
4	$400 < S \leqslant 800$	200
5	$S > 800$	S/4

（三）注意事项

①保护接地线、工作接地线应采用焊接、压接、螺栓连接等方法与接地体牢固连接，严禁缠绕或钩挂。

②严禁利用大地作中性线。

③严禁带电插拔插接件。插接件的 PE 极应单独与 PE 线可靠连接。

④严禁电缆线承受拉伸、弯曲等外力。

⑤严禁不同等级电压电源混接。

⑥拉敷电缆时，应避免损伤电缆护套。

⑦电缆路径应避免潮湿、高温、腐蚀等影响，如无法避免，加装防护措施。

⑧在温度大于 40℃，湿度大于 95% 或有凝露时，应降温、除湿，控制房内温度低于 25℃，相对湿度低于 70%时，方可启动电传动系统。

⑨动力相线应按黄（A）、绿（B）、红（C）统一标识，相序一致；接地线用黄绿双色电缆。

五 供电系统的安装

（一）供电线路

①井场主电路宜采用 YCW 型防油胶套电缆，照明线路宜采用 YZ 型电缆。每路主电缆敷设到用电设备后，应留有 3 ~ 5m 的余量；电缆与电气设备连接时，各电气设备的输入与输出应按额定工作电压、电流、功率选用极数为 3P、4P 的防爆插件连接。

②钻台、机房、泵房、净化系统、井控装置的电气设备、照明灯具应分设开关控制，井控远程控制台、井控专用探照灯应设专线控制。

③井场至水源处的电源线应架设在专用的电杆上，高度不低于 3m，断路器应有漏电保护装置；电源线应有防止金属摩擦的保护措施；井场电路若需架空时，应分路架设专用电杆，高度不低于 3m，距离柴油机、井架绷绳不小于 2.5m。

④配电房输出的主电缆应从井场后部绕行，敷设在距地面 200mm 高的金属电缆桥架内；或采用直埋电缆，且深度不小于 30mm，直埋电缆的上下应敷设软土或细沙。过路地段应设有电缆保护钢管或车辆过桥；机房、泵房的供电线路应高于设备 2.5m。

⑤钻井液罐外侧应焊接电缆桥架和电缆穿线钢管，线路敷设在电缆桥架和电缆穿线管内，其固定的防爆电器控制箱及防爆降压启动箱不应高于罐面 500mm，钻井液罐的防爆插件连接后，应放置在密闭的分线盒内；电缆的敷设位置应充分考虑避免电缆受损或机械伤害。电气设施应有可靠的接地保护，接地电阻不应大于 4Ω。

⑥钻台、井架、机房、泵房、净化系统、井控装置的电气设备及照明器具应符合防爆要求。

YCW 型电缆：野外用重型橡套软电缆，用于交流电压 450/750V 及以下各种移动电器设备，能承受较大的机械外力作用，适用于户外或接触油污场合，长期工作应不超过 65℃。

（二）电网供电

变压器安装位置距井口不小于 50m。超过 500m 的应架设高压线；变压器应安装在支架上，或用砖砌的水泥台面上，支架高度距地面 2.5m，水泥台面距地面为 500mm，摆放平稳。变压器周围宜使用 2m 高的钢网作围栏，围栏距变压器外壳大于 80mm，跌落式熔断器到围栏的垂直距离不小于 1.5m。

跌落式熔断器应整体安装，固定牢靠，护套完好，动静触头接触紧密；熔断器熔丝电流的选择，一般为变压器高压额定电流的 1.5 倍。

进出围栏应上锁，并在围栏处设置安全警示标志；应根据当地的环境选择适合的接地体；接地体埋设深度不小于 1.5m，接地电阻，不应大于 4Ω。接地方式应采用变压器低压侧零线直接接地。

变压器高低压侧对地绝缘电阻值不小于 200MΩ；变压器到配电房之间的电缆应采用地面敷设到总开关处控制。

变压器、跌落式熔断器等安装完成后，应经过测试合格后，方可通电试运行，三相电压应平衡。

井场电路安装后应进行检查，井场电路在启动前，应先试通电，确定整个井场电网运转正常后，方可正式启用。

六 临时用电安全要求

临时用电是指在正式运行的电源上所接的非永久性用电。

临时用电安全要求如下：

①在钻井井场内不得随意接临时电源。

②临时用电必须办理作业许可证，许可证审批人和监护人应持证上岗。安装临时用电线路的电气作业人员应持有效电工作业证。

③临时用电单位会同施工单位针对作业内容进行 JSA 分析，制订相应的安全措施。

④配送电单位在签发临时用电作业许可证前，应针对作业内容进行危害识别，落实相应的作业程序及安全措施。

⑤临时用电的漏电保护器每天使用前必须进行漏电保护试验，严禁在试验不正常情况下使用。

⑥安装、维修、拆除临时用电设备和线路应有人监护，作业期间应全程视频监控。

⑦临时用电的电气设备的接地和保护安装应符合要求，保护零线（PE 线）采用绝缘导线，最小截面积符合要求，严禁装设开关或熔断器；工作零线（N 线）必须通过漏电保护器，通过漏电保护器的工作零线与保护零线之间不得再做电气连接。

⑧临时用电线路及设备的绝缘应良好；临时用电的电源线必须采用橡胶护套绝缘电缆。临时用电架空线应采用绝缘铜芯线，设在专用电杆上，严禁设在树木和脚手架上。架空线最大弧垂与地面距离：在施工现场不小于 2.5 m，穿越机动车道不小于 5m。

⑨对需要埋地敷设的电缆线路应设“走向标志”和“安全标志”。电缆埋地深度不应小于 0.7 m，穿越公路时应加设防护套管。

⑩现场临时用电配电盘、箱应有编号和防雨措施，与地距离不少于 30cm；盘、箱、门牢靠关闭。

⑪ 在开关上接引、拆除临时用电线路时，其上级开关应断电上锁并加挂安全警示标牌。

⑫ 行灯电压不应超过 36V，在特别潮湿的场所或塔、槽、罐等金属设备作业装设的临时照明行灯电压不应超过 12V。

⑬ 临时用电设施应做到“一机一闸一保护”，开关箱和移动式、手持式电动工具应安装符合规范要求的漏电保护器。

安全风险提示

①穿戴好劳保用品，严格执行安全操作规程。

②高处作业应系好安全带，工具应拴好安全绳，严禁上抛下扔。

③敲击作业时戴好护目镜，防止异物入眼受伤，榔头运行方向严禁站人。

④注意场地情况，防止因场地原因滑跌、扭伤。

⑤放车厢板时注意安全，防止被车厢板砸伤。

⑥严禁不收支板、拔杆移动吊车。

⑦吊装绳索及吊索应符合标准要求，不得出现严重变形、断丝、锈蚀。

⑧吊装设备时，应站在安全区域并注意配合，防止被挤伤、砸伤、碰伤。

⑨吊装设备时，应使用牵引绳、推拉杆，严禁手扶设备。

⑩安装拆卸设备时，严格落实能量隔离、挂牌上锁制度。

思考题

1. 对设备的总体安装有哪些要求？
2. 安装油罐及油管线有哪些要求？
3. 安装电路有哪些注意事项？
4. 对临时用电有哪些安全要求？

扫一扫
获取更多资源

第六章

使用方法

PART 6

钻机动力设备的使用方法是操作人员必须掌握的重点，只有正确使用、操作柴油机及发电机组，才能使其发挥出优良的性能，延长柴油机及发电机组的使用寿命。本章主要介绍钻机动力设备的岗位巡回检查及使用方法。

第一节　岗位巡回检查路线及项目点

钻机动力系统设备岗位应按照钻机配置人员岗位职责要求，建立相对应的岗位巡检路线和检查项点内容，岗位人员在岗期间要求严格按照巡检路线和检查项目点开展定期巡视检查，并认真做好检查记录和事项填报。

一　陆地司机长巡回检查路线及项点

（一）巡回检查路线

值班房资料→油水罐区→柴油机→发电机→发电机控制→电动压风机→干燥机→压力容器→电控制系统。

（二）巡回检查项目点

1. 值班房资料

交接班记录，设备运转、保养记录；配件、材料储备。资料齐全，填写准确、清洁、及时，内容无缺失。

2. 油水罐区

①油质符合要求，油量充足。

②燃油输送泵连接固定牢固，运转良好。

③开关箱、电路、地线标识清晰，线路地线符合标准。

④管线密封良好无渗漏。

⑤流量计灵活精确。

⑥排污系统通畅无堵塞。

⑦消防器材及标识牌，灭火器齐全、有效，标识牌清晰。

3. 柴油机

①润滑油液位应在低位和高位之间，牌号根据所处区域环境温度和机型合理选择。

②冷却液冰点符合要求，液位在规定范围内。

③仪表显示灵敏准确。

④各固定处牢固，无松动。

⑤运转平稳，功率输出正常。

⑥油气水管线连接良好，无渗漏。

⑦风扇运转平稳，皮带无损坏。

⑧冷却温度、润滑压力符合设备使用要求。

⑨每周检查空气滤清器，按质或保养周期更换润滑油滤清器、柴油滤清器，压差不允许超过 105kPa。

⑩灭火器齐全、有效，标识牌清晰。

4. 发电机

①轴承运转平稳无异常响声，温升不允许超过环境温度 55K。

②定子线圈温度不能超过规定值。

③各固定螺栓齐全、紧固。

④运转平稳，无振动，烧焦气味。

⑤连接装置准确，地线电缆符合标准。

⑥保持发电机周围环境清洁。

5. 发电机控制柜

①仪表显示精确。

②断路器工作正常。

③连接处清洁紧固，绝缘良好无老化破损。

④保持控制柜内外清洁。

⑤各控制开关性能良好。

⑥指示灯性能良好。

6. 电动压风机

①油面在视窗范围内，必须使用压风机专用油。

②电机运转平稳，无异响，过热现象。

③风扇自动启动，风扇运行平稳。

④散热器散热良好，散热箱内外无堵塞，渗漏。

⑤电路连接处清洁紧固，绝缘良好无老化破损。

⑥管线各连接处密封良好，无渗漏。

⑦各保护装置齐全，性能良好，无故障。

⑧滤清器完好无破损，定期清理更换。

⑨仪表显示精确。

7. 冷冻式干燥机

①仪表齐全、完好。

②各固定螺栓齐全、紧固。

③运转平稳，无振动。

④管线连接正确，无漏气。

⑤排污通畅无堵塞。

8. 压力容器

①气压在 0.65 ~ 0.8MPa。

②阀门连接紧固，灵活好用，密封良好。

③压力表显示准确，密封良好，在有效使用期内。

④安全阀灵敏可靠，定期校验，确保在有效期内。

⑤管线连接正确，无漏气。

⑥排污畅通无堵塞。

9. 电控制系统

①性能良好，无异常声响、气味。

②开关标识清晰明确。

③电控柜性能良好，无超温现象，烧焦气味。

④仪表指示灯齐全、完好，指示准确。

⑤中性线、地线，连接装置准确，地线电缆符合标准。

⑥照明良好，应急灯完好，防爆性能完好。

⑦空调运转正常。

⑧电缆出线，安装规范，标识清楚。

⑨湿度、温度在规定范围内。

⑩消防器材及标识牌，灭火器齐全、有效，标识牌清晰。

10. 锅炉房

①配电柜、开关，接线规范紧固，配电柜、开关标识清楚。

②软化水储备充足。

③压力表显示准确，密封良好，在有效期内。

④水位计显示清晰。

⑤安全阀灵敏可靠。定期校验，确保在有效期内。

⑥声光报警灵敏有效。

⑦电缆、地线符合标准，连接装置准确。

⑧灭火器齐全、有效，标识牌清晰。

二 海上司机长巡回检查路线及项目点

（一）巡回检查路线

集控室→机舱→日用燃油柜→日用滑油柜→压风机舱→燃油舱→主机散热风机→主机排烟管→救生艇→应急发电房。

（二）巡回检查项目点

①集控室：柴油机各项运转参数报表。

②检查日用燃油柜油位、速闭阀。

③检查驳油泵有无渗漏、压力表。

④检查燃油泵有无渗漏、阀门是否关闭。

⑤检查燃油舱出油口、高低油位阀门有无渗漏。

⑥检查驳运泵总阀门是否关闭，是否滴漏。（常关）

⑦检查燃油舱加注口油舱阀门开关状态。

⑧检查燃油滤油机、燃油管线和机体有无滴漏，（淡水、气）阀门开启情况。

⑨检查主机燃油回油冷却器有无渗漏，观察温度计数值。

⑩检查滑油驳运泵阀门管线，泵体有无渗漏。

⑪ 检查滑油柜滑油液位、速闭阀、阀门的开关。

⑫ 机舱：

a. 检查主机压力、管汇螺栓是否松动，机体、气马达、飞轮、主机底座是否牢固。

b. 润滑油停车限位是否正常。

c. 主机消音器放油阀，主机润滑油冷凝水槽泄放阀。

d. 主机空气滤清器压讯传感器。

e. 电源系统，电启动马达，传感器是否松动，主机 ECM。

f. 车体有无渗漏。

g. 检查温度计。

⑬ 主机运转时检查：转速、润滑油温度、缸套冷却水温度、电池电压、左右排气温度各项参数。

⑭ 检查压风机：检查压风机的油位，水冷器是否开启。有无污物和渗漏。

⑮ 检查干燥机：电源、进出气阀门是否开启，滤芯是否需要更换。

⑯ 检查压缩空气瓶：阀门、管线、压力表、安全阀是否正常，有无漏气现象。

⑰ 检查吹灰空气系统：阀门、管线、压力表、安全阀是否正常，有无漏气现象。

⑱ 检查散热器：机体管线阀门是否有滴漏，确认阀门的开关使用情况。风扇管汇的阀门是否关闭（在不用风扇冷却的情况下是关闭的）。

⑲ 检查主机冷却风扇：有无渗漏，温度计数值，高温水箱液面，冷却液补充箱液面，加注管线是否有滴漏，卸压口是否有滴漏。

⑳ 检查应急气瓶：气瓶应充满压缩空气。检查阀门、管线、压力表、安全阀是否正常，有无渗漏。

㉑ 检查应急发电机燃油柜：油位、有无渗漏。燃油驳运泵加注阀门是否关闭。

㉒ 检查应急发电机：是否在自动启动位置。检查有无渗漏，电池电量是否充足。

㉓ 在巡回检查时，注意检查燃油驳运泵进口端阀门的关闭情况。

三 陆地司机岗位巡回检查路线及项点

（一）巡回检查路线

发电房→电控房→电动压风机、自动压风机、空气处理装置→干燥房→柴油机→并车箱→爬犁→蒸汽发生器。

（二）巡回检查项目点

1. 发电房

①发电机运转保养记录、保养牌；

②发电机；

③配电盘；

④各种仪表；

⑤发电房电路；

⑥绝缘胶皮。

2. 电控房

①中性线、地线；

②照明；

③仪表；

④配电柜；

⑤电路；

⑥连接；

⑦固定；

⑧绝缘胶皮；

⑨卫生；

⑩电缆排。

3. 电动压风机、自动压风机、空气处理装置

①是否固定；

②油质、油量；

③电动机、地线、开关；

④风扇；

⑤散热箱；

⑥气压表；

⑦管线、闸门；

⑧调压阀；

⑨放水开关；

⑩安全阀；

⑪ 灭火器；

⑫ 开关箱、开关；

⑬ 电路、地线。

4. 干燥房

①工具；

②运转保养记录、保养牌；

③配件保管；

④高压油泵校验器；

⑤油水化验仪器。

5. 柴油机

①仪表；

②气开关；

③风扇、皮带；

④气马达；

⑤预供油泵；

⑥冷却液箱；

⑦油质、油量；

⑧水质、水量；

⑨高压油泵、调速器；

⑩油冷器、中冷器；

⑪ 水泵；

⑫ 增压器；

⑬ 是否固定；

⑭ 整机性能；

⑮ 排气管是否固定；

⑯ 油温、油压；

⑰ 水温；

⑱ 柴油滤清器；

⑲ 润滑油滤清器；

⑳ 空气滤清器；

㉑ 油压低自动停车装置及超速感应装置；

㉒ 进气、排气管防爆装置；

㉓ 风扇离合器；

㉔ 辅助设备；

㉕ 清洁卫生。

6. 并车箱

①气路及开关；

②万向轴；

③护罩；

④油质、油量，润滑油压力；

⑤温度；

⑥声音；

⑦是否固定；

⑧梯子、栏杆；

⑨清洁卫生。

7. 爬犁

①是否平整；

②栏杆是否固定；

③清洁卫生。

8. 蒸汽发生器

①配电柜、开关、地线；

②油水储备；

③压力表；

④水位计；

⑤安全阀；

⑥报警器；

⑦清洁卫生。

四 海上司机岗位巡回检查路线及项点（同海上司机长部分）

五 司助或发电工岗位巡回检查路线及项点

（一）巡回检查路线

柴油机→发电机→配电盘→电控房→消防设施→油罐区→节能发电机→照明

（二）巡回检查项点

1. 柴油机

①油质、油量；②水质、水量；③仪表；④温度；⑤充电机；⑥电瓶液；⑦风扇及皮带；⑧水泵及润滑；⑨油水管线；⑩空气滤子；⑪清洁卫生。

2. 发电机

①轴承；②温度；③固定；④运转；⑤接地保护；⑥增压器；⑦排气管；⑧清洁卫生。

3. 配电盘

①仪表；②开关；③线路连接；④清洁卫生。

4. 电控房

①中性线地锚、地线；②照明；③仪表；④配电柜；⑤电路；⑥连接；⑦固定；⑧绝缘胶皮；⑨卫生；⑩电缆排。

5. 消防设施

①灭火器；②消防砂。

6. 节能发电机

①固定；②温度；③声音；④运转；⑤连接器；⑥电线接头；⑦接地保护。

7. 照明

①线路连接；②照明灯；③开关盒。

第二节　济柴 CP12V190B 型柴油机的操作

一 济柴 CP12V190B 柴油机的启动

（一）启动前的准备

①检查柴油机零部件应齐全完整，各管路、底座、连接法兰等连接是否正确、完整牢固。飞轮等旋转部位附近不得有杂物。

②应根据不同地区气候条件选用符合国标规定的 0#、-10#、-20# 或 -35# 燃油；燃油箱应添加足量的燃油；接通燃油系统管路，排除空气，使燃油在静压下充满输油泵、燃油滤清器和喷油泵。

③润滑油推荐选用符合国标规定的 15W-40CF-4 牌号及以上的柴油机润滑油，也可选用质量、性能相近的其他牌号的柴油机润滑油；不同牌号的润滑油不得混用；检查油底壳、喷油泵、调速器润滑油液面是否符合要求；当环境温度低于 5℃时，应将润滑油预热到 20℃以上；严禁用明火对柴油机进行预热；预供润滑油时主油道压力应不低于 100kPa。

④冷却系统冷却液必须用防冻液或软化水，软化水需加入适当比例的添加剂，软化水、添加剂应符合产品使用和维护说明书的规定；检查两个膨胀水箱内的冷却液液面是否达到了规定位置。

⑤采用气启动时，检查储气罐压力，输气管路不得漏气；采用电启动时，检查蓄电池

电压及电解液密度应处于饱和状态，免维护电瓶可以不做检查。

⑥检查油量操纵装置、停车手柄、喷油泵齿条拉杆、油压低自动停车装置及防爆装置应完好无损、动作灵活，安全装置应处于正常状态。

⑦预供润滑油后，用人力盘转曲轴至少两周，不得有卡滞和异常现象。

⑧对于新机或长期停放后再运行或检修后的增压器，应转动涡轮，检查内部有无异物，是否有碰撞和卡滞现象。

（二）启动

①预供油使主油道润滑油压力达到 100kPa 以上。

②按下油压低自动停车装置扳杆手柄，使自动停车装置拨叉与齿条上的挡块脱开。

③打开气开关接通气源。

④将喷油泵齿条移向供油量最大位置。

⑤按下启动按钮，接通气马达气路，使柴油机启动。

⑥柴油机启动后，应迅速用调速器停车手柄控制齿条减少供油量，使柴油机转速保持在 600 ~ 800r/min 怠速运行，检查运行是否正常。

⑦柴油机启动后，应立即松开自动停车装置手柄，使其恢复工作状态。

⑧关闭气开关总阀门，切断气源，启动工作完成。

二 济柴 CP12V190B 柴油机的运行

（一）初期运行期间检查

①润滑油压力不低于 350kPa。

②摇臂轴承供油正常。

③冷却液循环正常。

④不得有漏油、漏水和漏气现象。

⑤各零部件按要求固定好，柴油机无异常声响。

⑥排气颜色正常，呼吸器逸气正常。

⑦油底壳内的润滑油量、油质符合要求。

⑧新机（包括大修机）按要求空载运行正常后，即可进入正常工作运行，无须磨合。但首次运行 50h 后，应更换全部润滑油，并清洗油底壳和润滑油滤清器。

（二）正常工作运行

①柴油机经初期运行后，高温循环水温升至 40℃以上时，方可逐渐加载。

②柴油机正常工作时，高温循环水温宜保持在 75 ~ 85℃，出水和出油最高温度≤ 90℃，低温循环水温≤ 60℃；润滑油压力应在 392 ~ 784kPa 范围内。

③柴油机长时间（大于 12h）连续运行，负载不得超过持续功率；短时间（不大于

12h）运行负载不得超过标定功率（12h 功率）。

④柴油机应尽量缩短空载运行时间，防止因燃烧不良而引起的一切不正常现象；根据现场载荷需要，合理启停柴油机。

⑤柴油机在使用过程中，应充分发挥柴油机的效率，合理选择运行工况。

⑥多台柴油机并车使用时，应保持各台柴油机之间负载均匀，相互间转速差不得超过规定要求。

三 济柴 CP12V190B 型柴油机的停机

①柴油机在正常工作状态下停车时，应逐步卸除负载，降低转速至怠速运行，待油、水温降至 60℃以下，再扳动停车手柄，将油量调节齿杆移至断油位置，使柴油机停车。

②除发生飞车或工作场所出现易燃、易爆气体等意外情况，正常情况下严禁带负荷停车。

③当环境温度低于 5℃时，应采取防冻措施。

④当环境温度低于润滑油凝固点时，应将润滑油放净。

⑤需更换润滑油时，停机后尽快将润滑油放净。

⑥排除运行中出现的故障，并按规定进行保养。

⑦若长期停用，应按封存要求进行封存。

⑧柴油机紧急停车后，应立即打开汽缸盖的放气螺塞或减压机构，人力反复盘车一段时间，同时人工泵送润滑油，使润滑油充满各摩擦表面。

⑨油量控制系统发生故障或作业现场出现易燃、易爆气体时，应使用防爆装置紧急停车；正常情况下不允许使用防爆装置停车。

第三节　卡特 3500B/C 系列柴油发电机组的操作

一 3500B/C 系列柴油机的启动

（一）启动前准备

①清除柴油机机体和周围的杂物，保持柴油机机体和机舱地板清洁，以便于操作。

②检查地脚螺栓、联轴器螺栓及外部各紧固螺栓的紧固情况。

③检查各仪表、安全保护装置、传感器和接线连接是否牢固可靠。

④检查日用燃油柜内燃油是否充足、油箱阀门是否开启。

⑤检查水箱液位，不足时应添加，如发现液位明显降低，应查明原因。

⑥检查润滑油量，油位应在“加”与“满”之间，如不足或过量，应查明原因。

⑦检查启动气源，气瓶压力应在 0.7 ~ 1.0MPa 范围内。（气瓶排污阀应定时排放，启动气马达配备的油雾器油位应保持在中位以上，根据环境温度更换合适黏度的润滑油）

⑧如柴油机长期停用，应在启动前盘车 2 ~ 3 圈，以利于启动。

⑨如柴油机启动前是通过安全保护装置保护停车，在启动前必须查明原因并消除，复位后启动柴油机。

⑩打开冷却海水排出和供给阀门（适用于海上钻井平台）。

⑪ 打开燃油供给阀、回油阀（若有配备），进回油应畅通。

⑫ 启动前，必须完成上述准备工作。

（二）启动

1. 预润滑

电控模块（ECM）将会在下述情况下运行预润滑泵：

①发动机预润滑持续时间（ENGINEPRELUBEDURATION）参数被编程设置为一个大于 0 的数值。

②发动机控制开关被转到“断电 / 重置（OFF/RESET）”位置。在远程启动 / 停机触发点闭合时，发动机控制开关处于“自动（AUTO）”位置。

③预润滑泵将会向发动机提供压力润滑油直到出现下述情况之一为止。

a. 润滑油压力使压力开关闭合。

b. 编程设置的发动机预润滑持续时间到时结束。预润滑结束后，气马达开始盘转，发动机启动。

2. 手动启动

如果发动机启动开关或控制装置上有“不准操作”的警告标签或类似的警告标签，严禁启动发动机或移动任何控制装置。

①将“停车—怠速—运转”开关旋至怠速位置，接通启动气源。

②按照发动机启动前规定的步骤进行操作。

③确保发电机主断路器处于分离状态。

④把发动机控制开关旋到“手动启动（MAN.START）”位置。当润滑油压力达到规定值时，ECM 允许发动机以额定转速运转。

3. 自动启动

警告：在“自动（AUTOMATIC）”模式时，发动机可以随时启动。为了避免造成人身伤害，当发动机在“自动（AUTOMATIC）”模式时，一定要与其保持距离。

自动启动时，发动机启动开关必须处于“自动（AUTO）”位置。当远程启动 / 停机触发点闭合时，发动机将自动启动。

二 3500B/C 系列柴油机的运行

（一）初期运行

①润滑油压力不低于 275kPa。

②气门室内供油正常。

③冷却液循环正常。

④无漏油、漏水和漏气现象。

⑤各零部件按要求固定牢靠，柴油机无异常响声。

⑥发动机排烟正常，呼吸器逸气正常，无过多油雾。

⑦油底壳内的润滑油油位、油质符合要求。

⑧新机（包括大修机）按要求空载运行正常后，即可进入正常工作运行，无须磨合，新机首次运行，应缩短换油周期。

⑨柴油机在额定转速运转平稳后，方可带负荷运转。

（二）正常工作运行

①在运转期间内，密切注意各仪表指示读数，并每 2h 如实填写运转记录表。运转时仪表正常读数范围如下：

a. 缸套冷却液温度：82 ~ 102℃；

b. 润滑油温度≤ 110℃；

c. 润滑油压差≤ 105kPa；

d. 进气温度≤ 115℃；

e. 排气温度≤ 590℃；

f. 润滑油压力≥ 275kPa；

g. 燃油压力：345 ~ 520kPa；

h. 燃油压差≤ 105kPa；

当仪表读数异常时，应查清原因并及时停车或结合负荷和各因素综合分析，以确定是否停机检修。

②运转时注意倾听发动机有无敲击或其他异常声音。

③观察润滑油、缸套冷却液液位和温度是否在正常范围内。

④空气滤清器堵塞指示器指示为红色时，立即清洗或更换滤清器（一般情形下，按周期进行保养）。

⑤巡回检查有无泄漏点，如发现及时处理。对于软管连接处，应注意其使用和老化情况，及时更换，以免运转中突然爆裂。

⑥注意观察排烟情况，柴油机功率发挥正常时，排烟为淡灰色，如工作不正常，排烟为深灰色，甚至发黑，如超负荷运转，排烟浓重而发黑。

⑦严禁柴油机超负荷运转，一旦超负荷及时降负荷处理。

⑧运转时，发生紧急情况，可手动紧急停车。紧急停车后，应盘车2～3圈，以避免发生轴瓦粘连等事故。

⑨运转中，发生安全保护停车，首先找出停车原因，排除故障，复位后才可重新启动柴油机。

⑩柴油机一般不超保运转，应按规定保养周期进行保养，保养必须在停车状态下进行。

三 发电机单机运行操作

①检查控制电瓶电量及电压是否充足，正常。

②启动前，检查该发电机机组护罩是否松动，控制屏仪表是否正常，各种操作开关是否灵活好用，内部各种电器元件是否正常。

③将本地速度控制开关置于“启动”位置，启车后检查发电机内部是否有异常响声或振动，并将发电机、柴油机电加热断电。

④柴油机运转正常后，在本地将速度控制开关置于“遥控”位置。检查发电机控制柜上的电压表、频率表指示是否正常，微调电压调节、速度调节旋钮至额定值。

⑤检查正常后，可选择手动并车或自动并车，将主开关储能，启动合闸按钮合闸送电，发电机投入电网运行。

⑦检查控制屏上各仪表指示是否正常。

四 发电机并车运行操作

（一）自动并网

①将待并发电机按照单机运行操作“2～4”步进行，使其处于“遥控”状态。

②将待并发电机控制柜的手动/自动旋钮打到自动位。

③选择自动并车模式，等待发电机自动并入电网运行。禁止在“发电机主开关”上直接操作合闸按钮，非同期合闸会导致系统运行不稳定，可能造成机组等设备的损坏。

④检查发电机有功和无功电流是否分配均匀。

⑤检查发电机控制屏上各仪表指示是否正常。

（二）手动并网

①启动待并网柴油发电机组。

②操作并车开关至待并上网机组序号位置。

③调整待并发电机的电压与母线电压差在±1%以内，调整待并发电机频率直至同步表指向12点位置，同步灯熄灭，按下“合闸”按钮将发电机并入电网。

④把并车开关旋至“OFF”的位置。

五 3500B/C 系列柴油发电机组的停机

（一）手动停机

①将负荷转移到其他运行的发电机上，卸去待停发电机负荷。

②断开主断路器以便脱离被驱动设备，使发电机从母线上断开。

③发动机停机前，运行一段时间后需进行冷却，将速度控制开关扳至“停机”位置，柴油机停止运转。

a. 如果应用自动降温停机，把发动机控制开关旋到“降温 / 停机（COOLDOWN/STOP）”位置。发动机按照系统设置的时间降温。降温时间过后，定时器触发燃油关断。发动机控制模块将保持通电直到发动机控制开关被转到“断电 / 复位（OFF/RESET）”为止。

b. 如果没有应用自动降温停机，发动机怠速运行大约 5min 后，手动关停。

④将柴油机、发电机加热电源接通，给柴油机、发电机加热。

（二）自动停机

当发动机运行在自动模式，远程启动 / 停机触发点断开时，发动机将自动停机。如果已应用降温停机，发动机在停机以前将运转一段编程设置的时间。否则，发动机将立即停机。

（三）紧急停机

①紧急停机控制装置只用于紧急情况下。切勿把紧急停机装置或控制装置用于正常的停机过程。

②发动机正常运转时，紧急停机按钮处于弹出位置。需要紧急停机时，按下紧急停机按钮，切断发动机的燃油供给和空气供给。

③发动机再次启动前，控制开关、紧急停机按钮、空气切断装置必须首先复位。在复位紧急停机按钮之前，复位发动机控制开关。

④停车后，应对柴油机进行清洁和周期性保养以及必要的检修工作。

第四节 液力耦合器和并车箱的使用

一 液力耦合器的使用

（一）试运转

①检查各部分的联接螺栓是否有松动现象。

②从加油口处向箱体内注入 6 号（若环境温度≤ 20℃时，应采用 8 号）传动油，油液

加至油标尺的停机油液位。

③启动柴油机（此时输出端的离合器脱开），柴油机在怠速下运转。

④检查工作油液位，不足时添加，使液位在最高工作油液位与最低工作油液位之间。

⑤经过上述运转后，耦合器应无异常声响或振动，无渗漏现象，试运转完成。否则，应停机检修，一切正常后，磨合运行 100h，更换液力传动油及滤清器后，方可满负荷工作，否则损坏齿轮。

⑥经过上述运转后，耦合器无异常声响或振动，无渗漏现象，则试运转完成。否则，应停机检修。

（二）运行

挂合柴油机输出端与耦合器的离合器。

1. 钻机空载工况

在此工况下，转盘、钻井泵和绞车不工作，柴油机耦合器机组仅驱动压风机。柴油机耦合器机组可怠速运转。但对于带节能发电机的钻机，柴油机耦合器机组应在额定转速下运转。

2. 钻机钻进工况

在此工况下，绞车不工作，柴油机耦合器机组拖动转盘和钻井泵。

一般情况下，在带有节能发电机和独立驱动转盘的情况下，应使柴油机耦合器机组在额定转速下运转。在必须降低钻井泵的冲数时，也可以降低柴油机耦合器机组的转速，但须停用节能发电机。

当钻井泵的负荷小时，运转 1 台柴油机耦合器机组；当负荷较大时，运转 2 台甚至 3 台柴油机耦合器机组。在实际操作中，如果发现某台柴油机冒黑烟，表明此台柴油机耦合器机组负荷太大，耦合器滑差加大，效率下降，应增加柴油机耦合器机组并车台数。

3. 钻机提升工况

在此工况下，转盘和钻井泵不工作，只驱动绞车工作。

①对于不带节能发电机或转盘单独驱动的发电机，可用司钻遥控油门：当滚筒离合器脱开时，大钩不带负荷，此时柴油机耦合器机组怠速；当滚筒离合器合上，大钩带负荷，柴油机耦合器机组加速，钻具提升。

②对于带节能发电机，一般情况下，柴油机耦合器机组应在额定转速下运转，司钻无须遥控油门。

4. 钻机下钻工况

在此工况下，转盘和钻井泵不工作，绞车上的滚筒离合器脱开，柴油机只拖动辅助机组压风机，其输出功率小，因此，此工况与空载工况相同。

（三）停机

①脱开负载设备的离合器，耦合器进入空载运行状态。

②脱开柴油机与耦合器的离合器，耦合器停止运行。

二 并车箱的使用

（一）使用前的准备

①检查传动箱的固定是否牢固，各固定螺栓背帽是否齐全。

②检查传动箱的各传动部位、运转部位，必须配置全封闭的防护罩，并安装牢固。

③检查各窗口箱盖密封是否完好，搭扣螺栓是否紧固牢靠。

④检查离合器摩擦片的磨损情况，若磨损超过 3mm 应及时更换；离合器上的螺栓应齐全并旋紧。检查各气胎离合器与摩擦毂的间隙，不得出现偏磨现象。

⑤检查气路联接是否正确，不漏气。

⑥检查传动箱油量是否充足。

⑦检查油泵皮带松紧程度，是否需要调整。

⑧检查各轴承部位是否需加注润滑脂。

⑨接通气源，操纵控制台各手柄检查气路控制系统，各手柄控制的气路必须正确、到位。

⑩检查离合器挂合、脱开是否灵活、到位。

（二）启动

①启动链传动箱前，各运转部位、传动部位不准站人，不准放置任何工具或杂物。

②挂合柴油机与链传动箱之间的离合器，链传动箱进入空载运行状态。

③挂合相应负载设备的离合器（泥浆泵、绞车、节能发电机等），链传动箱进入负载运行状态。

④离合器的挂合应按要求分为 3 次合，严禁 1 次挂合到位。

（三）运转

①检查传动箱运转是否平稳，发现异常应立即停车检查。

②检查气路是否正常，有无漏气；检查气开关是否灵敏，离合器工作是否可靠；检查气压是否符合要求。

③检查传动箱温度应≤ 55℃，超过此温度可能是齿轮油过多或过少所致，应立即予以排除。

④检查润滑油泵是否工作正常，油压应在 0.1 ~ 0.2MPa。各润滑点（喷嘴、接头）是否畅通，喷油润滑的部位是否正确。

⑤检修时，必须在停机状态下进行。

⑥操作人员必须穿戴好劳保用品，防止身体任何部位卷进传动部位造成人身伤害。

（四）停机

①脱开负载设备的离合器，链传动箱进入空载运行状态。

②脱开柴油机与链传动箱的离合器，链传动箱停止运行。

第五节　气源设备的使用

一　螺杆空压机的使用（LS16-60HHAC）

（一）启动前的检查

①检查机体周围，清理阻碍机组运转的杂物。

②检查润滑冷却剂液位，液位应保持在视油镜的中间位置，不足时添加。

③确认机组所有罩壳安装完整，无渗漏现象，否则会严重影响机组的冷却效果。

④检查空压机的固定和排出管线的紧固情况。

⑤打开需要运转机组的压缩空气排出阀。

⑥合上空气压缩机的总电源开关，空压机程序自检，控制器屏幕显示 CHECKINGMACHINE，自检完成，屏幕正常显示 READYTOSTART；此时表明空气压缩机处于随时启动状态。如果自检不正常，则会在屏幕上显示故障代码。故障代码和相应的检查处理方法参考说明书故障部分。

（二）启动

①启动前检查工作完成以后，控制器显示 READYTOSTART，表明可正常启动空压机。

②按下启动（绿色）按钮，空压机正常启动。

（三）运转

①巡回检查空压机运转中有无异常噪音，如发现立即查明原因，必要时则停机检查。

②注意检查润滑冷却剂的液位，空载运转时液位处于视油镜的中间位置。过多则容易使润滑冷却剂消耗过大，润滑油进入压缩空气中；过少则容易出现机组排气温度过高，严重时甚至造成机组的烧毁事故。

③按动 DISPLAY 按钮检查并记录机组的运行数据。正常运行数据如下。

排气压力：一般设定在 7.6 ~ 8.6bar。

排气温度：最大为 103℃，超过此温度会发出警报；当超过 106℃时，空压机会自动停机。

吸入压力：不允许高于 1.6kgf/cm^2 和低于 0.8kgf/cm^2，否则会出现报警。

油分离器压力下降，不得高于 0.8kgf/cm^2；如果高于此数值，空压机会出现警告，此时应更换油分离器芯子（在空压机加载运转时记录压力）。

每班记录运行小时数和总运转小时数。

④经常检查空气滤清器的指示器，如果显示红带或使用满 4000h，应更换空气滤芯。

⑤检查控制器报警指示灯，如有显示，应查明报警原因并解除故障和复位后再运转。

⑥检查冷凝水排出情况，如果不正常应检查原因并排除。否则压缩空气中会含有大量水分，严重影响用气设备的使用和寿命。

注意：该空压机的所有按钮为轻触式按钮和程序控制，切记不可用力过大和随意触压按钮。否则容易出现按钮损坏和程序混乱等故障。

（四）停机

①如果空压机正在加载运转，直接按动停机（红色）按钮；空压机会立即卸载并延时 7s 后停机。

②如果需要停机时空压机已经在空载运转，按动停机按钮，空压机立即停机。

③空压机停止运转后，关闭空气排出阀；并做必要的清洁保养工作。

（五）空压机长期停用时的保存

如果空压机停止使用超过一个月，应每间隔两周运转一次，确保空压机的各部件得到有效润滑，防止时间过长出现机件的锈蚀。如果停止使用超过三个月，应做好长期封存工作。

空压机长期停用后的第一次启动应进行全面检查，必要时更换润滑油；启动前应首先对空压机进行点动，以便检查各电机的转向和转子是否卡死。全面检查正常后再启动机组。

注意：操作空气压缩机的人员必须熟知操作规程，并经过一定的现场培训。

二　无热再生吸附式干燥机的操作（ADH-12/10 杭州博大）

（一）启动前检查

①检查电源电压符合铭牌要求。

②检查空气管路，进口压力应小于 1.0MPa，进气温度≤ 50℃。

③检查再生球阀开度，开度为 1/2 位置。

（二）启动

将电源开关合闸，按下启动按钮，干燥机开始运转。

（三）运行

①干燥机气源供气应缓慢均匀，逐步增大排量至工作压力，然后开启加热器及控制电源。

②检查干燥机的再生气温度值，应在50～100℃（惯性上冲至120℃）。

③检查各阀件灵活、切换正常，气动隔膜阀控制气压在0.2～0.3MPa。

④检查再生排气阀开关状态，再生压力低于0.05MPa。

⑤检查各仪表指示正常。

⑥停机时先断开电源，再打开旁通阀，最后关闭进排气阀。

三 冷冻式干燥机的操作（YK50A惠州力德）

（一）启动前准备

①检查电源电压是否正常。

②检查环境温度是否正常。

③检查冷凝器及冷却器的鳍片是否清洁。

④确定压缩空气未进入干燥机（停止空压机运转或关闭进出口阀门，打开空气旁路阀）。

⑤检查冷媒表查看冷媒压力是否正常（未运转时，冷媒压力应维持在7～10kg/cm^2，高低压表压力应相同）。

⑥检查冷却水压力及温度是否正常（2～4kg/cm^{2}水温最高不得超过32℃）。

（二）启动

将电源开关合闸，按下启动按钮，干燥机开始运转。

（三）启动后检查

①检查干燥机运转电流值是否正常。

②检查冷凝器、冷却器风扇马达运转是否正常（由压力开关控制，间歇性运转）。

③运转3min后，压缩空气进入干燥机（启动空压机或打开进出口阀门，旋紧空气旁通阀）。

④检查空气是否有泄漏现象。

⑤检查入口压缩空气温度、压力是否正常。

⑥检查干燥机出入口温差是否正常。

⑦检查冷媒高低压力是否正常（高压14～16kg/cm^2，低压3.9～4.4kg/cm^2）

⑧低压压力若不正常，可调整冷媒热气旁路阀（顺时针方向，压力提高；逆时针方向，压力降低）。

⑨运转30min后，检查排水系统是否正常。

⑩避免无负载长期运转。

⑪停机 3min 后再开机，避免连续切换，造成压缩机跳脱。

第六节　网电装置的操作

一　启动前检查

①室内温度控制在 20～25℃范围内，湿度低于 50%RH。

②检查房内各柜体是否有凝露。

③检查各接地线是否紧固。

④检查各电缆是否做好防磨损准备。

⑤检查各接线端子及电机是否做好防雨。

⑥检查高压端、低压端电压是否正常。

二　启动

①合高压电网侧的跌落式熔断器，给系统上电。

②合高压柜相应电压等级的开关。

③变压器微机保护装置上电。

④合高压柜相应电压等级的开关。

⑤合高压柜的开关和断路器，完成对高压柜的操作。

⑥网电控制柜仪表显示和人工测量系统低压侧各项参数正常后，进行下面 7～11 项的操作。

⑦网电进线控制柜 600V 主断路器储能，合闸。

⑧本房控制柜断路器上电，照明，插座均带电。

⑨合动态无功补偿系统接线柜断路器，补偿系统上电。

⑩网电出线控制柜（顶驱柜）600V 断路器储能，合闸。

三　运行

①检查电缆温度是否在 60℃以内。

②系统带负载后检查变压器压降情况，观察有载调压是否正常。

③检查高压房、补偿房是否有漏电现象。

④检查变压器温度是否低于 90℃，冷却轴流风机工作是否正常。

⑤根据功率因数表适当地投切补偿柜。

四 停机

网电下线，将所有断路器由低到高逐级断开，并进行确认。

安全风险提示

①穿戴好劳保用品，严格执行安全操作规程。

②严禁在动力设备使用现场违章动火。

③高处作业应系好安全带，工具应拴好安全绳，严禁上抛下扔。

④使用、操作动力设备前必须对工作人员进行培训，使其掌握必要的技能。

⑤运行前应确保动力设备固定牢靠、确保所有护板、罩壳及防护罩位置正确。

⑥排出的烟气对健康有害，动力设备运行环境要进行必要的通风处理。

⑦严禁使用短接启动马达端子或蓄电池的方法进行动力设备启动运行。

⑧严禁随意触摸运转中的动力设备的旋转部位。

⑨动力设备出现异常情况时，应立即使用紧急停车装置使其停机。

⑩严禁动力设备超负荷运转。

⑪ 动力设备区域应配备规定数量的灭火器，并定期进行检验。

⑫ 禁止在动力设备上存放任何易燃物质。

⑬ 在排除动力设备故障之前，不得随意重新启动设备。

⑭ 确保所有电气动力设备接地良好，接地电阻不超过 4Ω。

⑮ 确保所有动力电缆连接牢固，无破损。

思考题

1. 本岗位的巡回检查路线及项点有哪些？
2. 叙述本岗位主要设备启动前检查内容？
3. 本岗位主要设备启动后检查的内容有哪些？
4. 叙述发电机并网的条件及手动并网的操作。

扫一扫
获取更多资源

第七章

维护保养

PART 7

设备如果得不到及时维护保养，就会大大降低其安全性、可靠性和经济性。因此，对设备设施进行有效的维护与保养至关重要，必须严格执行日保养、周保养、月保养和季节性保养规程。

第一节　动力设备油水管理

设备的油水管理是设备技术管理的重要组成部分，也是设备维护的重要内容，搞好设备油水管理工作，是保证设备正常运转，减少设备磨损，防止和减少设备事故，降低动力消耗，延长设备修理周期和使用寿命的有效措施。

一　润滑

润滑技术与管理是现代设备系统技术与管理活动的重要组成部分，是设备正常润滑与正常运行的重要保证，是企业提高经济效益的重要途径。润滑的目的在于预防设备润滑故障，减少机械设备停机造成的损失；提高生产率与产品质量；节约保养劳务费和减少零件更换次数，延长设备的使用寿命、节能降耗、保护环境、防止污染、保证安全生产、减少润滑剂的消耗量，节约购买润滑剂的费用；减少固定资产投资与流动资金占用量。

设备润滑管理应从各个环节着手，从正确选油、购油、加油、用油、运行监测、超界限值油品康复处理，一直到废油回收，油品运行全寿命周期的各个环节都要引起高度重视。

1. 润滑的定义

为了改善摩擦副的摩擦状态，在做相互运动的两摩擦副表面间加入能够减少摩擦阻力的物质，这些物质不管是液态、气态、半固体或固体，均称为润滑剂，或叫减磨剂。

2. 润滑的作用

使用润滑剂的目的，是润滑机械的摩擦部分，减少摩擦抵抗，阻止烧结和磨损，减少动力的消耗，提高机械效率。

（1）降低摩擦

在摩擦面加入润滑剂，形成一个润滑薄膜的减摩层，能使摩擦系数降低，从而减少摩擦阻力，节约能源消耗。

（2）减少磨损

润滑剂在摩擦面间可以大大减少黏着磨损、表面疲劳磨损、磨料磨损与腐蚀磨损。

（3）冷却作用

由于减小摩擦系数从而减少了摩擦热，因而能降低摩擦热造成的温度上升。同时润滑剂本身可以吸热，并通过循环进行传热、散热，从而使摩擦副降温冷却。

（4）防止腐蚀和锈蚀

摩擦面上有润滑剂覆盖时，可以防止或避免因空气、水滴、水蒸气、腐蚀性气体及液体、尘土、氧化物等引起的腐蚀、锈蚀。

（5）清洁冲洗作用

摩擦副磨损的微粒与外来的介质微粒，都会进一步加速摩擦表面的磨损，但通过润滑剂的循环可以带走油路系统中的杂质，再经过滤器滤掉，从而起到清洁冲洗的作用。

（6）减振、降噪声

润滑剂吸附在摩擦表面上，虽然厚度很小，但在摩擦副受到冲击时却具有吸收冲击能的作用，从而达到减振降噪声的目的。

（7）密封作用

在摩擦副中形成的润滑膜，既可以防止内部工作介质向外泄漏，也可以阻止外部有害介质向内部侵入，从而起到密封作用。

（8）传递动力

润滑剂可以作为静力的传递介质，也可以作为动力的传递介质。

（9）绝缘作用

精制矿物油的电阻大，可在变压器及开关等电气装置中作绝缘材料（如变压器油等）。

3. 润滑的分类

若按照润滑剂的物质形态分，可分为气体润滑、液体润滑、半固体润滑和固体润滑。若按照润滑膜在摩擦表面的分布状态分，可分为全膜润滑和非全膜润滑。

（1）气体润滑

气体润滑一般用空气、蒸汽或氮气、氦气等一些惰性气体作为润滑剂，进行气体润滑时使用高压气体作为润滑剂，将摩擦表面隔开。

（2）液体润滑

使用的润滑剂包括矿物润滑油、合成润滑油、乳化油等不同黏度和品质性能的液态油剂，甚至液态水也可作为润滑剂。

（3）半固体润滑

半固体润滑指使用一种介于流体与固体之间的、呈塑性状态或膏脂状态的半固体物质作为润滑剂。

（4）固体润滑

固体润滑是采用具有特殊润滑性能的固态物质作为润滑剂。

（5）全膜润滑

摩擦副的摩擦面之间有一层完整的润滑膜，将摩擦表面完全隔开，使摩擦变成润滑膜的内部分子之间的内摩擦，而不是摩擦副表面间的外摩擦，称为全膜润滑，这是一种理想的润滑状态。

（6）非全膜润滑

摩擦表面的润滑膜，受到某些因素的影响，使得一部分有润滑膜一部分则变为干摩擦，这种状况称为非全膜润滑。

二 润滑剂

（一）润滑剂的分类

设备所使用的润滑剂按形态分为：液体润滑剂（润滑油），包括石油系润滑油和非石油系润滑油（动植物油和合成润滑油）；半固体润滑剂（润滑脂），包括皂基润滑脂和非皂基润滑脂；气体润滑剂；固体润滑剂（石墨、二硫化钼等）。其中，液体润滑剂（润滑油）是最常用的润滑剂，现场常用的液体润滑剂有柴油机润滑油、液压油、齿轮油、液力传动油等。

（二）润滑油

润滑油是用在各种类机械设备上以减少摩擦，保护机械及加工件的液体润滑剂，主要起润滑、冷却、防锈、清洁、密封和缓冲等作用。一般由基础油和添加剂两部分组成。基础油是润滑油的主要成分，决定着润滑油的基本性质，添加剂则可弥补和改善基础油性能方面的不足，赋予其某些新的性能，是润滑油的重要组成部分。

1. 对润滑油的要求

①黏度及黏度指数。黏度表示流体物质内部阻力的量度，内摩擦力大，则流动性差，液体的黏度就大。反之，黏度就小。黏度指数表示油品黏度随温度变化的程度。黏度指数越高，表示油品黏度受温度的影响越小，其黏温性能越好，反之越差。

②低温性能指标。表示油品保持流动性的最低温度，作为低温环境选用润滑油的依据。

③油性和极压性。油性是润滑油中的极性物质在摩擦表面上形成坚固的理化吸附膜，从而起到耐高负荷和抗摩擦磨损的作用。

④酸值和碱值。酸值是表示润滑油中含有酸性物质的指标。碱值是表示润滑油中含有碱性物质的指标。

⑤闪点。在规定条件下，润滑油加热到它的蒸气与火焰接触闪火时的最低温度称为闪点。闪点是表示润滑油着火危险性的指标。

⑥残碳。在规定条件下，润滑油在进行蒸发和裂解后所形成的残留物，以质量百分数表示。形成残碳的主要物质是油品中的胶质、沥青质等。

⑦抗腐蚀性。润滑油腐蚀的主要原因是油中的某些酸性物质、氧化产物和金属反应。通常，采用被测油品在一定温度条件下对金属腐蚀的程度来评价润滑油的抗腐蚀性。

⑧防锈蚀性。润滑油延缓金属部件生锈的能力称为防锈性。

⑨抗泡性。抗泡性是指油品通入空气时或搅拌时发泡体积的大小及消泡的快慢等性能。

⑩空气释放性。空气释放性（亦称放气性、析气性或油气分离性），指空气从试油的油

气分散体系中析放出来的性能。

⑪ 抗乳化性。乳化是一种液体在另一种液体中分散形成乳状液的现象，它是两种液体的混合而并非相互溶解。

⑫ 抗氧化安定性。润滑油的氧化指油品与空气中氧分子所发生的反应。

润滑油氧化后，会出现黏度增大、酸值升高、颜色变深、表面张力下降等现象，进一步氧化还会生成沉淀、胶状物质和酸性物质，从而引起金属腐蚀，使抗泡沫性和抗乳化性变差，缩短油品的使用寿命。

⑬ 热安定性。油品的热安定性表示油品的耐高温能力。

⑭ 剪切安定性（抗剪切性）。油品抵抗剪切作用而使黏度保持稳定的性能，叫作剪切安定性（抗剪切性）。

⑮ 水解安定性。水解安定性是液压油的一项重要指标，它表示油品在受热条件下和在水、金属（主要是铜）作用下的稳定性。

⑯ 清净分散性。清净分散性是柴油机润滑油的一项非常重要的性能指标。

2. 润滑油的选用

①载荷。载荷大，就选用黏度大、油性或极压性良好的润滑油。载荷小，就选用黏度小的润滑油。

②运动速度。设备润滑部位摩擦副运动速度高，应选用黏度较低的润滑油。

③温度。环境温度低，选用黏度和倾点较低的润滑油。反之可以高一些。

④环境、湿度及与水接触情况。在潮湿的工作环境里，或者与水接触较多的工作条件下，应选用抗乳化性较强、油性和防锈性能较好的润滑油。

⑤一致性。润滑油名称及其性能与使用对象要一致。

3. 柴油机工作引起的润滑油变化

（1）蒸发损耗

柴油机工作过程中润滑油的变化一方面是由机械和热应力产生的物理效应引起的，另一方面是由化学反应引起的。物理作用引起的变化包括蒸发损耗。蒸发损耗促进了润滑油消耗和稠化，即增加了黏度。

（2）由剪切引起的黏度降低

剪切导致的黏度损失程度取决于聚合物添加剂的工作条件、化学结构、分子量和浓度。如果润滑油在剪切后仍能保持其初始黏度等级，则这种润滑油被称为品质稳定的润滑油。

（3）黏度的瞬时降低

在高剪切速率时，配有黏度指数改进剂的润滑油可能会暂时性地出现滑动表面之间的油膜失去黏度的现象。

（4）燃油引起的黏度降低

未燃烧的燃油在气缸壁上冷凝和对润滑油的侵入会使润滑油黏度降低。经总结现场经验后，润滑油中混入体积分数小于 2% 的燃油被认为是正常的。

（5）固体杂质引起的黏度增加

用过的润滑油中的固体杂质包括从外部随空气进入的灰尘颗粒、润滑油老化的不溶性反应产物、燃料燃烧的残留物等。实际上，润滑油中 1% ～2%（质量分数）的碳烟颗粒是无害的。

（三）润滑脂

润滑脂（俗称干油）实际上就是稠化了的润滑油。它是稠化剂胶团均匀地分散在润滑油中形成的半流体（或半固体）状的膏状物质。润滑脂是一种胶体分散体系，指一种物质（稠化剂）以微粒状态分散到另一种物质（油）中形成的一种稳定体系。润滑脂在流体力学中的性质不属于牛顿液体，而是非牛顿液体。

1. 润滑脂的分类

润滑脂的品种繁多，按用途分为集中润滑系统用脂、灌注式润滑用脂、传动机构用脂及特殊用脂等。

润滑脂的代表符号，我国标准 GB/T7631.1—2008 第 8 部分，X 组（润滑脂），符号由 5 个字母组成。

第 1 个字母用 X，表示润滑脂。

第 2 个字母表示使用的最低温度：A 为 0℃，B 为 –20℃，C 为 –30℃，D 为 –40℃，E 为＜ –40℃。

第 3 个字母表示使用的最高温度：A 为 60℃，B 为 90℃，C 为 120℃，D 为 140℃，E 为 160℃，F 为 180℃，G 为＞ 180℃。

第 4 个字母表示抗水性、防锈性（表 7–1）。

第 5 个字母表示极压性：A 表示非极压，B 表示极压。

最后是稠度号。

表 7–1　第 4 个字母的含义

环境条件	防锈性	字母 4	环境条件	防锈性	字母 4	环境条件	防锈性	字母 4
L	L	A	M	L	D	H	L	G
L	M	B	M	M	E	H	M	H
L	H	C	M	H	F	H	H	I

2. 对润滑脂的要求

润滑脂应具有良好的耐温性、抗水性、压送性、抗磨性、机械安定性、氧化安定性、防护性、黏附性、胶体安定性、储存安定性和较少的机械杂质。

其他理化指标：游离碱含量、含皂量、灰分、水分、基础油。

（四）固体润滑剂

固体润滑剂的出现克服了液体润滑的一些固有缺点，如：润滑油、润滑脂都容易蒸发，其蒸气压较高，不能在 10^{-1}Pa 以上的高真空中长时间工作。而高度 1000km 的宇宙空间，真空度较高，绝对压力达 10^{-3} ~ 10^{-2}Pa。润滑剂在承受高负荷时，油膜会遭受破坏，在高温下会丧失润滑能力。如果使用固体润滑剂则有较高的承载能力，且能承受高温。

1. 可代替润滑油脂

在高温、低温、真空、重载、金属切削加工和压力加工中无法使用液体润滑的场合、在润滑油脂易被其他液体（如水、海水等）污染或冲走的场合、潮湿的环境、含有固体杂质（如泥沙、尘土等）的环境场合、供油困难的场合等情况下，可以用固体润滑剂代替润滑油脂，对摩擦表面进行润滑。

2. 增强或改善润滑油脂的性能

可以在润滑油、脂中添加固体润滑剂，提高润滑油脂的承载能力。增强润滑油脂的实效性能。改善润滑油脂的高温性能，使润滑油脂形成摩擦聚合膜（如添加有机铝化合物等）。

三 燃油

（一）柴油的主要性能指标

柴油的性能会对柴油机的经济性、动力性和可靠性产生重要影响。柴油的主要性能指标及其对柴油机使用性能的影响如下。

1. 柴油的发火性

柴油的发火性指柴油的自燃能力。柴油不经外界引火而能自燃的最低温度称为柴油的自燃温度。柴油的自燃性能是以十六烷值来度量的。

柴油自燃性能的好坏，直接影响着柴油的燃烧过程和使用性能。柴油的十六烷值高，自燃性能好，喷入气缸后能迅速着火，使柴油机工作柔和，易于低温启动；反之，十六烷值低的柴油，自燃性差，使柴油机工作粗暴，燃油消耗增加，低温启动困难。十六烷值并非越高越好，十六烷值过高，柴油的稳定性就会变差，喷入燃烧室后，来不及与空气充分混合就着火燃烧，使柴油在高温下发生裂解，分离出大量游离碳，随废气排出，出现冒黑烟现象，造成燃油消耗率增加。因此，现代高速柴油机要求十六烷值为 50 左右。

2. 柴油的蒸发性

柴油的蒸发性用 90% 的馏出温度来衡量，在此温度下，油样的 90% 已经蒸馏出。此温度越低，柴油的蒸发性就越强。所以，柴油的蒸发性是用馏程来表示的。

柴油喷入燃烧室需要汽化后方能着火。柴油蒸发性的好坏，对柴油燃烧过程有着重大的影响。柴油馏程温度低，蒸发能力强，与空气能够很好地混合，燃烧性能好，柴油机启动容易，但燃油的过早蒸发，也会造成同时燃烧的燃油过多，使柴油机工作粗暴；反之，馏程温度高，蒸发性不好，汽化缓慢，雾化不良，易造成燃烧不完全，积炭严重。柴油机一般要求馏程温度在 170 ~ 380℃。

3. 黏度

液体受外力作用移动时，其分子间发生的阻力称为黏度。黏度是表示柴油的稀稠程度和流动难易程度的指标。

黏度过大，柴油在管路和滤清器内的流动阻力加大，喷雾恶化、燃烧不良，排气冒黑烟；黏度过小，燃油系统内的精密偶件润滑条件就会恶化，加速零件磨损，可导致喷油泵漏油和曲轴箱内润滑油被燃油稀释、污染。

4. 凝固点

柴油的黏度随温度下降而增大，当下降到某一温度时，柴油成为结晶固体失去流动性，柴油失去流动性时的温度叫凝固点。国家标准中，轻柴油的牌号就是根据凝固点高低来编制的。

（二）柴油的牌号及选用

高速柴油机一般采用轻柴油作为燃油，其主要特点是：自燃点低、黏度大、密度大、闪点高、稳定性强，在运输和使用过程中不易挥发，使用安全、成本低等。

柴油的牌号是根据其凝固点的高低来编制的。选用柴油的原则是：选取的柴油凝固点应比其使用环境温度低 5 ~ 10℃。一般来说，夏季可选用 0#，冬季根据环境温度可选用 −10#、−20#、−35# 轻柴油。

四 冷却液

冷却液的管理始于冷却液的选择，冷却液的好坏，不仅影响柴油机的冷却效果，而且影响相关零部件的使用寿命，严重时将影响柴油机冷却系统的正常工作。不合格的冷却液易产生水垢、腐蚀机件和破坏密封。因此，在使用中不能随意选用，要严格控制冷却液的质量。确保冷却液清洁、无杂质，符合柴油机使用推荐标准。

1. 冷却液的要求

①冷却液必须清洁。

②冷却液必须采用软水或防冻液。

③冷却液应呈弱碱性。

④不得直接用井水、泉水、海水、含盐含碱的水或工作废水作为冷却液。

合格的冷却液主要指标如下：

硬度：0.7 ~ 5.3me/L；

氯离子浓度＜ 150mg/L；

pH 值：8 ~ 9。

2. 防冻液

（1）防冻液的配制及储存

采用闭式循环冷却系统时，在环境温度较低时必须采用防冻液，以防止冻裂柴油机有关零件。常用的防冻液有甘油—水和乙二醇—水两类，配制方法见表 7–2。

表 7-2　防冻液配制

冰点（℃）	甘油—水		乙二醇—水	
	甘油质量分数 /%	密度 /（g/cm^3）	乙二醇质量分数 /%	密度 /（g/cm^3）
-5	21	1.0495	—	—
-10	32	1.0780	28.4	1.0340
-15	43	1.1074	32.8	1.0426
-20	51	1.1290	38.5	1.0506
-25	58	1.1483	45.3	1.0586
-30	64	1.1647	47.8	1.0627
-35	69	1.1785	50.9	1.0671
-40	73	1.1894	54.7	1.0713
-45	76.5	1.1980	57.0	1.0746

甘油的沸点高，在使用中挥发损失小，不易发生火灾。但甘油降低冰点效果差，不够经济，甘油的吸水性强，保存时容器要密封。

乙二醇有毒，在保管、配置和使用时，必须采取保护措施，以防中毒。乙二醇吸水性强，在保存时容器要密封，以防吸入水后溢出造成损失。乙二醇—水防冻液由于蒸发损失是水，所以在使用中要注意补充水，用后要回收保管好。

（2）防冻液在使用中的注意事项

①应根据当地气候条件选择防冻液，一般冰点值应比当地最低气温低 5 ~ 10℃。

②由于防冻液的渗透性强，更换防冻液前，应先检查并紧固冷却系统各支管、接头，特别是各种软管等易产生渗漏的部件。

③由于乙二醇防冻液的热膨胀率较大，使用时只需加到冷却系总容量的 95% 即可，否则会造成热膨胀时外溢。

④防冻液在使用中由于蒸发而使液体减少时，需添加软水，否则会使添加剂析出，并堵塞冷却系，影响散热并造成故障。

⑤防冻液切勿入口。

五　油水检测

（一）润滑油现场常用快速检验方法

润滑油变质及携带的外来污染物均会造成设备的故障，设备有故障时产生的颗粒及泄漏物也会落在润滑油中，因此检测润滑油的各指标及污染物的含量，即可推测设备状况和做出故障预测。

在用润滑油测试出某一指标达到规定值时，需更换新油，若继续使用，会影响设备的正常工作，为了保护设备，润滑油厂家会推荐一些换油指标值，作为换油的指导提供给设备使用者或管理者。反过来，可把这些值作为设备可能发生故障的警告值，在现场检测中，可凭酸值、闪点、残炭、灰分、碱值、不溶物、水分等几个常规指标对润滑油及设备状态进行监测，并不一定要动用很多复杂的仪器。

1. 水分

声响法：把润滑油放在铝箔或锡纸做的小盘上，用酒精灯或打火机烧 1 ~ 2min，若飞溅或冒泡则含水量大，若有连续爆裂声则含水大于 0.03%，若爆裂后无声，则含水小于 0.03%。

华特斯摩（WatesMo）试纸：把此试纸浸入油中，遇水有蓝色斑点，按表 7-3 判断水含量。

表 7-3　华特斯摩试纸在油中斑点与水含量

斑点 /cm	1，微小	1 ~ 2	约 5 个	约 10 个
水含量 /%	小于 0.5	0.5	1.0	2.0

汉罗铁（Hydrokit）白色粉剂：与水接触呈紫色斑点，按表 7-4 判定水含量。

表 7-4　汉罗铁粉变紫色与油中水含量

斑点 /cm	1，微小	1 ~ 2	5 ~ 10	大量	大片	全部
水 /6 ~ 10	小于 20	20 ~ 40	40 ~ 60	60 ~ 200	200 ~ 500	大于 500

2. 碱值

将 2mL 油样置于试管中，加 10mL 指示剂（50g/g 高锰酸钾溶于 50g/g 醋酸），每注入 0.5mL 酸性试剂（高氯酸）相当于 2.5mgKOH/g 总碱值，充分摇匀后若呈紫色，该油仍可用，绿色为临界状态，黄色表示碱值耗尽，需换油。

3. 斑点试验

国家标准 GB8030 润滑油现场检验法，其中的滤纸斑点试验法是将在用润滑油往滤纸上滴 5 ~ 6 滴，室温下静置 0.5 ~ 1h，从扩散的斑点按四级进行评定（可与标准斑点谱对比）。

一级：油斑的沉积环和扩散环间没有明显界线，整个油斑颜色均匀，油环浅而明亮，说明油质良好。

二级：油斑的沉积环色深，扩散环较宽，二环纹间有明显的分界线，油环呈不同程度的黄色，说明油质已污染，应加强润滑油滤清，润滑油可继续使用。

三级：油斑的沉积环深黑，沉积物密集，扩散环狭窄，油环颜色变深，说明油质已劣化，建议更换。

四级：油斑只有中心沉积环和油环，无扩散环，沉积乌黑，沉积环稠厚而不易干燥，说明必须更换。

4. 润滑油污染度和老化度测定仪

它是一种综合评价润滑油的降解程度的方法，一般新油的导电性能很差，在降解及受污染后，其导电性能会发生变化。对润滑油中的添加剂、降解产物和污染物在不同电极中的电流和电压的变化做大量的比较后，得出新油和不同程度老化的油在导电性能上的差异规律，从而用以测定润滑油的剩余能力和污染度，此方法简单、易用、直观，适于现场检测，但由于润滑油的降解过程较复杂，其导电性能的变化仅能反映润滑油在某种情况下的降解过程，不是在任何情况下都好用，因而应用不普遍。这类仪器结构简单，便于携带，国内外均有此类商品供应。

（二）柴油机防冻液现场常用快速检验方法

环境温度较低时，内燃机必须使用防冻液。目前，一般采用乙二醇作防冻剂。无论乙二醇还是水，对金属都有一定的腐蚀性，需要在防冻液中加入防腐剂。随着使用时间的延长，乙二醇会逐渐被氧化发生衰变，防腐剂不断消耗；当防冻液质量下降到一定程度后，冷却系统就会出现腐蚀或者达不到防冻要求。因此，为了保证防冻液的质量，使用前和使用中都必须进行质量检测。钻井现场常用检测方法主要有三种。

1. 外观鉴别

观察防冻液的外观、辨别气味，进行直观判别。防冻液应透明、无沉淀、无异味；如果外观浑浊、气味异常，说明防冻液已严重变质，应立即停止使用。

2. 冰点测试

冰点测试是对防冻液能否在寒冷天气里使用的一种防冻性测试。可采用冰点测试仪，用比重原理来指示冰点的高低，应用方便。

3. 储备碱度和 pH 值的检测

（1）储备碱度试纸

储备碱度试纸用于检测存在于冷却液中的碱性防冻液的含量。储备碱度高，则说明防腐剂含量充足。储备碱度是衡量防冻液防腐性能的重要指标。在实际跟踪测试中发现，当使用中的冷却液外观浑浊时，一般储备碱度低于 10，防冻液储备碱度标准值应不小于 10。

（2）pH 值

是表示溶液酸碱度的指标。为了防止腐蚀的产生，防冻液中加入的添加剂均为碱性物质，以保证防冻液的 pH 值在 8 ~ 9；可采用 pH 试纸对防冻液的 pH 值进行现场测试，当 pH 值小于 7 时，此防冻液应停止使用。

第二节　柴油机及发电机组的维护保养

只有正确使用、操作与维护、调整柴油机及发电机组，才能使其发挥出优良的性能、提高经济性、保证安全和延长柴油机及发电机组的工作寿命。因此，柴油机及发电机组的使用、操作及维护、调整，必须严格按照柴油机的操作规程。

一 维护保养周期

（一）济柴 190 系列柴油机维护保养周期

1. 班维护保养

①检查燃油箱燃油油位。

②检查油底壳、喷油泵、调速器的机油液面高度，无不正常的增高和下降现象，根据油质状况，更换新润滑油。

③检查散热器内的水位，根据检查情况，及时添加冷却水或防冻液。

④检查启动气源状况。

⑤擦拭柴油机表面。

⑥监视仪表所指示的柴油机各参数，特别是润滑油压力和温度、冷却液温度的变化。

⑦观察柴油机排烟状况，监听柴油机声响，如有异常应及时查找原因并加以排除。

⑧检查并排除柴油机漏水、漏油、漏气现象，保持柴油机外观及工作环境的整齐和清洁。

⑨检查柴油机各连接、固定部位紧固情况。

⑩按规定，做好柴油机的运行记录。

2. 周维护保养

①完成日保养规定的所有项目。

②检查并清理空气滤清器，在风沙的环境下，随时清理。

③清洗呼吸器滤网。

④排放燃油箱及燃油滤清器内的积水和沉淀物。

3. 月维护保养

①完成周保养规定的项目。

②清洗燃油滤清器。

③清洗机油滤清器，若进、出油压差大于 196kPa，则更换纸质滤芯。

④清洗离心滤清器，拆装时注意转子体与转子壳相应位置的装配标记，安装时一定要对准原装配标记位置。

⑤更换油底壳内的机油（按油质检测情况定）。

⑥检查、调整气门间隙。

⑦检查调整喷油泵供油提前角。

⑧检查喷油器喷油压力及雾化质量。

⑨检查报警系统的传感器。

⑩检查弹性连接器的金属胶座有无裂纹、损伤，必要时更换橡胶座。

⑪ 向喷油泵传动装置、连接器处加注 3 号石墨锂基润滑脂。

4. 季度维护保养

①完成日、周、月保养规定的所有项目。

②清洗全部冷却系统，必要时更换防冻液。

③清洗润滑系统，检查柴油机机油油质，必要时更换机油。

④清洗燃油箱，根据季节，换用相应牌号的柴油。

⑤清洗增压器压气机涡壳及叶轮处的油污及积炭。

⑥检验所有仪表及报警装置。

⑦检查并调整风扇传动装置。

⑧检查启动装置。

⑨检查防护罩等安全装置。

⑩拆检、清洗中冷器。

⑪拆检、清洗机油冷却器。

⑫清理散热器表面灰尘、油污。

⑬柴油机累计运行3000h后，应拆检气缸盖，清洗进、排气道，必要时配研气门。

（二）卡特3500B/C系列发电机组维护保养周期

1. 班维护保养

①每班检查发动机润滑油量及油质，保持发动机油量尽量靠近游标尺的高油位且不会添加过量［油面应在游标尺（加）ADD和（满）FULL之间的中上部位］。

②每班检查发动机冷却液量。冷却液液位应在水箱盖平面以下约50mm位置。

③每班检查发动机燃油箱是否加满，燃油液位尽量保持在满箱3/4处，高压油泵、燃油滤子各管线接头、连接紧固可靠不刺不漏。

④检查电瓶电解液液面是否符合规定（液面高出极板10~15mm）、电瓶桩头连接线卡和马达连接线路及各感应塞的线桩固定是否牢固、可靠。

⑤每班检查发动机各传感器、仪表等线路、线头接触是否良好。

⑥每班检查发动机冷却液及润滑油有无泄漏和渗漏现象，如有应及时进行处理。

⑦每班查看显示屏发电机组的各项技术参数显示是否正确，发动机的声音、排烟是否正常。

⑧每班巡回检查机油滤前滤后压差、柴油滤前滤后压差。

⑨每班检查空气清洁指示，必要时更换空气滤芯。

⑩每班检查配电盘各仪表工作状况是否正常和灵敏、可靠。

⑪每班清洁发电机组及燃油油箱表面，清理机房工业卫生及工具。

2. 工作250h维护保养

①检查电启动马达。

②检查自动保护装置。

③检查电池充电器。

④检查电池电解液位。

⑤检查冷却系统冷却液液位。

⑥检查柴油机空气滤芯压差指示器。
⑦清洗柴油机空气清洗器。
⑧检查柴油润滑油过滤器压差。
⑨检查柴油润滑油液位。
⑩检查燃油系统燃油过滤器压差。
⑪ 排放燃油箱内的沉积物。
⑫ 检查仪器仪表板。
⑬ 检查缸套冷却液加热器。
⑭ 清洗散热器。
⑮ 提取柴油机润滑油样品进行分析。
⑯ 润滑风扇驱动轴承。
⑰ 检查软管和夹管，必要时更换。
⑱ 清洁散热器。

3. 工作 500h 的保养

①更换柴油机润滑油，油品化验数值超过规定指标时必须更换润滑油。
②当润滑油压差到达 103kPa 或更换润滑油时也必须更换润滑油滤清器。
③清除仪表盘和发电机内部灰尘。

4. 工作 1000h 的保养

①清洁柴油机机体。
②清洁柴油机曲轴箱呼吸器。
③清洁柴油机保护装置。
④检查 / 调整润滑燃油控制连杆。
⑤更换燃油系统细滤器，当燃油压差到达 103kPa 时必须更换滤清器。
⑥检查交流发电机。
⑦检查交流发电机风扇。
⑧提取冷却系统冷却液进行分析（水平Ⅱ）。
⑨测试 / 添加冷却系统补充冷却液添加剂（SCA）。
⑩检查曲轴振动阻尼器。
⑪ 润滑风扇驱动轴承。
⑫ 更换燃油系统一次过滤器。
⑬ 更换燃油系统二次过滤器。

5. 工作 2000h 的保养

①检验曲轴扭振减振器。
②检查柴油机安装件。
③检查 / 调整柴油机气门间隙、喷油高度。
④检验柴油机气门旋转压盘。

⑤检验涡轮增压器。

6. 工作 6000h 的保养

①更换冷却系统节温器。

②检验水泵。

③清洁 / 检验磁性测速头。

④检验启动马达。

⑤修复或更换增压器。

（三）底特律 12V4000 发电机的维护保养周期

1. 班维护保养

①检查燃油箱油位是否正常。

②检查油底壳、调速器的润滑油液面高度，并检查油质状况。

③检查冷却系统内的水位是否正常。

④检查电源充电状况是否良好。

⑤检查仪表显示是否正常。

⑥检查发电机组有无异响。

⑦检查并排除发电机组漏油、漏水、漏气现象。

⑧保持柴油机外观及环境整齐、清洁。

2. 周维护保养

①检查并清理空气滤清器。

②排放贮气罐和油水分离器内的积水。

③排放燃油箱及燃油滤清器内积水和沉淀物。

④检查柴油机各连接、固定部位紧固情况。

3. 月维护保养

①清洗燃油滤清器。

②检查机油滤清器进、出油压差，若大于 196kPa，应更换滤芯。

③清洗离心滤清器。

④检查电启动马达电刷，并清除整流子积炭。

⑤检查、调整气门间隙。

⑥检查喷油泵喷油压力，观察其雾化质量，并清洗喷油器或调整喷油压力。

⑦检查、清理空气滤清器滤芯。

⑧检查操纵装置动作是否灵活、可靠，并加注润滑脂。

⑨检查弹性连接器的橡胶块有无裂纹、损伤，必要时更换橡胶块。

4. 季度维护保养

①清洗全部冷却系统，严寒地区进入冬季时应采取加热及保温措施。

②清洗润滑系统，检查柴油机机油油质是否良好。

③清洗增压器压气机蜗壳及叶轮处的油污及积炭。

④检查安全保护装置。

⑤校验全部仪表及报警装置。

⑥检查启动装置。

⑦检查防护罩等安全防护装置。

⑧检查柴油机、发电机所有润滑油（脂）状况，添加或更换润滑油（脂）。

（四）KTA38-康明斯-2010发电机的维护保养周期

1. 班维护保养

①检查润滑油液位。

②检查冷却液液位。

③检查燃油液位。

④检查散热器芯及中间冷却器阻塞情况。

⑤检查空气滤清器指示器阻塞情况。

⑥监视仪表所指示的柴油发电机各参数，特别是机油压力和油、水温度的变化。

⑦观察柴油发电机排烟状况，监听柴油机声响，如有异常应及时查找原因并加以排除。

⑧检查并排除柴油发电机漏水、漏油、漏气现象，保持柴油发电机外观及工作环境的整齐和清洁。

⑨检查柴油发电机各连接、固定部位紧固情况。

⑩检查交流发电机线圈清洁、控制柜完好情况。

⑪按规定做好柴油机的运行记录。

2. 周维护保养

①完成日保养规定的所有项目。

②检查启动蓄电池，电解液液面应位于极板上10mm处。

③检查冷却液、润滑油、燃油是否有泄漏。

④检查并保养“三滤”。

⑤停机时检查并紧固发电机及电控部分电缆接头。

3. 月维护保养

①完成周保养规定的项目。

②检查喷油泵和液压、电子调速器齿条运动。

③清洁滤油器（丝状元件型），翻转手柄1～2次。

4. 半年维护保养

①完成月保养规定的所有项目。

②检查冷却液LLC浓度。

③更换燃油滤清器。

④清洗冷却液箱内部。

5. 年度维护保养

完成半年保养规定的所有项目。

基础检查：检查三角带并调整，检查气门间隙并调整，检查松动螺栓螺帽，检查减振器，检查橡胶垫架，检查基础螺栓。

燃油系统：从燃油箱排出沉淀物和水，从滤油器（丝状元件型）排水，检查喷嘴喷射压力并调整，检查喷射定时并调整。

润滑系统：油样化验，检查油压并调整。

冷却系统：检查水泵，检查电磁阀和减压阀并拆卸、清理，检查滤网（包括球塞）并拆卸清理，检查冷却液并更换。

进气系统：检查空气滤清指示器，检查空气过滤器并清理，检查粗滤器并清洗。

电气系统：检查启动器、交流发电机，空气加热器，蓄电池电解液相对密度。

空气启动系统：检查启动阀，配油阀，空气过滤器并排水，电磁阀并清理，空气压缩机传动带，压缩空气瓶安全阀运行。

保护装置：检查冷却液高温、低油压、超速、启动失败、给水失败、欠压、过压、过电流，罐体冷却液低水位、燃油低油位及低空气压力等。

辅助设备：检查发动机控制、输油泵、调速器发动机、排风扇、螺线管、蓄能泵、水箱球塞、水加热器、油加热器、灌油泵等。

6. 两年维护保养

完成每年保养规定的所有项目。

①换油（推荐油样化验）。

②更换满流过滤器和旁通过滤器。

③更换旁通滤油器。

④清理燃油滤清器（丝状元件型），替换燃油滤清器（筒型），置换燃油控制链球接头，检查恒温器，更换冷却液。

⑤用手检查涡轮增压器轴推力、检查消声器并排除水分、检修空气压缩机。

7. 四年维护保养

完成两年保养规定的所有项目。

①检查油冷却器，防止污垢积聚、堵塞或漏水。

②肉眼检查油泵有无色变。

③更换液压调速器滤油器。

④清洗燃油箱。

⑤检查喷油泵。

⑥检查调速器。

⑦检查散热器片并清理。

⑧更换橡胶软管。

⑨更换空气过滤器滤芯，粗滤器。

⑩检查仪表并置换油压计、冷却液温度计、燃油温度计和转速计。

8. 八年维护保养

完成四年保养规定的所有项目。

①检查进气、排气阀和阀座，阀导管、活塞、活塞环、连杆轴承合金、连杆衬套、气缸套和曲轴。

②更换减振器，检查油泵并更换，更换喷油嘴、水泵。

③拆卸、检查涡轮增压器，拆卸、清理空气冷却器。

④检查橡胶垫架、联轴器、调速器并更换。

⑤检查室内排风扇、制动螺线管、水箱球塞、橡皮零件和“O”形环并更换易损件。

二 维护保养项目

（一）保养复合式空气滤清器

1. 济柴 190 系列柴油机空气滤清器的保养

①悬挂检修警告牌。

②用手捏动排尘鸭嘴，使灰尘自行下落。注意不要在柴油机工作时进行排尘，以免排出的灰尘又被吸入滤清器内。

③松开预滤器上卡箍，取下集尘杯。

④松开预滤器下卡箍，取下预滤器，拆卸时注意不要碰坏旋流管。

⑤松开空气滤清器顶部搭扣，取下上盖。旋下蝶形螺母，取出主滤芯，旋下槽形螺母，取出安全滤芯。

⑥用清洗剂清洗预滤器、积尘杯。并用 392 ~ 588kPa 的压缩空气吹干。

⑦清理主滤芯：用 392 ~ 588kPa 的压缩空气从主滤芯的内侧沿滤纸折叠方向向外吹，将沉积在滤纸外边的灰尘吹净。

⑧检查主滤芯：将安全工作灯放到主滤芯中间，从外侧观察主滤芯透光情况，看有无滤纸破损或脱胶现象。如有损坏及时更换新滤芯。

⑨在主滤芯破损时，清理检查安全滤芯。清理检查方法同主滤芯一样。

⑩将安全滤芯安装到滤芯外壳支架上并紧固。

⑪将主滤芯安装到滤芯外壳支架上并紧固，装上滤清器上盖，扣上顶部搭扣。

⑫装上预滤器、集尘杯，上紧预滤器上下卡箍，装上排尘鸭嘴。

⑬摘下检修警告牌。

⑭收回工具，清理现场。

技术要求及注意事项：

①主滤芯更换三次或安全滤芯出现损坏时应更换新的安全滤芯。

②清理纸滤芯时应用 392 ~ 588kPa 的压缩空气从主滤芯的内侧沿滤纸折叠方向向外吹，如有破损时应及时更换新件。

③拆装空气滤清器时注意安全，不要落入杂物，复装时注意装好密封垫。

④安全滤芯一般情况下不需要进行保养，只有在主滤芯破损，安全滤芯的积尘较多时，才进行清理检查。

2.TAD1232GE 型发电机组空气滤清器的保养

①悬挂检修警告牌。

②将空气滤清器座上的卡箍旋松，旋松空气滤清器与增压器进气支管处的连接卡箍。

③将空气滤清器从座上抽出，清除连接管处的污物，以免安装新空气滤清器时落入进气道内。

④检查新滤清器质量。

⑤将新空气滤清器装到安装座上，并推动滤清器，使其出气口进入增压器进气支管处的连接胶管内，然后锁紧胶管上的卡箍。

⑥锁紧连接座上的卡箍，用同样的方法更换另外一只滤清器。

⑦按下空气滤清器阻塞指示器上的按钮使其复位。

⑧摘下检修警告牌。

⑨清理现场，回收工具。

技术要求及注意事项：

①发电机组连续运行时，应每 8h 检查一次空气滤清器。

②更换完空气滤清器，一定将空气滤清器阻塞指示器按钮复位。

③用过的空气滤清器应废弃，不允许清洗或再次使用。

3. 卡特 3500 系列发电机组空气滤清器的保养

①悬挂警示标志牌。

②清洁空气滤清器外表面。

③松开空气滤清器搭扣，取下边盖。拆下空气滤清器外滤芯，旋下内滤芯固定螺母，取下内滤芯。

④密封进气口阻挡灰尘和异物进入。

⑤清洁滤清器壳体内部。

⑥检查新滤芯不得有破损、变形、脱胶等现象。

⑦安装内滤芯，对角均匀紧固内滤芯外圈固定螺母。

⑧将空滤外芯套装在内滤芯上。

⑨安装空气滤清器边盖，扣紧边盖搭扣。

⑩复位空气滤清器指示器。

⑪启动柴油机试车，检查空滤压差是否正常。

⑫ 回收检修警示牌。

⑬ 回收所用物品工具、清理现场。

技术要求及注意事项：

①主滤芯更换三次或安全滤芯出现损坏时应更换新安全滤芯。

②清理纸滤芯时应用小于 270kPa 的压缩空气从主滤芯的内侧沿滤纸折叠方向向外吹，如有破损应及时更换新件。

③拆装空气滤清器时注意安全，不要落入杂物，复装时注意旋紧力矩防止空滤内外滤芯垫子压偏。

④安全滤芯一般情况下不需要进行保养，只有在主滤芯破损，安全滤芯积尘较多时，才进行清理检查。

（二）更换燃油滤清器滤芯

1. 更换济柴 190 系列柴油机燃油滤清器滤芯

①悬挂检修警告牌。

②用棉纱布擦拭滤清器外表面，旋转三通阀至全闭位置。柴油机在工作过程中，可单独关闭一侧分别进行清洗。

③拆下滤清器排空管线。

④拆下一侧滤清器盖，依次取下上毛毡垫、滤芯、下毛毡垫、弹簧座、弹簧，用柴油将滤芯表面污垢清洗干净。检查滤芯有无破损，必要时更换新滤芯。方法为：从滤筒上抽下旧滤芯并清洗滤筒 ，将新滤芯套到滤筒上并分别在距上、下端面 14mm 处用镀锌铁丝捆牢。

⑤清洗燃油滤清器内壁，用内六棱扳手卸下放油丝堵，放净燃油滤清器内的柴油后旋紧。

⑥将清洗干净的零部件和滤芯用干燥的压缩空气吹净后依次重新装好，并将滤清器盖固定牢固。

⑦按相同方法清洗另一侧滤芯，清洗完毕后将三通阀转至全通位置。

⑧装上排空管线，打开滤清器盖上的放气螺钉，排除滤清器内的空气后关闭放气螺钉。

⑨用棉纱布擦拭滤清器外表面。

⑩摘下检修警告牌。

⑪清理现场，回收工具，回收污油，并擦拭干净。

技术要求及注意事项：

①若单独清洗一侧滤芯时，只需调整三通阀，关闭所要清洗一侧进油通路。

②复装滤芯时，注意装好上、下毛毡垫。

③安装滤清器盖时注意放好密封圈。

④保养滤清器时，注意回收溢出的柴油，避免污染环境。

2. 更换 TAD1232GE 型发电机组燃油滤清器滤芯

①悬挂检修警告牌。关闭进油、回油管线阀门。

②用棉纱布擦干净滤清器安装座污物，以免安装新滤清器时污物进入发动机中。

③用专用旋具卸下燃油滤清器，将漏出的燃油收集到油盆中，确保不要把密封垫留在安装座上。

④检查新燃油滤清器的质量。

⑤用柴油润滑新滤清器上端密封圈。用手把滤清器拧到安装座上，直到密封垫触及底座用手转不动为止。然后用专用旋具拧紧半圈，用同样的方法更换另外一只滤清器。

⑥打开进油、回油管线阀门。

⑦旋松燃油滤清器上的放气螺钉，用手动输油泵泵油，直到流出的燃油不含气泡为止，在燃油流出的同时拧紧放气螺钉，注意回收排空时排出的燃油。

⑧继续泵油 15 ~ 20 次，检查是否有泄漏。

⑨擦净燃油滤清器处的油污。

⑩摘下检修警告牌。

⑪ 清理现场，回收工具。

技术要求及注意事项：

①更换燃油滤清器必须在冷机状态下进行。

②安装前不要向新的燃油滤清器内灌注燃油，以免杂质进入燃油系统。

3. 更换卡特 3500 系列发电机组燃油滤清器滤芯

①悬挂检修警告牌。

②关闭进、回油阀门，将一段软管连接到柴油滤筒放油口，打开排放阀，将柴油排放到油桶中。

③拆前端盖固定螺栓，取下端盖、弹簧、密封圈清洗检查。

④逐个取下滤芯。

⑤清洁滤清器壳体内部，弹簧保持器，密封圈。

⑥检查新滤芯不得有破损、变形、脱胶等现象。

⑦依次安装柴油滤芯、密封圈、前端盖。

⑧均匀旋紧前端盖螺栓。

⑨打开进回油阀门，往复推拉手油泵排空滤筒内空气，启动柴油机试车，检查有无渗漏。

⑩回收检修警告牌。

⑪ 回收所用物品工具、清理场地。

技术要求及注意事项：

①检查新滤芯有无破损、开胶，不得漏装多装。

②注意检查前端盖的密封圈是否完好。

③安装柴油滤筒前端盖时应注意将压紧螺母均匀旋紧，防止在使用中松动漏油。

④燃油压力：345 ~ 520kPa；柴油压差：105kPa。

⑤在工作过程中注意回收旧油，旧滤芯按有害废料进行处理，避免污染环境。

⑥每使用 500 小时（或根据滤芯指示器的指示）更换一次燃油滤芯。

（三）清洗润滑油离心滤清器（以济柴 Z12V190B 型柴油机为例）

①悬挂检修警告牌。清除滤清器外部灰尘，拆下罩壳盖形螺母，取下外罩壳。

②拆下螺母，将转子组从转子轴上取下。

③将外罩壳放回原处以防灰尘落入滤清器内。

④将转子组固定，拆下扁螺母，打开转子壳，取下密封垫圈。

⑤将集油管从转子体上拆下，清洗集油管、滤网。清洗转子体，并疏通喷嘴。

⑥用木质刮片将转子壳内壁上的沉淀物刮掉，并对刮出的积污进行检查，检查有无金属屑，然后放入柴油盆内用毛刷清洗干净。

⑦用干燥的压缩空气将清洗后的零部件吹净。

⑧复装转子组，先将集油管旋入转子体螺孔，使其带孔一侧朝向转子中心，然后用扁螺母将其锁紧。

⑨转子壳与转子体装配时，应装好密封胶圈，对准装配记号，用扁螺母紧固。

⑩将转子组装到转子轴上并旋紧螺母。用塞尺检查转子组轴向间隙，标准值为 0.5 ~ 1.0mm。

⑪用手转动转子组，应灵活，无卡滞现象。

⑫ 检查并安装密封胶圈，装上外罩壳，旋紧盖形螺母。

⑬ 摘下检修警告牌。

⑭ 按规定启动柴油机进行试车检查。

⑮ 清理现场，回收污油。

⑯ 回收工具，并擦拭干净。

技术要求及注意事项：

①转子组轴向间隙标准值为 0.5 ~ 1.0mm。

②将转子组从轴上取下时，不要将推力轴承带出，以免丢失。

③转子组装好后，用手转动应灵活、无卡滞现象。

④在清洗疏通喷嘴上的喷孔时，不要破坏喷孔的形状和尺寸。装配时密封胶圈、滤网应完好。

⑤发现有金属屑时，应进一步分析原因，排除故障。

（四）更换机油滤清器滤芯

1. 更换济柴 190 系列柴油机润滑油滤清器滤芯

①悬挂检修警告牌。用棉纱布擦拭滤清器外表面，打开润滑油冷却器下方油堵，将润滑油滤清器内的积存润滑油放入油桶中。

②拆下滤清器前盖的固定螺栓，取下前盖。

③用撬棒旋松压紧螺母后，旋下压紧螺母，取出垫圈。

④翻起提拉钢丝端环，向外拉动，逐个取下旧滤芯、密封环和防护罩。

⑤清洗拆下的全部零件。清洗完毕后用干净的压缩空气吹净。

⑥用手转动芯杆检查是否紧固，如松动时紧固。

⑦检查新滤芯，不得有破损、变形、脱胶现象，确认合格后方可使用。

⑧装入防护罩，依次装入密封圈、滤芯。

⑨放上垫圈，旋上压紧螺母。压紧螺母的压紧力以手不能转动滤芯时再旋入 1/2 ~ 1 圈为宜，且压紧螺母安装后其前端槽应与前端盖内侧上的拉筋位置对齐。

⑩装好前盖，依对角顺序拧紧固定螺栓。

⑪ 上紧放油丝堵，将工作现场擦拭干净，回收旧滤芯、油桶。

⑫ 摘下检修警告牌。

⑬ 回收工具，并擦拭干净。

技术要求及注意事项：

①滤芯前后各安装一个密封圈，不得漏装，多装。

②压紧螺母旋紧后，其前端槽应与前端盖内侧上的拉筋位置对齐。避免安装前盖时压坏其他零件，还可防止在使用中松动。

③注意检查滤芯、前端盖的密封圈是否完好。

④观察旧滤芯上是否有金属屑。

2. 更换 TAD1232GE 型发电机组机油滤清器滤芯

①悬挂检修警告牌。用棉纱布擦干净滤清器安装座表面污物，以免落入新滤清器中。

②用专用旋具旋下机油滤清器，注意回收泄漏的润滑油。

③清理滤清器座密封面，检查确保不要把密封垫留在安装座上，仔细清洗防护凸缘周边的内腔。

④给新滤清器加满清洁的润滑油，在密封垫上抹上适量润滑油。

⑤用手把滤清器拧到安装座上，直到密封垫触及底座，用手旋不动为止，然后再用专用工具将机油滤清器拧紧 1/2 到 3/4 圈。用同样的方法更换另外一只滤清器。

⑥添加润滑油至规定高度，摘下检修警告牌，启动发动机运行 20 ~ 30s，检查润滑油压力是否正常，滤清器周围有无润滑油泄漏。

⑦停机后擦净机油滤清器处的油污。

⑧清理回收工具。

技术要求及注意事项：

①拆下旧滤芯后，仔细清洗防护凸缘周边的内腔，检查确保不要把密封垫留在安装座上。

②更换时注意高温润滑油和灼热表面会造成烫伤，应在冷车状态下进行。

③用过的机油滤清器应按规定回收，不允许重复使用。

3. 更换卡特 3500 系列发电机组机油滤清器滤芯

①悬挂警示标志牌。

②在滤筒下方放置盛油器，将一段软管连接到滤筒放油口，打开排放阀，将滤筒内润滑油排放到油桶中。

③拆卸端盖固定螺栓，取下端盖密封圈。

④用棉纱清洁滤清器壳体内部，弹簧保持器，检查密封圈是否老化。

⑤检查新滤芯不得有破损、变形、脱胶等现象。

⑥依次安装润滑油滤芯、密封圈、端盖。

⑦按要求均匀扭紧端盖螺栓。

⑧启动柴油机试车，检查有无渗漏。

⑨回收检修警示牌。

⑩回收所用物品工具、清理场地。

技术要求及注意事项：

①换润滑油时必须热车停机后立即进行。

柴油机正常运转时润滑油滤清器前后压力差大约为 60kPa（9psi）；当润滑油滤清器前后压力差达到 103kPa（15psi）时必须更换润滑油滤芯；当润滑油滤清器前后压力差达到 105kPa（15psi）5s，柴油机电子控制模块会启动报警系统。

②检查新滤芯有无破损、开胶，不得漏装。

③注意检查端盖的密封圈是否完好。

④观察旧滤芯上是否有金属屑。

⑤安装润滑油滤筒端盖时应注意定位销的安装位置，将压紧螺母均匀旋紧防止松动漏油。

⑥在工作过程注意回收旧油，旧滤芯按有害废料进行处理，避免污染环境。

⑦润滑油压力：不低于 275kPa。

⑧每 1000 小时或根据润滑油滤芯压差表的读数进行更换。

（五）清洗柴油机呼吸器（以卡特 3500 柴油机为例）

①悬挂警示牌。

②拆卸呼吸器连接管线，松开固定卡箍，将呼吸器从气门室盖上取下。

③从气门室罩壳上取下“O”形密封圈，遮盖好气门室罩壳出气孔。

④清洗呼吸器滤芯，清洗完成后用压缩空气吹净。

⑤把两个呼吸器插入三通软管，拧紧卡箍；

⑥把“O”形圈装入气门室罩壳上的相应部位；

⑦将呼吸器整体安装到气门室罩壳上，并紧固卡箍。

⑧将呼吸口通管插入三通软管，连接排出软管线，并紧固卡箍。

⑨摘除警示牌。

⑩清理现场，回收工具。

技术要求及注意事项：

①拆卸呼吸器以及与机体连接通管时应回收管内污油，避免环境污染。

②呼吸器拆解后放入油盆内浸泡，注意拆卸时不要污染环境。

③取下气门室罩壳“O”形圈后，及时密封，避免工具、配件掉入气门室造成机械故障，或灰尘、杂质进入气缸对运动件造成磨料磨损。

④拆卸呼吸器时，由于空间受限，可将三通连接管与呼吸器一同取下，再进行分解。

第三节　气源设备的维护保养

压缩空气系统是为钻机控制系统提供气源的唯一系统，主要有压缩机、干燥机、过滤器和储气罐等设备组成，为钻机提供无油、无水、无尘的洁净压缩空气，满足钻井设备的用气需求。钻井作业时，它能通过控制系统，控制钻机各机构和系统协调工作，准确完成钻井工艺过程。在钻井生产过程中，如果供气系统不能正常运行，整个钻机就不能正常运行，将给钻井生产带来不可估量的经济损失。

一　维护保养周期

现代钻机一般都配备了活塞式空气压缩机和螺杆式空气压缩机，空气压缩机是整个供气系统的核心部分，空气压缩机性能好坏直接影响供气系统是否能正常运行。

（一）活塞式空气压缩机

1. 班维护保养

①检查压风机润滑油压力、温度，压力值在 0.1～0.2MPa，润滑油温度≤ 70℃。

②检查各阀件、管线，无漏气现象。

③检查各级进、排气压力及温度，一级进气温度≤ 45℃，排气温度≤ 180℃。二级进气温度≤ 55℃，排气温度≤ 190℃。

2. 运转 250h 维护保养

①完成班维护项目内容。

②清洗空气滤清器、机油滤清器、吸油滤网。

③检查调整压风机起停压力，压力值应在 0.6～0.9MPa。

④风扇轴承、传动装置轴承、导气龙头注油。

⑤检查维护进、排气阀及冷却器（散热风箱）。

⑥检查调整风扇三角胶带及传动三角胶带。

3. 运转 1000h 维护保养

①完成运转 250h 维护保养内容。

②清洗油池，更换润滑油。

③检查维护柱塞泵、油管。

④检查紧固连杆螺栓。

⑤检查气压表和油压表，清洗管路。

⑥检查维护止回阀。

⑦检查维护气胎离合器的摩擦片及摩擦毂。

4. 年度维护保养

①完成运转 1000h 维护保养内容。

②检查维护活塞、活塞环及气缸套。

（二）螺杆空气压缩机

①初次运行 50 小时清洁回油管过滤器，清洁回油管节流孔。

②每周清洁散热器 1 次。

③运行 1000h 更换、清洁一次回油管过滤器、润滑油过滤器、空气过滤器滤芯。

④使用一年或运转 1000h 更换一次润滑油（先到执行），润滑油过滤器滤芯压差超过 20psi 或 1000h 更换，分离器滤芯压差超过 10psi 或 1000h 更换。

当油气分离器压差表指针指向红色区域应立即更换油气分离器滤芯。

注：滤芯只能更换，不能清洗。

（三）冷冻式干燥机

①每班检查自动排水情况、各仪表指示情况，保持设备清洁。

②每周检查清洗自动排水器。

③每月清洁冷凝器。

④每年解体排水阀，清洁零部件。

（四）吸附式干燥机

①每班检查前置过滤器排污情况。检查换塔、再生和升压的动作是否正常。检查进口压力、进口温度是否在规定范围内。

②每周检查维护消声器，无堵塞现象，回压超过 0.05MPa 时更换。检查前置过滤器和后置过滤器，压力差超过 0.5bar 时更换滤芯。

③每月检查维护控制气路过滤器，控制气压力应在 0.2 ~ 0.3MPa。

④每年采样检查干燥剂，及时更换污染、破碎干燥剂。

⑤每年检查维护出口单向阀、进口气动阀、再生排气阀、阀门气缸及密封件，更换不合格零部件。

⑥每年检查维护控制气路电磁阀。

二 维护保养项目

（一）更换寿力螺杆空压机油滤芯

1. 拆卸

①悬挂警示标志牌。

②切断空压机主电路。

③关闭空压机排气总阀门。

④用棉纱布擦干净滤清器处污物。

2. 清洗检查

①用专用旋具旋下机油滤清器，注意回收泄漏的润滑油。

②清理滤清器顶盖密封面，确保不要把密封垫留在顶盖密封面上，仔细清洗防护凸缘周边的内腔。

③检查新滤芯不得有破损、变形、脱胶等现象。

3. 复装

①在密封垫上涂抹适量润滑油。

②将滤清器安装到滤清器座上，并用专用工具将滤器旋紧。

③打开排气总阀，合上主电源试运转。

④检查润滑油液面，必要时添加空压机专用油至规定液位。

⑤回收警示牌。

⑥回收所用物品工具、清理场地。

4. 技术要求及注意事项

①每 1000～4000h（视环境定）每 6 个月压差表指针指向红色区域时应更换油过滤器。清洁回油管节流孔。

②检查新滤芯有无变形、破损。注意检查新滤芯的密封圈是否完好。

③用手将滤芯旋紧后，再用专用工具将滤器继续旋紧 1/2 到 3/4 圈，避免垫片变形、创伤、挤压，造成密封不严而渗漏。

④在工作过程注意回收旧油，旧滤芯按有害废料进行处理，避免污染环境。

（二）更换寿力螺杆压风机油气分离器滤芯

①释放油气分离罐和管路中的压力，拆开与油气分离罐顶盖相连的管路（如回油管）。

②卸下顶盖上的六角螺钉，取出顶盖及分离器滤芯，清洁罐体上的灰尘、脏物等，清除盖体、法兰等处的旧密封垫片和其他灰尘，注意不要让灰尘落入罐体内。

③装入新分离滤芯（在滤芯的上下密封面上涂一层干净的润滑脂），清洁盖体后，将盖体防松垫片和螺栓重新装好、旋紧，旋紧力矩为 75N·m。

④重新装好管路。

技术要求及注意事项：

①回油管要插到油气分离器滤芯底部，否则影响回油。

②开机之前，要清洁回油管过滤器。

③拆卸前要确定罐内无压力。

④更换完毕后要开机试运行。

（三）拆检自动空气压缩机气阀（以 2V2—6.5/12 型空气压缩机为例）

1. 气阀解体

①将气阀夹持在垫有铜片的台钳上，旋松气阀的自锁螺母。

②将气阀从台钳上取下，旋下自锁螺母，依次取下垫片、阀挡、垫片、弹簧片、缓冲片、阀片、阀座。

2. 清洗

将零件放入油盆中清洗并用干燥的压缩空气吹净，不可用钢丝刷或带刃的器具刮擦。

3. 检查

①检查阀片、缓冲片和弹簧片有无变形、裂纹或刮伤，若弹簧片弹力不足，阀片磨损量大于 0.1mm 应更换。

②检查阀座磨损情况，磨损量较小时可研磨修复，若翘曲变形或磨损量超过 2mm 应更换。

4. 气阀组装

①将阀座有螺纹的一端朝上，依次装入阀片、缓冲片、弹簧片、垫片和阀挡，使上述各零件的定位孔与阀座上的两定位销配合，装上垫片，旋上自锁螺母。

②将气阀夹紧在台钳上，旋紧自锁螺母，旋紧力矩为 80 ~ 90N·m。

③将气阀从台钳上取下。

④在阀片的工作面下方，加入适量煤油，检查密封情况并用干燥的压缩空气吹净。

⑤清理现场及回收工具、用具。

5. 技术要求及注意事项

①气阀的清洗要仔细、认真。

②阀片的磨损量大于 0.1mm 时应更换新件。

③阀座翘曲变形或磨损量超过 2mm 应更换新件。

第四节　耦合器的维护保养

一　维护保养周期

1级保养：每个工作日保养一次。

2级保养：每1000～2000h，保养一次。

3级保养：每5000 h，保养一次。

耦合器维护保养项目如表7-5所示。

表7-5　耦合器维护保养项目

序号	项目	级别		
		1	2	3
1	清洁外部	▲		
2	检查油面高度	▲		
3	检查工作油有无渗漏	▲		
4	检查地脚螺栓有无松动	▲		
5	检查有无异常声响和振动	▲		
6	监控油温和油压表显示数值是否异常	▲		
7	检查输入和输出法兰联结螺栓有无松动		▲	
8	打开盖板，观察齿轮啮合情况		▲	
9	清洗冲调阀		▲	
10	检查工作油中有无大量水分		▲	
11	检查精滤器进、出油压差		▲	
12	检查并调整风扇传动胶带的张紧情况		▲	
13	向风扇油杯加注锂基润滑脂		▲	
14	更换工作油，清洗油泵吸入口粗滤器		▲	
15	清洁散热器表面油污			▲
16	拆检清洗油冷却器			▲

二　耦合器用油

1. 油品及保存

液力传动油是一种纯度很高的油品，当环境温度高于-20℃时，应使用6号液力传动油，它是一种浅黄色透明的液体；当环境温度低于-20℃时，应使用8号液力传动油，它是一种红色透明的液体。耦合器工作油在存储和使用中要严格管理，置于库房内或干燥通风处，严防杂质、水分混入，以免乳化变质。

2. 使用期限及换油

①新耦合器正车箱使用初期，使用 50 ~ 100h 后，进行第一次换油，再使用 300 ~ 500h 后，进行第二次换油（上述两种情况下更换的传动油经过滤后仍可使用）。

②每隔 3 个月对工作油状况检查一次：有条件的，可送化验室进行取样化验，属于下列情况之一的，必须换油：含水量＞ 0.2%，在 50℃时的黏度比新油高出 6cP（工程单位制），总杂质含量（标准苯不溶解物）达到 0.2%，总盐值比新油低 5% 以上，有高的盐酸值，泡沫过多；没有条件的，检查外观，看是否有乳化现象。若嗅有臭味或颜色变黑，需做腐蚀试验：在油样内放铝片、铁片及铜片，在 100℃下煮 3h，若发现其中一种金属腐蚀，该工作油必须更换。换油时，须同时清洗或更换粗、精滤器的滤网。

③使用 2000h 后，必须换成新油，旧油作废。

④新机使用 4000h 后，需解体检查，进行中修，更换新油。

3. 换油方法

①打开观察孔盖；

②盘动耦合器输入轴，将泵轮罩外圆处的内六角螺钉旋转到最下方，放空耦合器工作腔中的工作油。然后打开位于输出端箱体外下部的放油阀和全部放油堵，放净工作油。

③关闭放油阀，安装好观察孔盖。

④旋下空气滤清器，注入新的工作油。

⑤箱体上装有油尺，用于检查箱体内的油面高度，方法是：先将油尺抽出，用干净棉纱擦净尺面。然后重新插入油尺座内，再抽出观察油尺的着油位置。在油尺面上有三条刻线，耦合器正车箱在使用过程中，油箱内油液面应位于“最高工作油面位”刻度与“最低工作油面位”刻度之间。新机启动前，油液面应位于“停机油面位”刻度附近。

注意：耦合器使用过程中，若发现从空气过滤器（加油口）和两端往外冒油，并伴有白色气体，说明此时有水混入油中（通常有两种情况：①当油冷器损坏，柴油机的冷却液渗漏到工作油中；②雨水经加油口进入）；若发现液面异常下降时，应检查是否有漏油现象。待故障排除后，必须更换合格新油。

第五节　并车箱维护保养

一　维护保养周期

①定期更换润滑油。设备投入运行后，正常情况下，润滑油首次更换周期为 500h，以

后更换周期为4000h。

②在一般情况下，每半年应对设备进行一次全面检修（一级保养），检查链条、链轮、换挡机构、离合器摩擦片等零部件的磨损情况，更换各部位橡胶密封件。全面检修润滑系统，清洗调压阀，检查阀口磨损程度，必要时对阀口进行研磨，修复阀口精度；清洗滤油器，保持滤油器清洁、畅通；检查齿轮油泵，保证润滑系统能为设备提供正常的润滑油。全面检查气控系统，检查气控阀的功能及阀口磨损程度，及时更换损坏件，保证气控阀功能正常；清理供气系统杂物（积油、积水），保持供气系统畅通。

③定期检查和紧固各传动部位的联接件，检查链条销轴是否有脱落，链条侧板是否有严重拉伤等现象，磨损严重的零部件要及时更换。

二 维护保养项点

①控制箱各操作手柄是否灵活，控制动作是否正确、到位；齿套式离合器手动控制手柄是否灵活、到位。

②设备的定位块是否可靠，压紧装置是否松动。

③润滑系统工作压力0.1～0.2MPa（1～2kgf/cm^2）。

④供气系统工作压力0.7～0.9MPa（7～9kgf/cm^2）。

⑤轴端轴承的温升情况。

⑥轴端、轴承端盖、箱盖、油路等处是否漏油。

⑦油窗油位显示高度是否正常。

⑧各气控阀、气管线、接头等处是否漏气。

⑨各润滑点（喷嘴、接头等处）是否畅通，喷油润滑的部位是否正确。

⑩各传动链是否完好，设备运转有无异常响声。

⑪ 润滑系统软管，供气系统管线是否老化或损坏。

⑫ 各快速放气阀是否畅通，有无阻卡现象。

⑬ 导气龙头是否发热或漏气。

⑭ 离合器与连接盘的联接螺栓是否松动，摩擦片的固定螺钉是否松动，摩擦片是否需要更换，气胎是否损坏等。

⑮ 未列入检查项目的内容，亦应在巡回检查时予以注意，随时消除隐患，保持设备正常运转。

第六节　电控房及网电房维护保养

一　维护保养项目

1. 每日内容

①电控房门窗要关闭，门上沿不能有雨水流入，人员进出要随手关门，保证电控房和外界的良好隔离。

②进入电控房应换下工鞋，做好日常的清洁卫生除尘工作，房子内、柜体内应保持清洁和整齐，无泥土、灰尘，无杯子、衣服等杂物。

③电控房空调应设定在 20 ~ 25℃，避免温度过高损坏设备、温度过低产生结露，应保持在房内温度下不结露，如果空调的除湿效果不好，可增设除湿器。

④ SCR 房的主要数据指示、设备的性能状况及当班的维护保养情况要记录在设备运转维护日报表上。

⑤检查柜体和司控柜上的指示灯。

a. 相应的发电机运行灯，发电机上线灯和电动机风机灯发亮。

b. 浪涌抑制信号灯应全部发亮。

c. 三个接地检测灯应全部发暗橙色。当按接地检测试验按钮时，三个灯应全部为暗橙色，交流和直流接地百分表读数应为零。

⑥确保所有 SCR 柜风机运行。

⑦确保有功功率（kW）和无功功率（kvar）被上线发电机均分，其中无功功率分配可以通过转动电压调节旋钮来均分，如果有功功率分配出现故障，调节器执行机构需要检修。

⑧在起下钻过程中，检查绞车能耗制动接触器的工作情况。

⑨确保空转时发电机和电动机加热器工作正常。

⑩检查 SCR 房输出端，SCR 房和发电机之间，以及全井场的电缆是否过热、破损，插件是否密封、松动、不清洁、腐蚀等。

⑪ 检查变压器有无异常声响和振动，有无焦臭等异常气味，温度、三相负荷是否正常，表面是否附着水等。

2. 每周内容

①检查控制柜、空调的风机和空气过滤器，空调冷凝器散热片，进行清洗，必要时更换。

②如果可能，清洗发电机转速传感器插头。

③检查司钻控制台和绞车脚踏给定器，确保气压正常。

④检查通到司钻控制台的气路软管内的干燥剂。

⑤检查所有露天插座、接线盒和开关，看是否有腐蚀和受潮现象。

⑥用测温枪测变压器、可控硅等发热元器件温度，看是否异常。

⑦检查交直流接触器触点有无烧伤现象，如有，用细砂布轻轻擦去表面炭类物质。

⑧检查抽屉柜推位是否灵活轻便，有无卡阻和碰撞现象，电器元件的操作机构是否灵活，是否有卡涩或操作力过大现象。

3. 每季度内容

①检查紧固所有固定螺丝、接线端子，检查元器件的外观，清洁、紧固、检查变压器、空调、制动电阻，空调制冷剂不够、漏失的，要补充和修复。

②检查电源接触器线圈是否过热，接头是否腐蚀和生锈，触头是否烧坏。

③用不起毛的布沾上低浓度清洁剂擦柜体表面。

警告：在进行清洁之前要断开设备电源，在传动设备断电之前，不要接触母线汇流排和变压器的反馈电线。

④检查所有电缆是否有磨损、破裂及震动摩擦等。

⑤如果在 SCR 房内使用应急照明设备，要确保功能正常。

⑥交流和直流控制组件信号测试检查，每个组件有一个彩色标志的试验开头和仪表。当开头位置的颜色和仪表指示的颜色相一致时，信号在正常范围之内。

⑦在直流控制组件的测试点检查 SCR 电流信号的波形，确保所有 SCR 元件正常触发。

⑧对柴油机过速跳闸和逆功率跳闸进行功能试验。

⑨对交流控制单元的保护电路进行功能试验。

二 维护保养的安全措施及相关说明

①在确定设备是否断电之前，严禁维护人员进行维修工作，否则会引起严重触电事故。

②如果设备装有锁定开关，在动手工作之前，应使锁定开关断开并加挂锁。这样的开关位于 SCR 柜的面板门上。有些电动机装有锁定开关（在电动机的一端），如果起作用，要使用它们。为了确保安全，要检查一下这些开关的功能。

③在受到火的威胁时，立即切断电源，检查灭火器上的标牌，以确定它能否扑灭电气火灾。如果设备没有通电，可以用水灭火。

④所有维修工作必须由两个电工配合进行，以便在紧急情况下相互帮助。

⑤所有工具的把柄应绝缘，有的电工工具应接地，工作完成之后，不要把工具留在柜内。

⑥不要使用金属腰带、戒指或手镯，这些东西难以防备地面与带电导线接触。

⑦电控房和柴油机相接，承受振动，因而用螺钉紧固的地方可能松动，特别是接线端子处。松动导致连接处脱落，结构件散开，通过接线端子的信号丢失，造成设备不能运转。所以要经常检查螺钉紧固部位是否正常。振动有可能使导线的绝缘层与其相接触的构件摩擦而遭到破坏，造成电气事故。另外灰尘极易吸潮，若母线排上积尘过多，使母线与支持件（一般为地线）间产生漏电。在插头座的插针间若积尘太多会造成信号的串通或短路。

在晶闸管散热座上若积尘太多会影响散热效果，最终导致晶闸管损坏。因此，需定期清理上述各处的灰尘。

三 电气设备维护使用基本安全要求

1. 检维修作业

①检维修作业必须采取的一般防护、隔离、绝缘保护措施，完成停电、验电、放电、装设临时接地线、悬挂警示牌、落锁、旁站监督、装设遮拦或设置警戒线等措施（检修端）。

②停电。对所有可能来电的线路，要全部切断，要采取防止误合闸的措施。

③验电。对已停电的线路要用与电压等级相适应的验电器进行验电。验电前应检查检验工具的可靠性。

④放电。其目的是消除被检修设备上残存的电荷。放电可用绝缘棒或开关来进行操作。应注意线与地之间，线与线之间均应放电。

⑤装设临时接地线。为防止作业过程中意外送电和感应电，要在检修的设备和线路上装设临时接地线和短路线。

⑥悬挂警告牌和装设遮拦。在被检修的设备和线路的电源开关上，应加锁并悬挂“有人作业，禁止送电”的警告牌（断电端），专人看护。

⑦夜间作业照明必须充足。

⑧配电箱、开关箱必须按照下述顺序操作。

送电操作顺序为：总配电箱→分配电箱→开关箱；

停电操作顺序为：开关箱→分配电箱→总配电箱。

2. 用电防护

触电（电击）是电流流经人体或动物体，使其产生病理、生理效应的一种状态。

（1）直接接触电击防护

人体、牲畜与带电部分的接触称为触电。绝缘、屏护和间距是直接接触电击的基本防护措施。其主要作用是防止人体触及或过分接近带电体造成触电事故以及防止短路、故障接地等电气事故。

绝缘是用绝缘物把带电体封闭起来。电气设备的绝缘应符合相应的电压等级、环境条件和使用条件。电气设备的绝缘不得受潮，表面不得有粉尘、纤维或其他污物，不得有裂纹痕迹，表面光泽不得减退，不得有脆裂、破损，弹性不得消失，运行时不得有异味。绝缘的电气指标主要是绝缘电阻，绝缘电阻用兆欧表测量，任何情况下绝缘电阻不得低于每伏 1000Ω。

屏护是用遮栏、护罩、护盖、箱柜等将带电体同外界隔绝开来。屏护装置应有足够的尺寸。应与带电体有足够的安全距离：遮栏与低压裸导体的距离不应小于 0.8m；网眼遮栏与裸导体之间的距离，低压设备不宜小于 0.15m，10kV 设备不宜小于 0.35m。屏护装置应安装牢固。金属材料制成的屏护装置应可靠接地（或接零）。遮栏、栅栏应根据需要挂警示标示牌。

间距是将可能触及的带电体置于可能触及的范围之外。其安全作用与屏护的安全作用基本相同。带电体与地面之间、带电体与其他设施和设备之间、带电体与带电体之间均应保持一定的安全距离。安全距离由电压高低、设备类型、环境条件和安装方式等因素决定。架空线路的间距须考虑气温、风力、覆冰和环境条件的影响。在操作中，人体及其所携带工具与带电体的距离不应小于 0.1m。

（2）间接接触电击防护

人体、牲畜与故障情况下变为带电体的外露可导电部分的接触称为间接接触触电。保护接地与保护接零是防止间接接触电击最基本的措施。

钻井现场电气设施接地装置要求：

①发电机或变压器中性点直接接地为工作接地，接地电阻不应大于 4Ω，电气设备采用保护接地，其接地电阻值不应大于 4Ω。

②接地极引出线应使用多股软铜线，其截面积不得小于 $16mm^2$。

③接地极采用角钢，其规格不得小于 40mm × 4mm，若使用扁钢，其厚度不得小于 4mm，宽度不得小于 30mm。

④接地线与接地极的连接必须采用专用接线端子，并用镀锌螺栓连接。使用铝芯线时，必须采用铜铝过渡接线端子进行压接。

⑤井场供电系统重复接地不应少于 3 处，接地电阻小于 10Ω。

⑥油罐区防静电接地装置电阻不大于 4Ω。

⑦如接地电阻达不到规定要求（土壤干燥），应对接地极的土壤进行盐化处理或增加接地极的数量。

⑧需进行接地保护的设备、设施均应实行单独接地。

⑨便携式电器末端线路或回路的短路保护元件应保证故障持续时间不超过 0.4s，配电线路或固定电气设备的末端应保证故障持续时间不超过 5s。

⑩仅采用过载、短路保护的电气设备，在保护接零的同时还应做保护接地；采用过载、短路保护并装有漏电断路器的电气设备，可只做保护接零。

（3）过载保护和漏电保护

①过载保护

a. 过载是指电气设备负载过大，超出了电气设备的承载载荷，主要原因有导线截面选择不当，实际负载已超过了导线的安全电流。对这些超出“载荷”的行为做出的保护，统称过载保护。

b. 在过载保护器中，利用两种不同的金属片焊接，在工作电流流入热元件的电流产生热量，使有不同膨胀系数的双金属片发生应力形变，当形变达到一定距离时（此双金属片有调节距离的螺杆，调节螺杆高低改变它的动作的大小或时间），就推动连杆机构动作，使控制断路器的触头电路断开，从而使断路器跳闸失电，主电路断开，实现断路器的过载保护。

②漏电保护

a. 在三相四线制的低压供电线路中，电气设备由于绝缘发生故障，线路与线路之间、线与地之间，工作回路与不能带电的金属壳体、构架等形成电流通路，称为漏电。

b. 为了防止漏电使人身遭受电击的装置叫漏电保护（或者称漏电断路器）。它的工作原理是：在规定条件下，当被保护电路中剩余电流超过设定值时，能迅速自动断开电路或者发出报警信号。而“装置”的范围是指具有剩余电流保护功能的系列设备。

c. 剩余电流动作保护装置采用自动切断电源的办法，在直接接触防护中作为防止电击危险的基本保护措施的附加保护。在间接接触防护中作为防止因接地故障使电气设备外露导电部分带有危险电压而引发电击危害或电气火灾危险的有限保护。剩余电流动作保护装置切断电源的动作原理不同于线路中（或电气中）的过流保护，而是依靠线路中发生接地故障时各相线和中性线（N）形成的矢量和，即使这个矢量和小到只有 mA 级，但达到预定值，通过剩余电流动作保护装置的放大，就能形成高灵敏度的切断动作，使漏电断路器动作跳闸，达到保护的目的。

（4）特别注意用电过程中严禁下列情形

①非持证人员从事临时电源线及用电设备的安装、维修或拆除作业。

②乱接乱拉电源线；将个人用电设施带入井场使用。

③带电作业。

④将电源线接头直接插在插座上。

⑤用铜丝代替保险丝。

⑥电线在水中浸泡。

⑦在电热器上烘烤衣服、手套等易燃物品。

⑧在接外电源、检维修线路与用电设备时，采取约时供电。

⑨将个人用电设施带入生产场所使用。

⑩起重作业时，如上空存在高压电线，在未采取断电等有效措施的情况下，发令起吊。

（5）安全电压

安全电压指不会使人直接致死或致残的电压。为防止触电事故而采用的由特定电源供电的电压系列。这个电压系列的上限值，在任何情况下，两导体间或导体与地之间均不得超过交流（50 ~ 500Hz）有效值 50V。

安全电压额定值的等级为 42V、36V、24V、12V、6V。当电气设备采用了超过 24V 的安全电压时，必须采取防直接接触带电体的保护措施。

安全风险提示

1. 穿戴好劳保用品，严格执行安全操作规程。

2. 维护保养作业前，严格落实能量隔离、挂牌上锁制度。

3. 维护保养作业产生的各化学废液、废油应集中收集、回收，防止污染环境。

4. 现场维护保养操作人员必须经过培训，合格后才能对设备进行维护保养工作。

5. 作业现场应配备规定数量的灭火器，作业人员必须熟知灭火器的使用方法。

6. 严禁带电作业。

7. 需拆卸的高温管路、配件，必须经过充分冷却降温后才可拆卸。

8. 存在高处作业时，应严格执行有关高处作业的操作规程及安全要求。

9. 禁止设备周围存放任何易燃物质。

10. 带电动力设备维护保养工作前，必须进行可靠接地，落实能量隔离措施。

思考题

1. 润滑油的作用主要有哪些？
2. 试述润滑油的选用原则。
3. 济柴 190 系列柴油机月保养主要有哪些内容？
4. 试述柴油机主要的维护保养项点。
5. 电控及网电设备的主要内容是什么？

扫一扫
获取更多资源

第八章

维修调整

PART 8

钻井动力设备的调整及零部件的更换是设备管理中的一项重要内容，通过调整及零部件的更换使设备发挥良好性能，长期安全地运转使用，是岗位操作人员的一项重要工作。

第一节　维修与调整的基础知识

一　柴油机装配基础知识

（一）装配工作的内容

常见的装配工作包括清洗、联接、校正、调整与配作、平衡、验收试验以及油漆、包装等。

装配是整个机械制造过程中的最后一个环节。装配工作对产品质量的影响很大。若装配不当，即使所有零件都合格，也不一定装配出合格的、高质量的机械产品。反之，若零件制造精度并不高，而在装配中采用适当的工艺方法，如进行选配、修配、调整等，也能使产品达到规定的技术要求。

（二）装配精度

装配精度是根据使用性能要求在装配时必须保证的质量指标。

1. 距离精度

距离精度指相关零部件间的距离尺寸精度，包括间隙。例如：滚轮摇臂轴向间隙，12V 柴油机要求在 0.60 ~ 1.093mm；直列式机型在 0.26 ~ 0.60mm 过盈等配合要求。

2. 相互位置精度

装配中的相互位置精度指产品中相关零部件间的平行度、垂直度、同轴及各种跳动等。例如：缸套座孔与机体主轴承座孔的垂直度、机体自由端端面与机体主轴承座孔的垂直度、主轴承座孔的同轴度等。

3. 相对运动精度

相对运动精度指产品中相对运动的零部件间在运动方向和相对运动速度上的精度，主要表现为运动方向的直线度、平行度和垂直度，相对运动速度的精度即传动精度。例如：活塞在缸套内的运动，配气机构的零部件运动等。

4. 接触精度

接触精度是指相互配合表面、接触表面间接触面积的大小和接触点的分布情况。例如：

轴瓦的贴合度应在 85%以上。

（三）互换法

互换法是装配过程中，同种零部件互换后仍能达到装配精度要求的一种方法。产品采用互换装配法时，装配精度主要取决于零部件的加工精度。互换法的实质就是用控制零部件的加工误差来保证产品的装配精度。

1. 分组装配法

分组装配法又称分组互换法，它是将组成环的公差相对完全互换法所求之值放大数倍，使其能按经济精度进行加工。装配时先测量尺寸，根据尺寸大小将零件分组，然后按对应组分别进行装配，达到装配精度的要求。而且组内零件装配是完全互换的。如调整垫，过盈量分组。

2. 复合选配法

复合选配法是直接选配法与分组装配法两种方法的复合，即零件公差可适当放大，加工后先测量分组，装配时再在各对应组内由工人进行直接选配。这种方法的特点是配合件的公差可以不等，且装配质量高，速度较快，能满足一定生产节拍要求。如柴油机气缸与活塞的装配多采用这种方法。

3. 修配法

在单件小批或成批生产中，当装配精度要求较高，装配尺寸链的组成环数较多时，常采用修配法来保证装配精度要求。

（四）机械设备装配常见的几种修配方法

在机械设备的装配中，常见的修配方法有单件修配法、合并加工修配法和自身加工修复法三种。

1. 单件修配法

在装配时，选定某一固定的零件作修配件进行修配，以保证装配精度的方法称为单件修配法。此法在生产中应用最广。

2. 合并加工修配法

这种方法是将两个或多个零件合并在一起当作一个零件进行修配。这样就减少了组成环的数量，从而减少了修配量。

3. 自身加工修复法

在机床制造中，利用机床本身的切削加工能力，用自己加工自己的方法可以方便地保证某些装配精度要求，这就是自身加工修配法。这种方法在机床制造中应用极广。

（五）调整法

调整法是将尺寸链中各组成环按经济精度加工，装配时，通过更换尺寸链中某一预先选定的组成环零件或调整其位置来保证装配精度。装配时进行更换或调整的组成环零件叫调整件，该组成环称调整环。

二 柴油机主要零部件的装配及要求

（一）螺栓装配要求

1. 钢制螺栓的装配要求

装配钢制螺栓时，应符合下列要求：

①紧固时，宜采用呆扳手，不得使用打击法，力矩不得超过螺栓许用应力。

②螺栓头、螺母与被连接件的接触应紧密，对接触面积和接触间隙有特殊要求的，应按技术要求进行检验。

③有预紧力要求的连接应按装配规定的预紧力进行预紧，可选用机械、液压拉伸法和加热法。

④螺栓与螺母拧紧后，螺栓应露出螺母 2 ~ 4 个螺距；沉头螺钉旋紧后，螺钉头应埋入机件内，不得外露。例如：曲轴连接套上的甩油盘沉头螺钉，高压油泵支架轴承端盖紧固沉头螺钉。

⑤有锁紧要求的，旋紧后应按其技术规定锁紧。例如：飞轮上、电机连接盘上的螺栓都靠锁垫来锁紧、用双螺母锁紧时，薄螺母应装在厚螺母之下，每个螺母下面不得用两个相同垫圈。

2. 不锈钢、铜、铝等材质的螺栓装配要求

不锈钢、铜、铝等材质的螺栓装配时，应在螺纹部分涂抹润滑剂。

3. 精制螺栓和高强度螺栓的装配

高强螺栓在装配前应按设计要求检查和处理被连接件的结合面；装配时，结合面应干净，不得在雨中装配。高强螺栓及其紧固件应配套使用。应分两次旋紧，初始扭矩值不得小于最终旋紧扭矩值的 30%；最终旋紧扭矩值应符合设计要求。装配扭剪型高强螺栓应分两次拧紧，直至将尾部卡头旋掉为止，其最终拧紧扭矩可不进行核算。

（二）各种类型键的现场配制

各种类型键的现场配制应符合《装配通用技术条件》（JBZQ4000.9—86）规定的尺寸和精度。键用型钢的抗拉强度不应小于 588MPa。在济柴 190 系列柴油机上平键和半圆键的使用较多。例如：曲轴、凸轮轴、平衡轴使用平键较多；单缸机小件轴上和高压油泵轴类使用半圆键较多。

键的装配应符合下列要求：

①键的表面应无裂纹、浮锈、凹痕、条痕及毛刺，键和键槽的表面粗糙度、平面度和尺寸在装配前均应检验。

②普通平键、导向键、薄型平键和半圆键，两个侧面与键槽应紧密接触，与轮毂键槽底面不接触。

③普通楔键和钩头楔键的上、下面应与轴和轮毂的键槽底面紧密接触。

④切向键的两斜面间以及键的侧面与轴和轮毂键槽的工作面间，均应紧密接触；装配后，相互位置应用销固定。

（三）销的装配

销的装配应符合下列要求：

①检查销的型号和规格，应符合设计及柴油机技术文件的规定。

②有关连接机件及其几何精度经调整符合要求后，方可装销。

③装配销时不宜使销承受载荷，根据销的性质，宜选择相应的方法装入；销孔的位置应正确。

④对定位精度要求高的销和销孔，装配前检查其接触面积，应符合工艺文件的规定；当无规定时，宜采用其总接触面积的 50% ~ 75%。端面不得砸铆。

⑤装配中，当发现销和销孔不符合要求时，应铰孔，另配新销；对定位精度要求高的，应在设备的几何精度符合要求或空载运转实验合格后进行。

例如：济柴 12V190 柴油机齿轮座定位销，齿轮系、缸盖与机体、前后飞轮罩壳、机体上夹角盖板等。

（四）具有过盈配合件的装配

过盈一般分横向过盈连接装配和纵向过盈连接装配。过盈配合件的装配应满足下列要求：

1. 常温下过盈配合件的装配要求

在常温下装配时应将配合面清洗洁净，并涂一薄层不含二硫化钼添加剂的润滑油；装入时用力应均匀，不得直接敲击装配件。

2. 纵向过盈连结的装配宜采用压装法

压装设备的压力，例如：减震器座、高压油泵凸轮轴与连接器装配都属于纵向过盈连结的装配，靠压入和螺母紧固，还有配套装的电机轴与轴套等。宜为压入力的 3.25 ~ 3.75 倍；压入或压出速度不宜大于 5mm/s。压入后 24h 内，不得承受负载。

（五）温差法装配要求

应按设备技术文件规定检查装配件的相互位置及相对尺寸。加热或冷却均不得使其温度变化过快；并应采取防止发生火灾及人员灼伤或冻伤的措施。

（六）密封件装配

1. 密封胶的使用

使用密封胶时，应将结合面上的油污、水分、铁锈及其他污物清除干净。

2. 填料密封件的充填

压装填料密封件时，应将填料圈的接口切成 45° 的剖口。例如：济柴 12V190 柴油机飞轮密封盘上的毛毡圈。相邻两圈的接口，应错开大于 90° 。填料圈不宜压的过紧，压盖的压力，应沿圆周均匀分布。

3. 油封的装配

油封唇部应无损伤，应在油封唇部和轴表面涂以润滑剂；油封装配方向，应使介质工作压力把密封唇部紧压在主轴上，不得装反。油封在壳体内应可靠地固定，不得有轴向移动或转动现象。

4. “O”形密封圈的装配

密封圈不得有扭曲和损伤，并正确选择预压缩量。当橡胶密封圈用于固定密封和法兰密封时，其预压缩量宜为橡胶圈直径的 20% ~25%；当用于动密封时，其预压量宜为橡胶圈直径的 10% ~15%。

5. “V”“U”“Y”形密封圈的装配

支承环、密封环和压环应组装正确，且不宜压得过紧；凹槽应对着压力高的一侧，唇边不得损伤。

6. 机械密封要求

机械密封应符合下列要求：

①机械密封零件不应有损坏、变形；密封面不得有裂纹、擦痕等缺陷。

②装配过程中应保持零件的清洁，不得有锈蚀；主轴密封装置动、静环端面及密封圈表面等，应无异物、灰尘。（例如：水泵水封。）

③机械密封的压缩量应符合设备技术文件规定。

④装配后用手盘动转子应转动灵活。

⑤动、静环与相配合的元件间，不得发生连续的相对转动，不得有泄漏。

⑥机械密封的冲洗及密封系统，应保持清洁无异物。

7. 防尘节流环密封、防尘迷宫密封的装配

防尘节流环密封、防尘迷宫密封的装配应符合下列规定：

①防尘节流环间隙、防尘迷宫缝隙内应填满润滑脂（气封除外）。

②密封缝隙应均匀。

（七）波纹管的装配

装配波纹管时，不得对波纹管强拉硬撬，以免出现变形、裂纹，其变形量应小于 3mm。

三 济柴 12V190 系列柴油机主要调整装配数据

①配气相位（以曲轴转角计）。

进气门：开启始点（上止点前）68° ± 7°；关闭终点（下止点后）52° ± 7°

排气门：开启始点（下止点前）60° ± 7°；关闭终点（上止点后）60° ± 7°

②气门冷间隙：进气门 0.43mm ± 0.05mm，排气门 0.48mm ± 0.05mm。

③喷油器供油压力：20 ± 0.5Mpa。

④主要螺栓、螺母扭紧力矩（N·m）。

主轴承螺母：1176 ~ 1372（或以 490N·m 扭矩旋紧，再转 60° ~ 75°）。

气缸盖螺母：314 ~ 353（按交叉顺序，以 40、80、160、314 ~ 353N·m 的扭矩，分四次均匀旋紧）。

连杆螺栓：245 ~ 265（以 60、120、245 ~ 265N·m 扭矩，分三次均匀旋紧）。

曲轴平衡块螺栓：539 ~ 588（以 150、300、539 ~ 588N·m 扭矩，分三次均匀旋紧）。

减振器安装螺栓：147 ~ 196N·m。

飞轮固定螺栓：500 ~ 550N·m。

⑤柴油机各主要零件配合尺寸表（表 8–1）。

表 8-1　柴油机各主要零件配合尺寸表　　单位：mm

序号	配合部位名称	标准尺寸				配合值（间隙 +，过盈 –）	修理极限尺寸
1	机体座孔与缸套外径	Φ216	+0.060 0	Φ216	–0.050 –0.096	+0.05 ~ +0.014	
2	气缸套与活塞头	Φ190	+0.046 0	Φ188.8	0 –0.070	+1.200 ~ +1.316	活塞头极限 Φ188.65
3	气缸套与活塞中凸部（距下端 70mm）					+0.230 ~ +0.436	活塞裙极限 Φ189.55 两配合大于 0.6 换新
4	第一环与环槽	4.5	+0.135 +0.155	4.5	0 –0.020	+0.115 ~ +0.155	磨损配合极限 0.28
5	第二、第三环与环槽	4.5	+0.115 +0.095	4.5	0 –0.020	+0.095 ~ +0.135	磨损配合极限 0.25
6	油环槽与油环	8	+0.135 +0.115	8	0 –0.020	+0.115 ~ +0.155	磨损配合极限 0.28
7	气环闭合间隙					一环 +0.8 ~ +1.0、二环、三环 +0.6 ~ +0.8	一环开口磨损极限 2.5 二环、三环开口极限 3.0
8	油环闭合间隙					+0.600 ~ +0.800	油环开口磨损极限 3.0
9	活塞销孔与活塞销	Φ70	–0.005 –0.020	Φ70	0 –0.013	–0.020 ~ +0.008	磨损配合极限 0.015
10	连杆小头衬套孔与活塞销	Φ70	+0.09 +0.07	Φ70	0 –0.013	+0.070 ~ +0.103	磨损配合极限 0.15
11	连杆小头孔与衬套外径	Φ78	+0.03 0	Φ78	+0，085 +0.065	–0.085 ~ –0.035	
12	活塞销座开裆宽与连杆小头宽	Φ80	+0.6 +0.4	Φ80	0 –0.100	+0.400 ~ +0.700	磨损配合极限 0.95

续表

序号	配合部位名称	标准尺寸				配合值（间隙+，过盈-）	修理极限尺寸
13	主轴承孔与曲轴主轴颈	Φ160	+0.214 +0.160	Φ160	0 -0.025	+0.160 ~ +0.239	
14	连杆大头轴承孔与曲柄销	Φ130	+0，14 +0.11	Φ130	0 -0.025	+0.110 ~ +0.165	
15	止推轴承宽与曲轴开裆	81	+0.054 0	70	0 -0.050	+2×5.5 -0.14 -0.17	0.28 ~ 0.44
16	机体凸轮轴孔与凸轮轴轴承	Φ82	+0.035 0	Φ82	+0.073 +0.051	-0.073 ~ -0.016	
17	凸轮轴轴承孔与凸轮轴轴颈	Φ72	+0.146 +0.100	Φ72	0 -0.019	+0.100 ~ +0.165	
18	机体平衡轴孔与平衡轴轴承（8V）	Φ82	+0.082 0	Φ82	+0.073 +0.051	-0.073 ~ -0.016	
19	凸轮轴止推面与止推法兰面	14	+0.043 0	14	-0.110 -0.143	+0.110 ~ +0.186	
20	平衡轴孔与平衡轴（8V）	Φ72	+0.146 +0.100	Φ72	0 -0.030	+0.100 ~ +0.176	
21	平衡轴止推面与止推法兰（8V 左）	12	+0.043 0	12	-0.050 -0.093	+0.050 ~ +0.136	
22	平衡轴止推面与止推法兰（6V 右）	10	+0.058 0	10	-0.080 -0.102	+0.080 ~ +0.16	不生产
23	机体摇臂轴套孔与摇臂轴套	Φ55	+0.03 0	Φ55	+0.045 +0.032	-0.045 ~ -0.002	
24	机体轴套孔与滚轮摇臂轴 滚轮轴套孔与滚轮摇臂轴	Φ30	+0.041 +0.028	Φ30 Φ30	+0.098 +0.065 -0.040 0.065	+0.105 ~ +0.163 +0.068 ~ +0.106	
25	滚轮摇臂滚轮孔与浮动套	Φ24	+0.033 0	Φ24	-0.065 -0.078	+0.065 ~ +0.111	
26	浮动套孔与滚轮轴	Φ15.3	+0.027 0	Φ15.3	-0.050 -0.061	+0.050 ~ +0.088	
27	气缸盖孔与气门套管外圆	Φ20	+0.021 0	Φ20	+0.041 +0.028	-0.041 ~ -0.007	
28	气门套管孔与进气门杆部	Φ14	+0.027 0	Φ14	-0.060 -0.080	+0.060 ~ +0.107	

续表

序号	配合部位名称	标准尺寸				配合值（间隙 +，过盈 -）	修理极限尺寸
29	气门套管孔与排气门杆部	Φ14	+0.027 0	Φ14	-0.075 -0.100	+0.075 ~ +0.127	
30	进、排气门底面凹入缸盖底面深度					+1.500 ~ +1.950	
31	气缸盖摇臂轴套孔与摇臂轴	Φ30	+0.098 +0.065	Φ30	+0.041 +0.028	+0.024 ~ +0.07	
32	气门摇臂横桥孔与导向柱	Φ16	+0.122 +0.095	Φ16	+0,045 +0.018	+0.05 ~ +0.104	
33	气缸盖底板孔与喷油器护套	Φ32	+0.027 0	Φ32	+0.087 +0.048	-0.087 ~ -0.021	
34	各传动齿轮啮合间隙	除机油泵中间轮与主齿轮啮合间隙为 0.15 ~ 0.18 其余各齿轮的啮合间隙全部为 0.15 ~ 0.4					
35	凸轮轴中间齿轮铜套与轮轴	Φ50	+0.025 0	Φ50	-0.065 -0.105	+0.065 ~ +0.130	
36	水泵中间齿轮铜套与轮轴	Φ40	+0.033 0	Φ40	-0.065 -0.105	+0.065 ~ +0.138	
37	燃油输油泵上盖孔与转轴	Φ12	+0.018 0	Φ12	-0.016 -0.034	+0.016 ~ +0.052	
38	燃油输油泵下盖孔与转轴	Φ16	+0.018 0	Φ16	-0.032 -0.050	+0.032 ~ +0.068	
39	燃油输油泵上盖孔与外转子	Φ50	+0.025 0	Φ50	-0.025 -0.064	+0.025 ~ +0.089	
40	燃油输油泵转子与上下盖轴向间隙					+0.04 ~ +0.08	
41	机油泵体与衬套	Φ40	+0.025 0	Φ40	+0.076 +0.060	-0.076 ~ -0.035	
42	机油泵衬套与齿轮轴	Φ32	+0.025 0	Φ32	-0.085 -0.100	+0.085 ~ +0.125	
43	机油泵齿轮径向间隙	Φ80.33	+0.035 0	Φ80	-0.100 -0.120	+0.43 ~ +0.485	
44	机油泵齿轮轴向间隙					+0.18 ~ +0.25	
45	离心滤清器转子上轴套与轴	Φ15	+0.027 0	Φ15	-0.050 -0.068	+0.05 ~ +0.095	
46	离心滤清器转子下轴套与轴	Φ20	+0.033 0	Φ20	-0.040 -0.073	+0.04 ~ +0.106	

续表

序号	配合部位名称	标准尺寸				配合值（间隙 +，过盈 -）	修理极限尺寸
47	气动预供油泵铜套与转子轴	Φ18	+0.018 0	Φ18	−0.032 −0.059	+0.032 ~ +0.077	
48	气动预供油泵泵体与外转子	Φ67	+0.03 0	Φ67	−0.100 −0.146	+0.100 ~ +0.176	
49	气动预供油泵转子与泵体轴向间隙	Φ35	+0.119 +0.080	Φ35	−0.025 −0.050	+0.105 ~ +0.169	
高压油泵有关要求							
50	高压油泵柱塞底与挺柱在凸轮轴上死点时的间隙					2.5 +0.3 −0.2	
51	高压油泵挺柱的预留高度					64.5 +0.2 +0.1	
52	调速器与齿条连接杆的拉杆弹簧压缩长度规定为					127	
53	调速器飞铁最大张开距离					104	
54	气缸盖与活塞顶的压缩余隙					1.75 ~ 2.5	
55	喷油器伸出气缸盖的高度规定为					2.4 ~ 3.0	
56	气门凹入气缸盖的深度					1.7 ~ 1.95	
57	缸套内径的测量共四处					30、140、250、360 四处	
58	缸套内径的尺寸范围应在（椭圆度）					≤ 0.03	
59	缸套内径的尺寸范围应在（圆柱度）					≤ 0.05	
60	凸缘高度尺寸					2.3 ~ 2.8	
61	活塞环漏光检查					不得超过 2 处，漏光角不大于 30°，开口位置 30° 内不得漏光	

四　卡特 3500 系列柴油机调整装配主要数据（见表 8-2 ~ 表 8-5）

表 8-2　卡特 3500 系列柴油机部分修理数据表

序号	零部件名称	规定要求	技术数值	备注
1	缸径	标准值	（170.025 ± 0.025）mm	
		极限值	170.152mm	
		维修值	（170.152 ± 0.025）mm	二次维修值
			（170.229 ± 0.025）mm	三次维修值
2	上部气环	标准值	（0.625 ± 0.125）mm	
		极限值	0.860mm	

续表

序号	零部件名称	规定要求	技术数值	备注
3	中间气环	标准值	（1.000 ± 0.150）mm	
		极限值	1.400mm	
4	油环	标准值	（0.700 ± 0.190）mm	
		极限值	0.940mm	
5	活塞销轴径	标准值	（69.962 ± 0.005）mm	
		极限值	69.930mm	
6	连杆小头孔径	标准值	（70.000 ± 0.008）mm	
		极限值	70.050mm	
7	连杆孔径	标准值	（143.028 ± 0.015）mm	去瓦测量
		标准值	135.147 ~ 135.206mm	加瓦测量
8	连杆轴径	标准值	（135.00 ± 0.025）mm	
		极限值	134.893mm	
		维修值	（134.370 ± 0.025）mm	二次维修值
			（133.730 ± 0.025）mm	三次维修值
9	曲轴扰度	标准值	0 ~ 0.040mm	
		极限值	0.050mm	
10	主轴径	标准值	（160.000 ± 0.025）mm	
		维修值	（159.370 ± 0.025）mm	二次维修值
			（158.730 ± 0.025）mm	三次维修值
		压铅标准值	0.122 ~ 0.200mm	
		压铅极限值	0.241mm	
11	进气门杆	标准值	（9.441 ± 0.008）mm	
		极限值	9.361mm	
12	排气门杆	标准值	（9.441 ± 0.008）mm	
		极限值	9.361mm	
13	进气门导管	标准值	（9.487 ± 0.025）mm	
		极限值	9.540mm	
14	摇臂孔径	标准值	（37.140 ± 0.015）mm	
		极限值	37.750mm	
15	摇臂轴颈	标准值	（37.084 ± 0.013）mm	
		极限值	37.055mm	
16	进气门弹簧	标准值	62.500mm	
		极限值	62.100mm	
17	连杆瓦	标准值	135.133 ~ 135.194mm	

表 8-3　卡特 3500 系列柴油机部分安装扭矩值表

序号	旋紧部件名称	旋紧扭矩	备注
1	连杆螺栓	90 ± 5N · m	第一次旋紧
		再旋转 90°	第二次旋紧
2	单体泵螺栓	75 ± 7N · m	
3	气门摇臂螺栓	136 ± 5N · m	机械柴油机
		215 ± 40N · m	电喷柴油机
4	主轴瓦	150 ± 10N · m	第一次旋紧
		再旋转 180°	第二次旋紧
5	缸盖螺栓	30 ± 5N · m	第一次旋紧
		400 ± 35N · m	第二次旋紧
		575 ± 20N · m	第三次旋紧
6	缸盖小螺栓	55 ± 10N · m	

表 8-4　卡特 3406 柴油机部分修理数据表

序号	零部件名称	规定要求	技术数值	备注
1	曲轴轴颈	标准值	120.650 ± 0.020mm	
2	连杆轴颈	标准值	90.000 ± 0.020mm	
3	曲轴弯曲度	极限值	0.0125mm	
4	曲轴轴向间隙	极限值	0.890mm	
5	飞轮四点定位	极限值	0.150mm	
6	缸套内径	标准值	137.185 ± 0.030mm	
7	气环	标准值	0.724 ± 0.190mm	
8	油环	标准值	1.080 ± 0.190mm	
9	活塞销孔	标准值	55.436 ± 0.013mm	

表 8-5　卡特 3406 柴油机部分安装扭矩值表

序号	旋紧部件名称	旋紧扭矩	备注
1	高压油管	40 ± 7N · m	
2	油嘴压盖	48 ± 7N · m	
3	喷油器套	205 ± 14N · m	
4	缸盖螺栓	270 ± 25N · m	第一次旋紧
		470 ± 20N · m	第二次旋紧
5	主轴瓦	258 ± 14N · m	第一次旋紧
		120 ± 5°	第二次旋紧
6	连杆螺栓	90 ± 8N · m	第一次旋紧
		90 ± 5°	第二次旋紧
7	带螺母的连杆螺栓	80 ± 6N · m	第一次旋紧
		120 ± 5°	第二次旋紧

第二节　动力设备维修

一　更换柴油机弹簧部件

（一）更换卡特 3500 系列柴油机气门弹簧

①悬挂警示牌。

②盘车使该缸活塞位于压缩冲程上止点。

③拆下气门室上罩壳。

④拆下摇臂轴压紧螺栓，从摇臂基座取下摇臂轴组件，取下摇臂横桥，取出挺杆。

⑤拆卸气门弹簧：使用工具压紧需要更换的气门弹簧，拆卸气门扣瓦，取出气门转子、弹簧上垫片、外弹簧、内弹簧和弹簧下垫片。

⑥更换气门弹簧：清洗内外弹簧、上下弹簧垫片、内弹簧、外弹簧和气门转盘，使用专用工具安装气门锁块、气门转盘、弹簧上垫片、外弹簧、内弹簧和弹簧下垫片。安装完毕后，用锤子轻轻敲击气门顶端，使气门扣瓦处于正确位置。

⑦复装气门摇臂总成。

⑧检查气门摇臂总成、气门组和挺杆组是否紧固，不得有松动、错移或弯曲现象。

⑨调整气门间隙、喷油行程高度。

⑩装好气缸上罩壳，清理周围油污。

⑪取出盘车专用工具，复装盘车孔盖板。

⑫摘检修警告牌。

⑬清理现场，回收工具。

技术参数及注意事项：

①气门弹簧，不等螺距，安装时螺距小的一端朝下放置。

外弹簧：自由长度 59.3mm，外径 43.5mm。

内弹簧：自由长度 50.3mm，外径 30.7mm。

②调整气门间隙前，用橡胶锤轻敲摇臂总成使进、排气门摇臂均匀压在气门顶部，使气门检测数据相对精确。

③复装时运动摩擦表面涂抹一层润滑油。

④如果喷油器喷油高度在基准值 ±0.2mm 范围内则无须调整。

⑤操作完毕后，将发动机正时工具拆解，并涂油保养。

（二）更换济柴 12V190 系列柴油机气门弹簧

①拆下气缸盖上罩壳。

②盘车，使该气缸中的活塞处于压缩冲程上止点位置。

③拆下进、出油管线。

④拆下气缸盖下罩壳。

⑤旋下摇臂固定螺母，将摇臂总成取下。

⑥取出摇臂横桥。

⑦用孔用弹性挡圈夹钳拆下气门上端孔用挡圈，取下垫片。

⑧用气门弹簧专用工具压住弹簧上座，将气门弹簧向下压缩，取出气门扣瓦。

⑨缓慢地松开气门弹簧，依次取下气门弹簧座、气门弹簧。

⑩清除气门处油污。

⑪ 检查新气门弹簧。

⑫ 清洗所有零部件并用干燥的压缩空气吹净。

⑬ 将弹簧螺距较小的一端朝下放置，依次安装内弹簧、外弹簧、弹簧座。

⑭ 用气门弹簧专用工具压住弹簧上座，将气门弹簧向下压缩，装上气门扣瓦。

⑮ 装上垫片、气门孔用挡圈。

⑯ 装上摇臂横桥。

⑰ 装上摇臂总成并紧固。

⑱ 调平横桥后调整气门间隙。

⑲ 装上气缸盖下罩壳并紧固。

⑳ 装上进、出油管线。

㉑ 装上气缸盖上罩壳并紧固。

㉒ 将气缸盖处擦拭干净。

㉓ 摘下检修警告牌。

㉔ 按规定启动柴油机进行试车检查。

㉕ 清理现场、回收工具。

技术要求与注意事项：

①更换气门弹簧后，必须调整气门间隙。调整气门间隙时，应先调节摇臂横桥，使横桥的两个凸头与气门杆顶面同时均匀接触。

②安装气门弹簧时注意将弹簧螺距较小的一端朝下放置。

③更换气门弹簧时必须使用专用工具，以免发生事故。

④使用孔用弹性挡圈夹钳时不要用力过大或过猛，以免损坏卡簧。

（三）更换济柴 12V190 系列柴油机喷油泵柱塞弹簧

1. 拆卸

①悬挂检修警示牌。关闭油路，压下油压低自动停车手柄并固定，推动齿条至最大供油量位置。

②用绵纱布擦干净喷油泵上面的油污，拆下喷油泵的高压油管，并移开，拆下喷油泵边盖。

③盘动曲轴，将应换喷油泵柱塞弹簧盘至自由状态。

④卸下出油阀紧座，依次取出弹簧、出油阀，放入油盆中。

⑤卸松柱塞套筒定位螺钉。

⑥取下柱塞弹簧下座，放入油盆中。

⑦取出柱塞与套筒，放入油盆中。

⑧取出弹簧、控制套筒、油量调节齿圈，放入油盆中。

2. 清洗检查

①单独清洗出油阀、柱塞偶件，清洗时防止偶件脱出。

②做出油阀偶件的外观检查、密封性检查、滑动性检查。

③做柱塞偶件的外观检查、密封性检查、滑动性检查。

④清洗检查油量调节齿圈、控制套筒、弹簧、出油阀紧座、弹簧座等零部件，清洗检查完毕后用干燥的压缩空气吹净。

3. 组装步骤

①装入油量调节齿圈、控制套筒、弹簧。

②装入柱塞偶件，紧固柱塞套筒定位螺钉。

③装上柱塞弹簧下座，装入出油阀、弹簧，拧紧出油阀紧座。

④检查齿条活动是否灵活，供油量是否一致，必要时应进行调整。

⑤装上高压油管，喷油泵边盖。

⑥打开油路开关，释放油压低自动停车手柄。排放油路中空气。

⑦摘下检修警告牌。

⑧按规定启动柴油机试车。

⑨清理现场，收回工具。

4. 技术要求及注意事项

①拆卸应按先上后下由外到里的顺序进行。

②偶件应单独清洗，应成对地进行。清洗时应细心地操作，不得错换、磕碰或拉伤表面。

③喷油泵扇形齿套开口、传动套中间孔、柱塞定位标记要三点一线。

④组装后齿条活动要灵活，供油量应一致，必要时应进行校验调整。

⑤出油阀紧座旋紧扭矩为 137 ~ 147N·m。

二　更换柴油机摇臂横桥

（一）更换济柴 12V190 系列柴油机摇臂横桥

①擦拭气缸盖外表面，拆下气缸盖上罩壳。

②盘转曲轴至应更换摇臂横桥的气缸处于压缩冲程上止点。

③旋下摇臂总成固定螺母，取出摇臂总成。

④拆下旧摇臂横桥。

⑤检查导向柱、拨叉、新摇臂横桥等零部件。

⑥清洗所有零部件，用干净的压缩空气疏通摇臂油孔并将其他零件吹净。

⑦装上新摇臂横桥。

⑧松开横桥锁紧螺母，调平摇臂横桥。使摇臂横桥两端凸头同时与气门杆顶面均匀地接触。固定调节螺钉，旋紧锁紧螺母。

⑨装上摇臂总成并紧固。

⑩按规定调整气门间隙。

⑪安装气缸盖上罩壳并旋紧。

⑫擦净气缸盖罩壳处油污。

⑬摘下检修警告牌。

⑭按规定启动柴油机进行试车检查。

⑮回收工具、清理现场。

技术要求及注意事项：

①装上摇臂横桥后必须进行调整，使摇臂横桥两端凸头与各自气门杆顶面接触，不留间隙。

②更换摇臂横桥后必须调整气门间隙。

③旋紧锁紧螺母时必须用扳手固定，防止损坏导向柱及拨叉。

（二）更换卡特 3500 系列柴油机摇臂总成

①悬挂警示牌。

②擦拭气缸盖外表面，拆下气门室上罩壳。

③盘车，捻动推杆至该气缸处于压缩冲程上止点。

④旋下摇臂座固定螺栓，将摇臂整体取下，从定位销上取下横桥组件，标记推杆位置，取出推杆。

⑤检查新摇臂组、摇臂横桥、推杆等零部件是否有裂纹、弯曲变形。

⑥检查各调整螺丝、凸头，接触面情况是否正常。

⑦检查摇臂衬套轴承轴向、径向间隙是否正常。

⑧清洗配件，用压缩空气吹净。

⑨将组件各接触面涂抹清洁的润滑油；安装调平横桥；安装推杆。

⑩将摇臂轴安装在摇臂座上，确保摇臂与推杆对齐，拧紧螺栓。

⑪松开气门摇臂锁紧螺母，将按规定选好的塞尺插入摇臂调节螺钉与横桥之间，用平口起子调节螺钉，轻轻来回抽动塞尺检查，当能抽动有涩感时停止调节，紧固锁紧螺母。

⑫用橡胶锤敲击摇臂，复查气门间隙、使用专用工具调节喷油器高度。

⑬安装气门室盖，擦净周围油污。

⑭回收检修警告牌。

⑮清理现场，回收工具。

技术参数及注意事项：

①安装摇臂轴时旋紧力矩 215 ± 40N·m。

②装上摇臂横桥后必须进行调整，使摇臂横桥两端与各自气门杆顶面接触，不留间隙。

③更换摇臂后必须调整气门间隙。旋紧锁紧螺母时必须用扳手固定。

（三）更换卡特 3500 系列柴油机摇臂横桥

①悬挂警示牌。

②拆下气门室上罩壳。

③旋下摇臂总成固定螺母，取下摇臂总成。

④取下旧摇臂横桥。

⑤清洗新摇臂横桥，检查有无变形、弯曲裂纹。

⑥将新摇臂横桥装入气门杆顶部。

⑦复装气门摇臂总成。

⑧检查气门摇臂总成、气门组和挺杆组是否紧固，不得有松动、错移或弯曲。

⑨打开盘车专用孔盖板插入工具，盘转曲轴至定位螺杆能插入飞轮定位孔位置。

⑩判断第一缸工作状态，用手捻动气门挺杆，若两挺杆都能轻松转动，可判断该缸处于压缩冲程上止点位置。根据第一缸工作状态，判断调整修理缸的可调气门。

⑪ 松开气门摇臂锁紧螺母，将按规定选好的塞尺插入摇臂调节螺钉与横桥之间，一手用平口螺钉旋具旋转调节螺钉，气门间隙小时逆时针旋出、气门间隙大时顺时针旋进直到调到规定值。一手轻轻来回抽动塞尺检查，当能抽动有涩感时停止调节，紧固锁紧螺母。按数据检查调整修理缸相对应气门的气门间隙。

⑫ 如果只能调整单侧同名气门，取出定位销将曲轴继续盘转 360° 后，插入定位销再检测修理缸另一侧气门间隙。

⑬调整完气门间隙后，检查调整喷油器高度。

⑭装好气缸上罩壳，清理周围油污。

⑮取出盘车专用工具，复装盘车孔盖板。

⑯取下检修警告牌。清理现场，回收工具。

技术参数及注意事项：

①检查柴油机气门间隙。检查调整气门间隙时应在冷车状态进行。

②找第一缸压缩冲程上止点时，先盘转飞轮至规定位置后反转 30°，消除啮合间隙后再正转飞轮至螺栓能插入正时孔中为止。

③调整气门间隙前，应先检查气门弹簧有无断裂，摇臂、摇臂横桥有无损坏，进、排气门是否能完全关闭，有无积炭过多或气门杆弯曲被卡住现象。如有以上情况先排除后再调整。

④更换调整完成后要进行试车运转。

三 更换柴油机水泵总成

（一）更换济柴 190 系列柴油机水泵总成

①悬挂检修警告牌。旋下放水丝堵，回收冷却系统内的冷却液。

②旋松水泵下方放水阀，放尽水泵内的冷却液，并回收。

③卸下与水泵相连进水管一端的螺母，拆下进水管固定卡子，移开进水管。

④旋下水泵固定螺栓，取下旧水泵。

⑤清理安装端面并涂抹适量平面密封胶。

⑥用手转动一下新水泵看其是否转动灵活，有无卡滞现象和异常响声；检查叶轮背帽是否紧固。

⑦装上密封垫，把水泵装入齿轮罩壳水泵座孔内，紧固水泵固定螺栓，紧固时对角交叉进行。

⑧装上密封垫，安装进水管，上紧螺母。

⑨将进水管卡子紧固。

⑩旋紧放水丝堵。

⑪ 盘车检查水泵安装正常后，加入冷却液，排除冷却系统内空气。

⑫摘下检修警告牌。

⑬按规定启动柴油机，检查新水泵工作情况，旋开水泵上端的放水阀少许，有强劲的水柱冲出则表示供水正常。

⑭用棉纱布擦净水泵及进水管表面。

⑮ 回收工具，并擦拭干净。

技术要求及注意事项：

①排放柴油机冷却液应在机温低于 60℃时进行。

②水泵的固定螺钉与进水管螺母应涂上润滑脂，分两次交叉旋紧。

③新泵安装后应先盘车检查，再启车检查。

（二）更换卡特 3500 系列柴油机高温水泵

①悬挂警示牌。

②打开水箱加水孔盖和水箱下水室排液闸门，排出防冻液并用清洁容器回收。

③清洁水泵及各连接部件，拆除进水膨胀短节，拆下进水弯管及法兰盘，拆卸水泵传动端法兰连接螺栓。

④用吊带捆绑水泵体，垂挂在固定位置防止水泵下坠。

⑤拆卸水泵出水端法兰连接螺栓；缓慢从机体拔出水泵传动齿轮，松开吊带，轻放下水泵。

⑥检查新水泵外壳是否有裂纹，检查各密封圈（垫）是否完好，检查叶轮是否转动灵活平稳，叶轮片是否触碰壳体。

⑦准备好各连接件间的密封件。

⑧用吊带将新水泵吊高到合适位置。

⑨连接泵体出水端与机体进水管路法兰。

⑩连接机体与泵体传动端法兰，连接泵体进水端与进水管法兰。

⑪ 连接进水弯管，连接进水膨胀短节、进水管线。拆下吊带。

⑫ 盘车检查水泵安装正常后，加入冷却液，排除冷却系统内空气。

⑬ 启车试运转，观察进水压力是否满足运转需求。

⑭ 摘警示标志牌。

⑮ 回收工具、清理现场。

技术要求及注意事项：

①排放柴油机冷却液应在温度降低至手感觉不到发烫时进行。

②水泵的固定螺钉与进水管螺母应涂上润滑脂，分两次交叉拧紧。

③新泵安装后应先盘车检查，再启车检查。

④启动后要检查运转温度是否正常、声音有无异响、各连接处是否渗漏。

⑤如不慎将冷却液溅入眼中应及时用清水反复冲洗。

⑥在工作过程注意回收冷却液，避免污染环境。

四 拆装济柴 12V190 系列柴油机气缸盖

①悬挂检修警告牌。拆下高温水管下方放水丝堵，回收高温循环系统内的冷却液。

②拆下气缸盖上罩壳。

③按柴油机运转方向盘转曲轴至应拆卸气缸盖的气缸处于压缩冲程上止点。

④拆下气缸盖进、回油管线。

⑤拆下气缸盖下罩壳的固定螺栓，取下下罩壳。

⑥旋下摇臂总成固定螺母，依次取出摇臂总成、摇臂横桥、气门挺杆。

⑦拆下与气缸盖相连的进、排气管连接螺栓。

⑧拆下回水管连接螺栓，取下回水弯管。

⑨旋下喷油器上的紧固螺帽，取下油嘴压板、压套，取下喷油器。

⑩用专用工具拆下气缸盖固定螺母，拆卸螺母时，应按图示顺序分两次卸松，然后取下气缸盖。

⑪ 取下串水管、组合密封垫、挺杆孔衬套、节流阀及气缸盖垫片，清理结合面处的积炭。

⑫ 清理气缸盖底面上的积炭及油污。

⑬ 清洗检查气缸盖及上面的所有附件，清洗检查完毕后用干燥的压缩空气吹净。

⑭ 安装串水管、节流阀、新的挺杆孔衬套、组合密封垫和气缸盖垫片。

⑮ 将气缸盖装到机体上，分别以 40N·m、80N·m、160N·m、320N·m 的扭矩分四次均匀旋紧。

⑯ 按规定安装喷油器。

⑰ 安装与气缸盖相连的进、排气管的螺栓并紧固。

⑱ 安装回水弯管。

⑲ 装上摇臂横桥、挺杆、摇臂总成。

⑳ 调整气门间隙。

㉑ 安装气缸盖下罩壳并紧固。

㉒ 安装气缸盖下罩壳上连接的进、回油管线。

㉓ 高温水管下方装上放水丝堵后加入冷却液。

㉔ 安装完成后，摘下检修警告牌，盘车两圈以上，按规定启动柴油机，检查有无漏油、漏水、漏气现象及摇臂衬套处上油情况。

㉕ 安装气缸盖上罩壳并紧固，清理现场，收回工具。

技术要求及注意事项：

①喷油器护套、气门座若无特殊情况，一般不要拆卸。

②安装喷油器时，应按原配垫圈进行装配。

③旋紧气缸盖螺母时，必须按照规定的顺序及扭矩旋紧。

④装上气缸盖罩壳之前，必须调整好气门间隙。

五 安装济柴 12V190 系列柴油机活塞连杆组

1. 检测

①用千分尺检测活塞头部、裙部尺寸，若实测值超出磨损极限值，应更换新活塞。活塞头部直径磨损极限值为 Φ188.65mm；活塞裙部直径磨损极限值为 Φ189.55mm。

②将活塞环放到气缸套磨损最小的位置，使活塞环平面与气缸壁垂直，用塞尺测量活塞环切口处的间隙值。若实测值超出磨损极限，应更换新件。第一道气环的闭口间隙标准尺寸为 0.8 ~ 1.0mm，极限值为 2.5mm；第二、第三道气环的闭口间隙标准尺寸为 0.6 ~ 0.8mm，极限值为 3.0mm；组合油环不装涨簧时的闭口间隙标准尺寸为 0.6 ~ 0.8mm，极限值为 3.0mm。

③将连杆盖与连杆体以小于规定的扭矩合装在一起，装好后把中心距为 410mm 的连杆校验仪调“0”。然后在大、小头孔中分别装入心轴，分别测出中心距、两孔轴线间沿垂直方向和沿水平方向的平行度误差。连杆大、小头的中心距标准极限值为（410 ± 0.05）mm，使用极限值为 410.15mm，垂直方向平行度误差标准极限值为 0.03mm，使用极限值为 0.05mm，水平方向平行度误差标准极限值为 0.06mm，使用极限值为 0.10mm。

④将轴瓦放到对应的座孔内，若直接落下贴合，则表明张力不足。若用手施加一定压力，方可使其与座孔面贴合在一起，表明其张力合格。

2. 安装

①在活塞销座孔的一端装上挡圈。

②将活塞放入烘箱中均匀加热至 150 ~ 170℃，取出后立即将连杆小头插入活塞中间开挡处，使连杆小头孔与活塞销座孔对正，迅速装入活塞销，装入后装上另一端挡圈。

③将涨簧两端对接形成环状。

④将油环装入环槽内，并使涨簧接口与油环开口交错 180°。

⑤用专用环夹把各道气环依次装入活塞环槽内。装配气环时，一定将印有“上”字标记的一侧朝向活塞顶端。

⑥将连杆上、下轴瓦按其侧面的装配标记，分别放到连杆体和连杆盖座孔内。

⑦将气缸套内表面、曲轴连杆轴颈、连杆瓦表面擦拭干净，并涂上适量润滑油。

⑧调整各活塞环的开口位置，使其依次相互交错 120°。用专用环夹将活塞环并拢，将活塞组装入气缸。装入时注意将连杆大头轴承孔与曲轴轴颈对正。

⑨装入连杆盖后，戴上连杆螺栓，旋紧螺母。旋紧螺母时应按交叉顺序分三次均匀旋紧，旋紧力矩为 60 N·m、120 N·m、245 ~ 265N·m。

⑩盘转曲轴检查有无卡滞现象。

⑪ 装上气缸盖及各零部件并紧固。

⑫ 安装机体两侧观察盖板，摘下检修警告牌。

⑬ 盘车两圈以上，按规定启动柴油机，检查有无漏油、漏水、漏气现象及摇臂衬套处上油情况。

⑭ 安装气缸盖上罩壳并紧固。

⑮ 清理现场，收回工具。

3. 技术要求与注意事项

①安装连杆螺栓注意不要将工具或零件落入油底壳内。

②从气缸套放入连杆与活塞时，一定要特别小心，不要刮伤气缸套。

③安装活塞环、挡圈时要用专用工具。在装配活塞环时，应特别注意活塞环的安装位置与方向，切不可倒装或装错，装完后应盘车检查有无卡滞现象。

④各活塞环的开口应相互错开 120°，且错开活塞销方向。

⑤装入活塞连杆组时，注意将连杆上印有缸序号标记的一侧朝向机体内“V”形夹角，以保证连杆上长油孔的正确安装位置，使内部润滑油路畅通。

⑥安装活塞环前，还应检查活塞环的漏光度和侧隙。

六 安装济柴 12V190 系列柴油机 Z 型高压油泵

①将喷油泵外表面清洗干净。

②将喷油泵支架内的油污清洗干净。

③检查喷油泵凸轮轴轴端处螺纹扣应完好无损，齿杆及各活动部件灵活好用。

④清洗被动外齿轴套和被动内齿圈，并检查其磨损情况。

⑤将齿轮联轴器的被动外齿轴套和被动内齿圈涂上少量润滑脂，按记号对准组装好后，

装到喷油泵的凸轮轴上，锁紧螺母。用手转动喷油泵凸轮轴，各部件应无卡滞现象。

⑥将喷油泵放到喷油泵支架上。

⑦用螺栓将喷油泵固定好，注意固定四个螺栓应对角分两次紧固。

⑧检查喷油泵侧平面与喷油泵支架底平面是否垂直。两泵是否保持在同一平面。

⑨安装进油管线、回油管线。

⑩将柴油滤清器三通阀旋至全通位置，松开喷油泵的放气螺钉，排出泵内的空气。

⑪ 将主、副喷油泵齿杆护套旋下，安装两泵可调连接杆，调节连接杆上的螺母，使齿杆上的装配记号与泵体端面对准，锁紧连接杆上的螺母。

⑫ 上紧齿杆护套，用 2～3N·m 的力拉动齿条，齿条活动灵活，无卡滞现象。

⑬ 调整供油提前角。用螺栓将齿轮联轴器连接起来并紧固。安装好联轴器防护罩。

⑭ 将简易高压油泵校验仪固定在柴油机风扇护罩上，左右两高压油泵各取一缸，用合适的高压油管连接量筒上面的喷油器。

⑮ 安装其他高压油管并紧固。

⑯ 摘下检修警告牌。

⑰ 启动柴油机，使柴油机在 1000r/min 运转 2～3min 后停机，检查量筒油量，根据量筒油量，调整齿条拉杆，这样反复多次，两只量筒的油量一样时，左右两高压油泵供油一致。

⑱ 调整好左右两高压油泵平衡后，拆下与简易高压油泵相连的高压油管，并取下校验仪。

⑲ 装上剩余两缸的高压油管并紧固。

⑳ 擦净喷油泵处油污。

㉑ 按规定启动柴油机，检查柴油机工作是否正常。

㉒ 清理现象，回收工具。

㉓ 技术要求及注意事项：

a. 安装喷油泵必须在清洁的环境中进行。

b. 安装联轴器时，应对准装配记号。

c. 紧固联轴器螺栓用力不能过紧，扭紧力矩为 59～69N·m。

d. 装配过程中应随时检查各运动部位配合是否灵活，严禁用力硬性安装。

七 更换卡特 3500B 系列电子单体喷油器

①悬挂警示牌。

②拆下气门室罩壳及各种连接管件。

③拆喷油器：拆下油管固定螺栓和卡箍，再拆下单体喷油器压紧螺栓和卡箍，断开线束组件，使用专用工具拆下电子单体喷油器。

④检查新单体喷油泵进回油孔是否通畅，喷油嘴喷孔是否均匀无变形。

⑤安装、调试电子单体喷油器：清除缸盖燃烧泵坐孔底端边角上的所有积炭，用真空

枪清除孔座内所有颗粒，检查喷油器上下两道密封圈是否完好，在密封圈和缸盖孔涂抹多功能润滑脂，将喷油器压入喷油器座孔内，将电磁阀置于弹簧的中央，使用压板固定，将线束组件与单体喷油泵电磁阀连接，将线束组件压入气门盖底座的凹槽内，安装进回油管固定螺栓和卡箍（使用ET更新单体新喷油器序列号）。

⑥按规定调整喷油器行程高度。

⑦装好各连接管线，装上外罩壳。

⑧取出盘车专用工具，盖好盘车孔盖板。

⑨回收警示牌。

⑩清理现场，回收工具、用具。

⑪ 技术要求及注意事项：

a. 卡特3500系列柴油机供油行程参数。

—卡特3500A供油行程高度（87.10 ± 0.2）mm。

—卡特3500B/C供油行程高度（64.34 ± 0.2）mm。

b. 如果喷油器喷油高度在基准值 ± 0.2mm范围内则无须调整。

—操作完毕后，将发动机正时工具拆解，清理工具。表面涂油擦拭干净。

—每2000h检查、校验，按需更换。

第三节 动力设备调整

一 配气机构调整

（一）济柴12V190系列柴油机

1. 气门间隙的检查与调整

①计算某缸理论度数，口述发火顺序、调整缸理论度数。

②悬挂警示牌。

③取下气缸盖上罩壳，旋松所有放气旋塞，盘转曲轴使飞轮刻度为该缸压缩冲程上止点度数，捻动气门挺杆判断压缩冲程上止点。

④检查气门摇臂座、气门组和挺杆组等组件是否紧固气门组件不得有松动、错移、断裂或弯曲现象。

⑤松开摇臂横桥的锁紧螺母，将摇臂横桥调平，上紧锁紧螺母松开摇臂锁紧螺母，适当旋出调节螺钉。

⑥找出规定尺寸的塞尺，插入摇臂调节螺钉与横桥之间，进气门（0.43 ± 0.05）mm，排气门（0.48 ± 0.05）mm，一手用螺丝刀向下旋转调节螺钉，一手轻轻来回抽动塞尺检查，

当能抽动有涩感时停止调节，用螺丝刀固定住调节螺钉，用扳手紧固锁紧螺母。

⑦复查调整后的气门间隙。

⑧安装气缸盖上罩壳，摘除警示牌。

⑨回收工具、清理场地。

技术要求及注意事项：

①检查调整气门间隙应在冷车状态下进行。

②正确判断可调进、排气门。

③调整气门间隙前，应先检查气门弹簧有无断裂，摇臂、摇臂横桥凸头有无损坏，进、排气门是否能完全关闭，有无因积炭过多或气门杆弯曲被卡住现象。如发现上述现象，应排除后再进行调整。

④在调整柴油机气门间隙前，应先调节横桥上的螺钉，使横桥的两个凸头与气门杆顶面同时均匀接触。

⑤应按柴油机使用说明书的规定值进行调整。济柴 Z12V190B 型柴油机气门间隙值为：进气门（0.43 ± 0.05）mm，排气门（0.48 ± 0.05）mm。

⑥气门间隙调好锁紧后，要进行复测。

2. 配气相位的检查

①拆下各缸气缸盖上罩壳并将放气塞旋开少许。

②检查各缸气门间隙并调整合格。

③按照柴油机运转方向盘转曲轴至飞轮指示的“0”刻度，使第一缸活塞处于压缩冲程上止点位置。

④一个人按照柴油机运转方向盘转曲轴，另一个人用手捏住气门挺杆上端并轻轻捻动。当气门挺杆由能转动到刚刚不能转动的瞬间，停止盘动。这时飞轮指示刻度即该气门开启时刻。反之，即关闭时刻。

⑤按柴油机配气定时检查表依次检查各缸气门的开关时刻。

⑥将检查结果与规定数值做比较，得出配气定时是否正确的结论。根据检查结果，采取相应处理措施。如果气门早开晚闭则将气门间隙调大至规定数值上限，如果气门晚开早闭则将气门间隙调小至规定数值下限。

⑦安装气缸盖上罩壳并旋紧，旋紧放气塞。

⑧擦净气缸盖上罩壳处油污。

⑨摘下检修警告牌。

⑩按规定启动柴油机试车检查。

⑪回收工具并擦拭干净。

技术要求及注意事项：

①检查配气定时前，必须先将各缸气门间隙检查、调整合格。

②检查调整时必须在冷车状态下。

③检查前应根据配气定时、发火顺序和间隔角作出配气定时检查表，便于将实际检测

结果与配气定时规定数值对照。

④济柴 Z12V190B 型柴油机进气门开启在上止点前 68°，关闭在下止点后 52°；排气门开启在下止点前 60°，关闭在上止点后 60°（见表 8–6）。

表 8–6 12V 机配气定时检查表

气门开关	飞轮刻度（自第一缸活塞位于工作行程上止点起）												
	0°	52°	60°	112°	120°	172°	180°	232°	240°	292°	300°	352°	360°
	气缸序号												
进气门开		2		9		4		12		1		8	
进气门关		10		3		7		6		11		2	
排气门开	4		12		1		8		5		10		
排气门关			6		11		2		9		4		12
气门开关	飞轮刻度（自第一缸活塞位于吸气冲程上止点起）												
	0°	52°	60°	112°	120°	172°	180°	232°	240°	292°	300°	352°	360°
	气缸序号												
进气门开		5		10		3		7		6		11	
进气门关		9		4		12		1		8		5	
排气门开	3		7		6		11		2		9		4
排气门关	12		1		8		5		10		3		7

（二）卡特 3500B/C 系列柴油机气门间隙的调整与检查

①清洁摇臂罩壳表面，取下所有罩壳。

②盘车。拆下盘车孔菱形盖，将正时螺钉插入正时孔内并抵住飞轮盘面，用专用盘车工具盘转飞轮到正确的 1# 缸压缩冲程上止点，这时正时螺钉应能插入飞轮上的正时孔内。

③检查 1# 缸上止点位置。捻动进、排气门挺杆，是否转动灵活。

④检查测量。用橡胶锤敲击气门摇臂的推杆端头，紧固摇臂轴。将适合厚度的塞尺插入气门横桥顶端与摇臂凸头底端之间测量，如果测量值在规定范围内［排气门（1.0 ± 0.08）mm，进气门（0.5 ± 0.08）mm］无须调整，进入下一缸的检查调整，如果超出此范围，则进行调整。

⑤调整气门间隙。松开调整螺钉的锁紧螺母，根据所测间隙值，顺时针或者逆时针转动调整螺钉使间隙值保持在规定范围内，拧紧锁紧螺母。复查气门间隙，复查调整结果，确定调整没有变化。则进入下一缸气门间隙的调整，直到第一圈全部检查调整完毕。

⑥继续盘车 360°，进入第二圈的调整。

⑦复装。检查摇臂罩壳、密封圈并清洁，装上摇臂室罩壳。

⑧取出正时螺栓，装上正时定位孔丝堵，装上盘车孔菱形盖。

⑨清理现场，回收工具。摘下检修警告牌。

⑩启动柴油机，检查有无异常现象。

⑪ 技术要求与注意事项：

a. 检查调整气门间隙应在冷车下进行。

b. 要正确判断可调气门。

c. 卡特 3500B/C 型发动机气门间隙值：进气门（0.5 ± 0.08）mm，排气门（1.0 ± 0.08）mm（表 8-7）。

表 8-7　卡特 3500 系列发电机组气门间隙调整表

柴油机	1 号活塞在上止点位置的正确冲程	检查 / 调整气缸	
		气门	
		进	排
3512	压缩	1-3-6-7-10-12	1-4-5-6-9-12
	排气	2-4-5-8-9-11	2-3-7-8-10-11
3516	压缩	1-2-5-7-8-12-13-14	1-2-3-4-5-6-8-9
	排气	3-4-6-9-10-11-15-16	7-10-11-12-13-14-15-16

（三）沃尔沃系列柴油机气门间隙的检查与调整（以 TAD1232GE 为例，见表 8-8）

1. 检测气门间隙

①擦拭气缸盖外表面，旋下气门室罩壳上的固定螺栓，取下气门室罩壳。

②拆下飞轮壳上的观察窗螺塞。

③拆下盘车盖板。盘转曲轴，使指针指到飞轮刻度“0”的位置。

④检查气门摇臂的紧固情况，必要时紧固。

⑤检查气门、气门弹簧等是否完好、牢固。必要时更换新件。

⑥捻动气门挺杆检查是否弯曲变形，必要时更换挺杆。

⑦判别第一缸工作状态、用手捻动气门挺杆，若两挺杆都能轻松转动，可判断为该缸处于压缩冲程上止点位置（自由端为第一缸）。

⑧根据第一缸工作状态，按照下列气门间隙调整表进行检测。把塞尺插入摇臂与气门锁夹之间，检测气门间隙。

⑨检测完上述气门，将曲轴盘动 360° 后，再检测剩余各缸的气门间隙。

表 8-8　TAD1232GE 型发电机组气门间隙调整表

第一缸活塞所处状态	气缸序号					
	1	2	3	4	5	6
	可以调整的气门					
压缩冲程上止点	进排	进	排	进	排	
吸气冲程上止点		排	进	排	进	进排

2. 调整气门间隙

①先松开摇臂上锁紧螺母，按规定的间隙值选好塞尺，将塞尺插入摇臂与气门锁夹之间，然后用螺丝刀向下旋转，同时用手抽动塞尺，当塞尺能抽动而又有涩感时，证明其间隙符合要求。

②用螺丝刀固定住调节螺钉，用扳手将固定螺母锁紧。

③按上述方法复查气门间隙，直到完全符合规定值为止［进气门（0.40 ± 0.05）mm，排气门（0.70 ± 0.05）mm］。

④装上气缸盖罩壳。装上盘车盖板、飞轮壳上的观察窗螺塞。

⑤摘下检修警告牌，按规定启动发电机组，检查发电机组是否正常。

⑥清理现场，回收工具。

3. 技术要求与注意事项：

①检查调整气门间隙应在冷车下进行。

②要正确判断可调气门。

③ TAD1232GE 型发动机气门间隙值，进气门（0.40 ± 0.05）mm，排气门（0.70 ± 0.05）mm。

二 燃油系统的调整

（一）济柴 12V190 系列柴油机喷油压力的检查与调整

1. 喷油器的分解

①将喷油器体垫上铜皮夹紧在台钳上。

②用扳手旋下喷油器护帽，取下垫片，松开锁帽，用平口螺丝刀旋松调压螺钉，从台钳上卸下喷油器，依次取下调压螺钉、弹簧座、弹簧、垫片和挺杆。

③将喷油器体垫上铜皮夹紧在台钳上，用专用扳手旋下喷油器紧帽，取出喷油嘴偶件。从台钳上卸下喷油器体。

④清理喷油头紧帽内外的积炭，将拆下零件（喷油嘴偶件除外）用清洁的柴油或煤油清洗干净，应仔细疏通喷油器体上的油道，用干燥的压缩空气吹净。

⑤将喷油嘴偶件单独放入清洁的油盆中浸泡一段时间，在油中轻轻拉动针阀进行清洗，用铜丝刷将喷头表面刷净，用磨尖的钢丝清除喷孔内的积炭，然后放入清洁的柴油中冲洗干净。

2. 喷油器的检查

①检查偶件的密封锥面及导向圆柱面是否有烧结或拉毛现象。

②检查针阀与顶杆接触的小圆柱体是否弯曲。

③检查偶件的密封端面与喷油器体结合面贴合是否紧密。

④对喷油嘴偶件做滑动性试验。

3. 喷油器的装配

①将喷油器体垫上铜皮夹紧在台钳上。

②将喷油嘴偶件装入紧帽内，一同旋入喷油器体上，按规定的扭矩旋紧。喷油头紧帽扭紧力矩规定为 58.8 ~ 78.4N·m。从台钳上卸下喷油器。

③将喷油器体垫上铜皮夹紧在台钳上，依次将挺杆、弹簧和弹簧座装入喷油体中，旋入调压螺钉。

④从台钳上卸下喷油器。

4. 喷油器的校验

①检查试验台是否完好，将喷油器安装在试验台上。

②喷油压力测试：用手压动柱塞泵，使油压逐渐上升，当喷油器开始喷油时，压力表所指示的数值即喷油压力值。如果该数值不符合要求，则需要调整。方法是，旋动调压螺钉，若油压偏低，应将调压螺钉向内旋入；若油压偏高，则应向外旋出。反复调试直到符合规定要求为止。锁紧锁帽，装上护帽，复测喷油压力。

③喷雾试验：喷油器在试验台上以每分钟 40 ~ 80 次频率喷油，应呈均匀分布雾状，喷射角度应符合标准（150°）。

④密封试验：以较慢的泵油速度使油压逐渐上升至比喷油阀开起压力低时，停止泵油，此时喷油器在 10s 内应保持不渗油、不滴油，或者让喷油器在 19800kPa 时不喷油，在 10s 内油压不降至 17640kPa。

⑤校验合格后，取下喷油器。

⑥清理场地，回收工具。

5. 技术要求及注意事项

①济柴 190 系列的柴油机喷油器针阀开起压力规定为 19600 ± 490kPa。

②喷油头紧帽扭紧力矩规定为 58.8 ~ 78.4N·m。

③校验喷油器必须进行喷油压力测试、喷雾试验、密封试验。

（二）喷油正时的检查与调整（以卡特 3500 型柴油机为例）

①清洁摇臂罩壳表面，取下所有罩壳。

②盘车。拆下盘车孔菱形盖，将正时螺钉插入正时孔内并抵住飞轮盘面，用专用盘车工具盘转飞轮到正确的第一缸压缩冲程上止点，这时正时螺钉应能插入飞轮上的正时孔内。

③检查第一缸上止点位置。捻动进、排气门挺杆，是否转动灵活。

④装配仪器。选择合适的测杆，将测杆放入磁性夹具中，加长套安装到磁性夹具上，将百分表安装到加长套内并锁紧，确保磁性夹具的底部和标准样规的顶部表面清洁和干燥。

⑤将组装好的百分表组合体放到样规上进行校准，注意样规上有 2 个台阶，按照所测发动机的实际正时高度来选择台阶高度 64.34mm 和 87.1mm。旋松百分表盘上的固定螺丝，旋转表盘直到指针指向零位，旋紧固定螺丝。

⑥检查测量。用橡胶锤敲击被测喷油器摇臂的推杆端头，紧固摇臂轴，测量该缸喷油器喷油高度，确保喷油器推杆顶部和凸肩的顶部表面清洁干燥。磁性夹具的底部紧密贴合在喷油器推杆的顶部表面，测杆的测头紧密贴合在喷油器的台阶之上，如果百分表显示在

±0.20mm 之内，则无须调整，超出此范围必须调整。

⑦调整。拧松调整螺钉的锁紧螺母，根据百分表的数值，顺时针或者逆时针转动调整螺钉使百分表指针指示在基准数值（0.00±0.20）mm 范围内，拧紧调整螺钉的锁紧螺母。

⑧复查。确定调整没有变化，则进入下一个喷油器的调整，直到第一圈全部检查调整完毕。

⑨继续盘转 360°，进入第二圈调整。

⑩复装。取下正时测量组件，拆解、清洁后放入专用工具箱内。检查摇臂罩壳和密封圈并清洁，复装摇臂室罩壳。

⑪取出正时螺栓，装上正时定位孔丝堵，装上盘车孔菱形盖。

⑫清理现场，回收工具，摘下检修警告牌。

⑬启动柴油机，检查有无异常现象。

技术要求及注意事项：

①该工作必须于停车状态，待机体温度冷却至环境温度时进行。

②测量工具在使用前和使用后都要保持清洁。

（三）济柴 12V190 系列柴油机供油提前角的检查与调整

1. 检查供油提前角

①检查油路三通阀，应处于全通位置。

②扳下油压低自动停车手柄并固定，将喷油泵齿条置于最大供油位置。

③旋松喷油泵上的放气螺钉，排除喷油泵内的空气后旋紧。

④拆下喷油泵上的高压油管接头，将高压油管移开。观察出油阀紧座处油面是否上升，判断出油阀是否完好，损坏时要更换新件。

⑤打开第一缸气缸盖上罩壳，捻动挺杆判断该缸工作状态，然后按柴油机运转方向盘转曲轴，使该缸活塞处于压缩冲程上止点。

⑥吹掉该缸出油阀紧座内的部分柴油。

⑦将曲轴反向转动一定角度，角度大小根据柴油机供油提前角确定，一般大于供油提前角 20°。

⑧一人缓慢地按照柴油机运转方向盘转曲轴，另一人密切注意观察该缸出油阀紧座内油面。当油面微动的瞬间停止盘动。此时飞轮指示读数，即该缸的供油提前角。

⑨按上述方法复查几次，取其平均值即该缸的供油提前角。如实际供油提前角不符合规定值应进行调整。

2. 调整供油提前角

①拆下联轴器防护罩。

②盘车，松开联轴器的连接螺栓。

③按柴油机运转方向盘转曲轴至第一缸的供油始点理论位置；压缩冲程上止点前 41°（飞轮刻度 319°）。

④将联轴器小撬棒插入从动内齿圈扳杆孔内，轻轻按逆时针方向（从调速器端看）扳动内齿圈至供油始点角度前 20°。

⑤吹掉出油阀紧座内的部分积油，再顺时针缓缓扳动至紧座内油面微动时停止。紧固 1 ~ 2 个传动装置联轴器螺栓，复查供油提前角。

⑥吹掉出油阀紧座内的部分燃油。

⑦反方向盘转曲轴 20° 后再缓缓正盘，同时注意观察出油阀紧座内的油面，在油面微动的瞬间停止盘车。

⑧检查调整的供油提前角是否准确，不准确时按上述方法重新调整。

⑨检查合格后，盘车紧固其余螺栓。紧固时要用力均匀，防止螺栓断裂。

⑩安装紧固喷油泵高压油管、联轴器防护罩及气缸盖上罩壳。

⑪ 松开油压低自动停车手柄，擦净喷油泵处油污。

⑫ 摘下检修警告牌。

⑬ 按规定启动柴油机进行试车检查。

⑭ 回收工具，并擦拭干净。

3. 技术要求及注意事项

①当喷油泵凸轮轴等有关零件加工正确、转动装置安装位置正确时，同一油泵各供油间隔是均匀的，可保证各缸的供油提前角在同一数值内。因此，供油提前角只需抽查一个缸即可。

②供油提前角的检查应在出油阀偶件、柱塞偶件及柱塞弹簧完好的情况下进行。

③调整时油路应畅通，喷油泵处于供油状态。齿轮、齿条无卡滞现象。

④济柴 Z12V190B 型柴油机供油提前角为（41 ± 1°）（表 8–9）。

表 8–9　济柴 Z12V190B 型柴油机供油提前角检查表

发火顺序	1—8—5—10—3—7—6—11—2—9—4—12											
气缸序号	1	2	3	4	5	6	7	8	9	10	11	12
压缩冲程上止点	360°	120°	240°	240°	120°	360°	300°	60°	180°	180°	60°	300°
飞轮指示刻度（供油提前角）	319°	79°	199°	199°	79°	319°	259°	19°	139°	139°	19°	259°

第四节　气源设备维修与调整

一　更换寿力压风机最小压力阀

①悬挂警示牌。

②关闭压风机出气闸门。

③打开油气分离器侧柜门，拆下上部散热格栅。

④拆下最小压力阀与油气冷却器连接管线，拆下放空阀、气压表、压力调节阀连接管线。

⑤拆下加卸载电磁阀气管线。

⑥拆下最小压力阀。

⑦检查新最小压力阀外观，检查阀芯是否工作灵活。

⑧装上新最小压力阀。

⑨连接最小压力阀与油气冷却器连接管线，安装放空阀、气压表、压力调节阀连接管线。

⑩连接通向加卸载电磁阀气管线。

⑪关闭打开油气分离器侧柜门，装上上部散热格栅。

⑫打开压风机出气闸门。

⑬摘下检修警示牌。

⑭清理现场，回收工具。

技术参数及注意事项：

①拆除最小压力阀之前对连接管路做好标记。

②最小压力阀用来保证油气分离罐压力在加载工况下不低于运行最低压力 50psi（3.5bar）。

③油气分离罐压力低于 50psi（3.5bar）时，压力阀关闭，断开分离罐和供气管，防止卸载或停机期间压缩空气回流。

④最小压力阀内设有止回阀，能防止停机或卸载时管线压缩空气的回流。

⑤管线拆除后要注意包裹，避免灰尘、杂质进入内部。

⑥操作过程中注意回收管道内旧油，完成后彻底清理，避免污染环境。

二 更换寿力压风机电磁阀

①释放所有压力，关闭空压机总电源并落锁，悬挂禁止合闸标识牌。

②打开螺杆式空气压缩机电磁阀侧柜门，脱开电磁阀线圈接头。

③卸下固定帽，取下电磁线圈。

④拧下电磁阀底座组件，拆下阀芯，阀芯弹簧和垫圈。

⑤拆下底盖，密封圈，弹簧和阀针。

⑥更换新电磁阀，连接电磁阀线圈接头。

⑦摘除禁止合闸标识牌，打开挂锁，接通空压机总电源。

⑧开机，检查电磁阀动作是否灵敏。

⑨清理现场，回收用具、工具，关闭螺杆式空气压缩机电磁阀侧柜门。

技术参数及注意事项：

①更换电磁阀做好能量隔离措施，将空压机通往气瓶的闸门关闭。

②更换电磁阀，落锁挂牌。

安全风险提示

①操作前应熟知操作和保养手册里的说明和警告，避免事故发生或设备的损坏。

②操作者务必按规定佩戴安全帽、护目镜、听觉防护和其他劳动防护用品。

③不要触摸运转中的发动机的任何部位。在拆开任何管路、接头或相关零部件之前，释放相应系统内的所有压力。

④在维修电气设备前采取必要的能量隔离措施，必须断开电源，而且应有防止误操作的锁闭设施和明显的警示标志牌。

⑤冷却循环系统的高温冷却液能造成严重的烫伤。

⑥如果在紧急停机 15min 之内拆下曲轴箱盖，有可能发生闪燃。

⑦拆卸盖板时要注意，在拆下最后两个螺栓或螺母之前，将盖撬松，以便释放弹簧压力或其他压力。

⑧启动新发动机或大修后发动机时，应做好超速时停机准备。

⑨只有经过岗位培训并获得相应资格人员，才能对动力设备进行调整和零部件更换。

⑩动力设备正在运行时，禁止进行维护和修理操作。

⑪在拆卸、检修过程中，切勿将废弃物倾倒在地面上、排水管中或任何水源里，严禁将油类、泥浆、固体物质等随意排放，必须回收进行无害化处理。

⑫存在高处作业时，应严格执行有关高处作业的操作规程及安全要求。

⑬禁止擅自改动原设备制造厂家（OEM）接线安装的电子系统。

⑭检修完成后做到工完料净，禁止在发动机上堆积任何易燃物。

⑮其他安全注意事项，执行相关规定。

思考题

1. 零部件的主要装配精度有哪些？
2. 螺栓的装配要求主要有哪些？
3. 更换卡特 3500B 系列柴油机喷油器应注意哪些事项？
4. 济柴 12V190 系列柴油机有哪些主要的调整项点？
5. 卡特 3500 型柴油机喷油正时的调整主要技术参数有哪些？
6. 安装济柴 12V190 系列柴油机 Z 型高压油泵有几个调整项目点？

扫一扫
获取更多资源

第九章

修理工艺

PART 9

柴油机及发电机组在使用过程中，各运动件经常在高温、高速和高负荷条件下工作。由于运动件之间的相对运动，不可避免地要产生零件的磨损，使其配合间隙增大，从而出现漏油、漏气、漏水、漏电等现象。此外，随着运行时间的延长，柴油机及发电机组原有技术性能将逐步变差，如不及时进行修理，其功率就会大大降低，燃油、润滑油消耗也会大大增加，最终导致丧失工作能力。因此，必须通过检验、维修的手段，使柴油机及发电机组恢复原有的技术性能。

第一节　维修类别与工艺

柴油机及发电机组修理是指柴油机所有零部件及总成的修理。在生产实际中，为了便于管理，将柴油机的修理作业，按其对象和范围，划分为不同的修理类别与工艺过程。

一　柴油机及发电机组维修类别

一般分为大修、小修、总成大修和零件修理四个类别。各类维修性质及划分标志概述如下。

1. 柴油机及发电机组大修

柴油机及发电机组大修是指新机或大修后的柴油机及发电机组，运行了一定时间并通过技术鉴定后，按照需要有计划地进行一次恢复性的修理，大修周期应根据随机说明书建议大修时间、燃油消耗总量、润滑油消耗量的增加、曲轴箱窜气量的增加、润滑油中磨损金属分析等综合性能和现场技术状况来确定。大修时，应将柴油机及发电机组彻底解体，更换和修复损坏的零件。

柴油机及发电机组大修的目的主要是通过修理，恢复柴油机及发电机组的动力性、经济性和可靠性，使柴油机及发电机组的技术状况达到规定的标准。

2. 柴油机及发电机组小修

小修是指柴油机及发电机组的总成或结构系统中个别零件或构件的修理，是一种运行性的修理。其主要目的是消除柴油机在运行中发生的临时故障和局部损伤，一般不规定修理周期的某些已掌握磨损规律的零件或总成，可以进行预防性修理（如研磨气门、更换活塞环等）。

3. 柴油机及发电机组总成大修

柴油机及发电机组总成大修是指总成经过一定工作时间后，其基础件和主要零件破裂、磨损、变形等，需要拆散进行彻底修理以恢复总成技术性能。

4. 柴油机及发电机组零件修理

柴油机及发电机组零件修理是指柴油机及发电机组各零件，在使用过程中发生破裂、磨损腐蚀和变形等，采用各种加工修理工艺，以恢复其使用性能的修理作业。

二 柴油机及发电机组的维修工艺过程

柴油机及发电机组的维修是由各种工艺作业组成的，按照一定顺序完成这些作业的过程称为工艺过程，是由以下工序组成的。

1. 检验接收

对于送修的柴油机及发电机组必须进行检验，以确定其完整性和技术状况，通过检验可以掌握柴油机及发电机组损坏的规律，提高修理质量，为进一步确定修理工时和费用定额提供依据。

2. 柴油发电机组解体

柴油发电机组进行外部清理后，应排尽润滑油、燃油和冷却液，以先总成后零件、先外部后内部的顺序进行拆卸。

3. 清洗零件

零件的清洗过程中易于发现零件损伤，便于对其进行检验和修理，是提高修理质量和改善劳动条件的重要工序。

4. 检验和分类

零件的检验和分类是柴油机及发电机组大修中较重要的工序，它不仅影响修理质量，也影响修理成本。

5. 柴油机及发电机组维修

柴油机及发电机组维修是整个修理过程中的关键工序。柴油机及发电机组寿命的长短、成本的高低，在很大程度上取决该工序。

6. 总装

总装是指把零件、部件和总成装配成整机。正确的装配方法和技术要求是保证柴油机及发电机组修理质量的重要因素之一。

7. 磨合和试验

磨合和试验是延长柴油机使用寿命、检查修理质量的工序。通过磨合试验，消除运动副表面的粗糙不平，使其配合及形状更有利于工作，并检查排除修理及装配中的缺陷，提高修理质量。

8. 竣工检验

柴油机及发电机组大修竣工后，必须进行最后检验，对柴油机及发电机组作出技术鉴定，检验其动力性和经济性等指标，检查运转是否正常，有无异常响声，有无漏水、漏气、漏油、漏电等现象，外部零部件是否齐全等。

第二节　柴油机解体

对送修的柴油机进行必要的检验，确定好维修项目后将柴油机进行解体。解体柴油机是一项复杂而又细致的工作。选择合适的拆卸工具是保证拆卸质量的前提，利用恰当的拆卸方法是拆卸质量的重要保证。拆卸前应先放净柴油机内部的冷却液、润滑油和燃油，并将其收集在专用容器内，尽量避免污油、污水污染环境。同时，还要把柴油机外部清洗干净。

柴油机的解体要根据其结构特点，按由整体到总成、由总成到部件、再由部件到零件的顺序进行拆卸。一般要按照先外后内、由附及主的规律。

一　螺纹连接件的拆卸

（一）断头螺钉的拆卸

当螺钉断在机体表面及以下时，可以用下列方法进行拆卸。

①在螺钉上钻孔，打入多角淬火钢杆，将螺钉旋出。

②在螺钉中心钻孔，用断丝取出器旋出断头螺钉。

③在螺钉的断头上用钢锯锯出沟槽，用一字螺钉旋具将其旋出，或在断头上加工出扁头或方头，然后用扳手旋出。

④在螺钉断头上加焊一弯杆或加焊一螺母旋出。断头螺钉较粗时，可用扁錾沿圆周剔出。

（二）打滑六角螺钉的拆卸

六角螺钉应用的场合较多，当内六角磨圆后会产生打滑现象而不容易拆卸，这时用一个孔径比螺钉头外径稍小一点的六方螺母，放在内六角螺钉头上，然后将螺母与螺钉焊接成一体，待冷却后用扳手旋六方螺母，即可将螺钉迅速旋出。

（三）锈死螺纹件的拆卸

易锈死的螺纹件有螺钉、螺柱和螺母等，当其用于紧固或连接时，由于生锈而不易拆卸，这时可采用下列方法。

①用手锤敲击螺纹件的四周，使锈层松动，然后旋出。

②反复旋紧和旋松，直至旋出。

③在螺纹件四周浇煤油或松动剂，浸渗一定时间后，先轻轻锤击四周，使锈蚀面略微松动后，再旋出。

④若零件允许，可采用快速加热法，使其膨胀，然后迅速旋出螺纹件。

⑤采用车、锯、錾、气割等方法，破坏螺纹件。

二 螺钉组的拆卸

螺钉组的拆卸，除应按照单个螺钉的拆卸方法拆卸外，还应注意以下几点：

①首先将各螺钉都旋松 1 ~ 2 圈，然后按要求拆卸，以免力量都集中在一个螺钉上，造成难以拆卸或零件变形。

②按对角线对称拆卸，以防止零件变形或损坏。

③处于难拆卸部位的螺钉，应首先旋松或卸下。

④拆卸悬空部件的环形周缘的螺钉时，应特别注意安全。旋松螺钉时，应从下面开始，按对称位置逐一旋松，最上面的螺钉应最后取出，以免造成事故或使零件变形和损坏。

⑤对于从外部不易观察的螺钉，往往容易疏忽，在拆卸时应仔细检查。当确定螺钉已被完全拆除后，再用螺钉旋具、撬杠等工具将连接件分开，否则容易损坏零件。

三 静配合件的拆卸

静配合件拆卸的关键在于正确使用专用工具，避免损坏配合件与配合面。在使用专用工具拆卸静配合件时，应注意以下几点：

①加力部位必须正确。例如，从轴上拆下滚动轴承时，应在轴承内座圈上加力。

②加力应均匀，要施力在受力面的中心。

③拆卸前要检查连接件有无销钉、螺钉等补充固定装置，以防止零件被拆坏。

④注意拆卸的正确方向。

四 柴油机解体注意事项

①首先必须熟悉被拆件的构造及特点。

②喷油泵等精密部件或总成的分解需在相应的工作位置上进行。

③有装配关系的零件，为便于装配，拆卸后应按原状做好装配标记或挂上标签。

④被拆卸的螺纹连接件应区分专用件与标准件，并分类保管。

⑤不必拆散的零部件可以不拆，但需经检验员认可。对脆性材料的零件，注意不要损坏；配合精度高的部件，未发现故障，经检验员同意可免于拆卸，以免影响其精度。

⑥在使用过程中达到较好配合的零件，修理过程中不要混淆，以免互相调换。

⑦拆卸过程中要选择合乎要求的拆卸工具或专用工具。

第三节　柴油机零件清洗

零件的清洗是修理工作中的重要一环。零件清洗的方法和效果直接影响对其鉴定的准确度、修理成本及修理后的机器使用寿命。

拆卸下来的零件，或多或少会粘附不同程度的油污、积炭和水垢。为了便于对零件进行检验、修理加工，必须清除这些污物。因此，要根据不同的材料、不同精度的零件，选用不同的方法来清洗，达到清除污垢而不损伤零件的目的。

一　清除油污

油污的清除可根据现场的具体情况选择专用清洗剂、煤油、柴油或自己配制碱性溶液进行清洗。

1. 专用清洗剂

专用清洗剂严格按照使用说明进行零部件的清洗。

2. 煤油、柴油

煤油、柴油有较好的溶解油污能力，使用方便，对金属零件表面无损伤，但成本较高，一般只用于精密零件的清洗。

3. 碱性溶液

利用碱性溶液的特性，使零件表面的油污溶解在其中或与其形成乳浊液，从而达到清除油污的目的。一般来讲，油污在零件表面的附着力较强，要使油污和金属分离，单纯靠一种碱是不够的，往往在碱性溶液中还要加入一定量的乳化剂和其他物质，以提高清洗效果。

（1）清洗零件

残存在零件表面的油污，在高温溶液中黏度降低，同时由于表面张力和膨胀作用，使油膜皱缩而破裂，形成小珠滴。高温能提高溶液的循环流动，加速去除油污的过程，但温度过高，清洗液蒸发过多，清洗液浓度升高，反而不利于清洗，适宜的加热温度为80～90℃。

当溶液温度加热到80～90℃时，将要清洗的零件放入浸煮，并不断地搅拌碱性溶液。搅拌能使溶液增加一定的运动量，冲击油层，从而加速油污从零件表面的分离，也可用加热后的溶液直接对零件进行喷洗。

（2）清洗后的处理

零件经碱性溶液清洗后，需用热水冲洗一遍，以防腐蚀。然后，用压缩空气吹干，并涂上防锈油。

二 清除积炭

现场常用的清除积炭的方法主要有两种：一种是手工清除法；另一种是化学清除法。

1. 手工清除法

根据零件需要清除的部位及形状，制成专用的金属丝刷或刮刀，把金属丝刷安装到电钻上来刷除积炭，或用专用刮刀直接刮除。

2. 化学清除法

这种方法是将零件放在化学溶液中，保持一定时间，使零件表面的积炭在化学溶液作用下软化、松脱而清除掉。

当用化学清除法清除金属零件的积炭时，可根据零件的材质选择相应配方。一般先将溶液加热至 80～95℃，浸泡 2～3h 即可。取出后用毛刷或棉纱擦除积炭，最后用加入 0.1%～2.3% 重铬酸钾的热水冲洗干净，用压缩空气吹干或晾干。

三 清除水垢

水垢的导热性极差，会降低冷却效果，使柴油机过热、工作恶化。因此，柴油机修理时必须清除水垢。

1. 清除含硫酸钙和碳酸钙较多的水垢

可采用 8%～10% 的盐酸溶液。为了防止零件受盐酸的腐蚀，可用乌洛托品作为缓蚀剂，其加入量为 3～4g/L，溶液温度为 50～60℃，清洗时间为 50～70min。用盐酸溶液处理后，应该再用 5% 的重铬酸钾水溶液进行清洗，或者用 5% 的苛性钠水溶液注入水套内，中和残留在水套内的酸溶液。然后用清水反复冲洗，直到清洗干净为止。

2. 清除含硅酸盐较多的水垢

可采用 2%～3% 的苛性钠溶液。处理时溶液温度为 30℃，清洗时间为 8～10h。具体的配方为：苛性钠 750g、煤油 150g、水 10L。

3. 清除铝合金零件的水垢

配方为：磷酸 100g、铬酐 50g、水 1L。处理时溶液温度为 30℃，清洗时间为 30～60min。零件取出后用清水洗净，再在温度为 80～100℃且含有 0.3% 的重铬酸钾的水溶液中清洗，最后吹干或晾干。

第四节　柴油机零件检验

柴油机零件的检验是修理的重要环节，可以有效保证修理质量降低维修费用。

一 检验的原则

①在保证质量的前提下，尽量缩短维修时间，节约原材料、配件、工时、提高利用率与降低成本。

②严格掌握技术规范、修理规范，正确区分可用、修理、报废的界限，从技术条件和经济效果综合考虑。既不能让不合格的零件继续使用，也不能让不必维修或不应报废的零件进行修理或报废。

③努力提高检验水平，尽可能消除或减少误差，建立健全合理的规章制度。按照检验对象要求，特别是精度要求选用检验工具或设备，采用正确的检验方法。

二 检验的分类

1. 修前检验

修前检验在机械设备拆卸后进行。对已确定需要修复的零部件，可根据损坏情况及生产条件选择适当的修复工艺，并提出技术要求；对报废的零部件，要提出需补充的备件型号、规格和数量；不属备件的需要测绘出草图或零件图。

2. 修后检验

指机械设备零件经加工或修理后，检验其质量是否达到了规定的技术标准，确定是合格件、报废件或返修件。

3. 装配检验

指检验待装零件质量是否合格、能否满足要求；在装配中，对每道工序都要进行检验，以免因中间工序不合格，影响装配质量或造成返工；组装后，检验累积误差是否超过技术要求；总装后要进行调整，包括工作精度、几何精度及其他性能检验、试运转等，确保维修质量。

三 检验的主要内容

①零件的几何精度：包括零件的尺寸、形状和表面相互位置精度。平时经常检验的是尺寸、圆柱度、圆度、平面度、直线度、同轴度、平行度、垂直度、跳动等项目。根据维修特点，有时不是追求单个零件的几何尺寸，而是要求相对配合精度。

②零件表面质量：包括零件表面粗糙度及零件表面有无擦伤、腐蚀、裂纹、剥落、烧损和拉毛等缺陷。

③零件的物理力学性能：除零件硬度、硬化层深度外，零件制造和修复过程中形成的性能，如应力状态、平衡状况、弹性、刚度、振动等也需根据情况适当进行检测。

④零件的隐蔽缺陷：包括制造过程中的内部夹渣、气孔、疏松、空洞、焊缝等缺陷，还有使用过程中产生的微观裂纹。

⑤高速转动的零部件应进行静、动平衡试验。

⑥零件的材料性质：如零件合金成分、渗碳层含碳量、各部分材料的均匀性、铸铁中石墨的析出、橡胶材料的老化变质程度等。

⑦零件表层材料与基体的结合强度：如电镀层、喷涂层、堆焊层等与基体金属的结合强度，机械固定连接件的连接强度、轴承合金和轴承座的结合强度等。

⑧组件的配合情况：如组件的同轴度、平行度、啮合情况与配合的严密性等。

⑨零件的磨损程度：根据零件的磨损程度及磨损极限值，确定其是否能继续使用。

⑩密封性：如内燃机缸体、缸盖需进行密封试验，检查有无泄漏。

四 检验的方法

1. 直观检验法

不借助量具和仪器，仅凭检验人员的直观感觉和经验来鉴别零件的技术状况，统称直观检验法。这种方法精度不高，只适于分辨缺陷明显的或精度要求不高的零件，要求检验人员有丰富的经验和技术。具体方法如下。

目测：用眼睛或借助放大镜对零件进行观察和宏观检验，如对倒角、圆角、裂纹、断裂、疲劳剥落、磨损、刮伤、蚀损、变形、老化等作出可靠的判断。

耳听：根据机械设备运转时发出的声音，或敲击零件时的响声判断技术状态。零件无缺陷时声响清脆，内部有缩孔时声音相对低沉，若内部出现裂纹，则声音嘶哑。

触觉：用手触摸被检验的零件，可判断工作时温度的高低和表面状况；将配合件进行相对运动，可判断配合间隙的大小。

2. 测量工具和仪器检验法

这种方法由于能达到检验精度要求，所以应用最广。

①用各种测量工具（如卡钳、钢板尺、游标卡尺、千分尺或千分表、厚薄规、螺纹规、齿轮规、量块等）和仪器检验零件的尺寸、几何形状、相互位置精度。

②用专用仪器、设备对零部件的应力、强度、硬度、冲击性、伸长率等力学性能进行检验。

③用静、动平衡试验机对高速运转的零件作静、动平衡检验。

④用弹簧检验仪或弹簧秤对各种弹簧的弹力和刚度进行检验。

⑤对承受内部介质压力并需防止泄漏的零部件，在专用设备上进行密封性检验。

⑥用金相显微镜检验金属组织、晶粒形状及尺寸、显微缺陷、分析化学成分。

3. 物理检验法

它是利用电、磁、光、声、热等物理量，通过零部件引起的变化来测定技术状况、发现内部缺陷。这种方法通常与仪器、工具检测相结合，它不会使零部件受伤、分离或损坏被称为无损检测。

对维修而言，这种检测主要是对零部件进行定期检查、维修检查、运转中检查，通过检查发现其缺陷，根据缺陷的种类、形状、大小、产生部位、应力水平、应力方向等，预测缺陷发展的程度，确定修补或报废。目前，在生产实践中得到广泛应用的有磁力法、渗透法、超声波法和射线法等。

第五节　柴油机总装

柴油机的总装就是将符合技术要求的零件（更换的新配件和维修后合格的零件）先按装配要求组装成部件，检验合格后，再装配到柴油机机体上，使之成为一台完整柴油机的过程。总装的质量如何，将直接影响到柴油机的正常使用。

一　柴油机总装的条件

在柴油机的使用现场，完全解体的柴油机总装情况较少，只进行某一部件或组件的装配情况较多。无论是解体后的总装，还是某一部分或组件的装配，除装配设备及操作条件不同外，其基本要求及技术规范大同小异，都必须达到装配质量的标准。为了保证柴油机总装的质量，首先必须为总装工作创造良好的条件。正规的柴油机总装工作，应该是在封闭车间里进行。封闭车间的优越性在于能够独自形成系统的装配流水线，装配工艺合理，卫生条件好，温度控制均衡。在封闭车间里总装出的柴油机，其装配质量稳定可靠。

二　柴油机总装顺序

柴油机总装要制订出合理的柴油机总装工艺流程，使整个总装工作按照一定的顺序，有条不紊地进行。柴油机的总装工作，应以机体为主体，由里向外逐步进行。不同型号的柴油机，因其结构不同，装配顺序及方法也有所不同。装配顺序应以保证装配质量为宗旨，可结合实际情况灵活掌握。

三　柴油机总装具体要求

柴油机总装时，还应满足以下具体要求。

①每道工序必须严格按工艺要求、按照装配配套一览表检查验收零部件。检查验收的内容：

a. 有无上道工序检查员的合格件卡或标记，没有时应拒绝装配。

b. 零部件数量是否准确，质量是否符合要求。零部件应无污物、无碰伤、无毛刺、无修复缺陷，底漆应完整无脱层。

发现问题应退回上道工序，并填写反馈卡。

②不可互换的零部件应辨清序号按原位安装。如各轴瓦、瓦盖、活塞、连杆、平衡块等。

③各机构、系统通过齿轮传动的正时关系要正确，如配气相位、供油提前角等。

④无论哪道工序，装配过程中一定要注意清洁。必须使用专用擦拭纸将各配合表面擦净，各相对运动表面要均匀地涂抹润滑油。

⑤各螺栓的螺纹部位也要均匀地涂油，旋紧时要按规定顺序，分多次旋紧。如气缸盖螺栓、主轴承螺栓、连杆螺栓等。

思考题

1. 柴油机的维修类别有哪四种？
2. 简述柴油机的维修工艺流程。
3. 简述柴油机零件清洗油污和积炭的基本方法。
4. 柴油机总装的具体要求是什么？

扫一扫
获取更多资源

第十章

调试验收

PART 10

为了全面检查柴油机的修理质量，保证其在使用中的安全性和可靠性，大修后的柴油机都需要进行验收试验。通过验收试验，可查明柴油机在修理和装配过程中存在的缺陷，以便及早发现和排除。

第一节　柴油机调试验收

一　柴油机性能试验

（一）性能试验

1. 柴油机性能试验知识

柴油机试验对于发展柴油机理论、设计制造新产品、研究和提高整台柴油机及其零部件的性能具有十分重要的意义，它在指导柴油机的生产、维修和使用方面也有着无可替代的作用。现场中柴油机所进行的各种试验，尽管形式不同，但都可以归结为以下三种类型。

（1）柴油机性能试验

柴油机性能试验的目的是对新产品或经过重大改进的柴油机进行全面的性能试验，以检查其各项性能指标是否达到设计或改进的要求。柴油机的性能试验一般包括启动特性、速度特性、负荷特性、调速特性、怠速特性、空转特性、机械效率、耐久性、各缸均匀性及标定工况下的稳定性试验等。

（2）柴油机检查性试验

柴油机检查性试验的目的是检查柴油机产品的质量，主要包括出厂试验和定期抽查试验等。

（3）柴油机单项专题试验

这是对柴油机进行研究和技术革新后，开展的一种专门性的试验。这类试验涉及的内容非常广泛，包括柴油机原理、设计、制造工艺、使用情况各个方面。

2. 柴油机试验的准备工作

为了使柴油机的试验能够顺利进行，并能得到正确的结果，必须做好以下准备工作。

（1）仪器和物资的准备

为了使试验结果准确、可靠，必须保证所测定参数的精度。要想保证测量精度，测量仪器就必须达到一定的精度等级。且在试验前，要对使用仪器进行检验，合格后才能使用。除此之外，还要准备好试验所需的柴油、润滑油以及必要的零件和附件。

（2）柴油机的准备

进行试验的柴油机，其性能要符合试验的要求。在正式试验以前，要根据不同的试验目的，进行一系列的准备工作，比如磨合、试验前数据的测量等。

（3）资料的准备

根据试验类型，应分别准备有关资料，比如试验规范、试验大纲等。

3. 性能鉴定

柴油机性能鉴定的目的是对其新产品或经过重大改进的柴油机进行全面鉴定，以考核性能指标是否达到设计或改进的要求。

（1）启动性能

启动性能是反映柴油机启动难易程度的一个指标，一般用启动时间、启动次数表示。启动时间越短、启动次数越少说明柴油机启动性能越好。评定柴油机启动性能时，以三次启动的平均值为准。

（2）动力性能

现场评定柴油机动力性能的指标有两个：功率、扭矩。

①功率：柴油机长时间连续运转时发挥的最大功率。

②扭矩：是衡量柴油机驱动能力的一项指标。柴油机输出扭矩的大小，表明了其可以克服旋转阻力矩能力的大小。阻力矩就是柴油机的负荷，它与柴油机的输出扭矩大小相等、转向相反。如果柴油机不带负荷，其扭矩是发挥不出来的。

柴油机的扭矩、转速和功率的关系如下式：

$$M = 9550\frac{N}{n}$$

式中 M——扭矩，N·m；

N——功率，kW；

n——转速，r/min。

从式中可以看出，扭矩 M 与功率 N 成正比。但须注意，柴油机输出的最大扭矩一般不在额定功率和额定转速时，如济柴 Z12V190B 型柴油机，最大扭矩所对应的转速为 1050r/min。

4. 经济性能

评定柴油机经济性能的指标有两个：燃油消耗率、润滑油消耗率。

（1）燃油消耗率

燃油消耗率是表明柴油机经济性的重要参数。济柴 Z12V190B 型柴油机的燃油消耗率为（209.4+5%）g/（kW·h）。

（2）润滑油消耗率

润滑油消耗率也是表明柴油机经济性能的一项重要参数。济柴 Z12V190B 型柴油机的润滑油消耗率为 1.6g/（kW·h）。

5. 排放性能

排放性能主要指柴油机发出的声音大小和排放的气体中有害成分多少。

（1）噪声

柴油机噪声是污染环境、危害人体健康的一个因素。柴油机产生噪声的大小通常用分贝（dB）表示，济柴 Z12V190B 型柴油机噪声功率级为 125dB。

（2）烟度

排气烟度指柴油机排气中不透明的微粒使排气发暗的程度，一般用波许作单位。济柴 Z12V190B 型柴油机要求烟度在 3.1 波许以下。

（3）废气分析

废气分析的目的是找出柴油机燃烧产物中一些气体成分的含量，以判断燃烧过程的优劣。柴油机排气中的有害成份会造成大气的污染，国家对此已做了有关规定。

6. 调速性能

柴油机的调速性能指其在调速器的作用下，转速与负荷的关系，一般用稳定调速率来表示。稳定调速率指柴油机全负荷运转时突然全部卸掉负荷后的速度变化量与卸载前转速之比，这个数值越小越好。除此之外，还有一个指标就是怠速，要求柴油机的怠速数值越低越好，因为这样可以起到节油的作用。济柴 Z12V190B 型柴油机的稳定调速率为 8% 以下，怠速运转转速为 800r/min（尽量避免柴油机长时间怠速运转）。

7. 加速性能

柴油机的加速性能指其由低速低负荷突然向高速高负荷过渡的快慢的一个性能指标。一般用加速时间表示，其时间越短说明加速性能越好。

二 柴油机的现场磨合

柴油机的磨合可分为冷磨合和热磨合两种。

1. 冷磨合

所谓冷磨合是指柴油机由电动机或其他动力拖动运转进行磨合，可分为无压缩磨合和有压缩磨合两种形式。无压缩磨合是指将其减压机构打开或将喷油器卸掉，使缸内无压缩压力而进行的磨合；有压缩磨合是指不减压或装上喷油器使缸内形成压缩压力的磨合。

2. 热磨合

热磨合是指柴油机启动以后的自行磨合，可分为带载磨合和空载磨合两种形式。

应特别指出的是，柴油机各配合表面的磨合作用只是在一定时间内有效，盲目延长磨合时间，不但不能提高磨合质量，反而会带来不利的后果。

新机（包括大修后的柴油机）在使用前，无须再进行长时间的空载磨合运行。因为每台柴油机在出厂前都已进行过磨合，投产使用时，只需经短时间的试运转，看其各安装、连接部位工作是否正常便可。

三 柴油机现场试验验收

柴油机磨合完毕后，就可进行柴油机的其他性能试验。

1. 启动试验

启动性能试验应在冷车时进行，当环境温度高于等于 5℃时，重复进行三次启动，每次间隔时间 2min，每次启动时间不超过 10s，其中至少应有两次柴油机能顺利启动。

2. 密封试验

在 1500r/min 空车运转情况下，30min 内不得有漏油、漏水、漏气现象。

3. 调速试验

突然卸掉柴油机负荷，待其恢复稳定运转后，测量转速。按下式求出稳定调速率：稳定调速率 = 突然卸负荷后稳定转速 − 额定转速 / 额定转速 ×100%，稳定调速率要求在 10% 以内。

4. 安全装置试验。

①油压低自动停车装置试验。柴油机在标定转速下空负荷运转，使主油道油压逐渐降低，当油压降至 245 ~ 294kPa，油压低自动停车装置应开始动作，油压继续下降应能使柴油机自动停车。

②进气防爆装置试验。柴油机在标定转速下空负荷运转，分别用手动和气动操纵防爆装置阀门，使柴油机停车，从开始操作到停机的时间不得超过 30s。

③超速安全装置试验。

柴油机在空负荷下缓慢地提高转速，当转速升至标定值的 112% ~ 115% 时，超速安全装置应能自动动作，使柴油机自动停车，一般此类试验都是 75% 模拟转速测试，从出现超速现象到停车时间不超过 35s。

四 柴油机现场试验报告

柴油机试验完成后，整理编写试验报告。试验报告应包括下列内容：

1. 前言和概述

简单介绍试制、生产和试验概况。主要说明试验的目的、性质、要求、依据、方法、时间和地点等。

2. 柴油机主要技术规格

主要说明柴油机的型号、形式、缸数、缸径、活塞行程、总排量、压缩比、标定功率和转速、最大扭矩和转速、平均活塞压力、活塞平均速度、燃油和润滑油消耗率、曲轴旋转方向、润滑方式、冷却方式、启动方式、重量、外形尺寸及主要附件型号或形式等。

3. 试验设备和仪表

列表说明试验设备和仪表的名称、型号、规格、精度等级及制造厂家等，以及是否经过校准，并说明由什么部门校验的。

4. 试验内容及结果

逐一说明所进行试验的项目和试验的方法，分析试验结果是否符合有关规定，记录试验中观察到的问题。由试验结果而进行分析，对被试验的柴油机作出正确的评价，指明改进的方向。

5. 图表

在试验报告的最后，附上全部试验数据表格和曲线图。

五 柴油机完井鉴定

①油、气、水管线畅通无渗漏，橡胶管线、接头无老化，管线卡紧固。

②机房底座、梯子无开焊，无明显变形。

③运转部位护罩齐全，固定牢靠。

④柴油机排气管无泄漏。

⑤柴油机、液力耦合器、喷油泵、调速器润滑油液面、油质符合规定，无渗漏。

⑥油压低自动停车装置，防爆装置和超速安全装置工作灵敏可靠。

⑦飞轮与联接盘固定无松动，金属橡胶座完好，凸轮轴油堵及曲轴后油封完好无渗漏。

⑧中冷器的管线牢固，无渗漏。

⑨空气滤清器固定、密封完好，进排气管及增压器固定良好。

⑩机头盖、喷油器回油管无渗漏，缸盖螺丝紧固。

⑪机油冷却器、机油粗滤器和机身观察孔盖的固定牢靠，无渗漏。

⑫三滤清洁，无积灰、油泥。

⑬气启动马达无泄漏且运行正常。

⑭各种仪表完好齐全、灵敏。

第二节　柴油发电机组调试验收

一 技术标准与性能

1. 柴油发电机组的功率标定和修正

GB/T2820.1 规定的柴油发电机组四种功率标定描述如下：

（1）持续功率（COP）

持续功率定义：在规定的运行条件下并按制造商规定的维修间隔和方法实施维护保养，发电机组每年运行时间不受限制地为恒定负载持续供电的最大功率。

（2）基本功率（PRP）

基本功率定义：在规定的运行条件下并按制造商规定的维修间隔和方法实施维护保养，发电机组每年运行时间不受限制地为可变负载持续供电的最大功率。

在 24h 周期内允许的平均输出功率（Ppp）应不大于 PRP 的 70%，除非往复式内燃（RIC）机制造商另有规定。

注：当要求的平均输出功率大于规定值时，可使用持续功率。当确定某一变化的功率序列的实际平均输出功率时，小于 30%PRP 的功率应视为 30%，且停机时间应不计。

（3）限时运行功率（LTP）

限时运行功率定义：在规定的运行条件下并按制造商规定的维修间隔和方法实施维护保养，发电机组每年供电达 500h 的最大功率。

注：按 100% 限时运行功率每年运行时间最多不超过 500h。

（4）应急备用功率（ESP）

应急备用功率定义：在规定的运行条件下并按制造商规定的维修间隔和方法实施维护保养，当公共电网出现故障或在试验条件下，发电机组每年运行达 200h 的某一可变功率系列中的最大功率。

在 24h 的运行周期内允许的平均输出功率应不大于应急备用功率的 70%，除非往复式内燃机制造商另有规定。

实际平均输出功率（Ppa）应低于或等于定义应急备用功率的平均允许输出功率。当确定某一可变功率序列的实际平均输出功率时，小于 30%ESP 的功率应视为 30%，且不计停机时间。

对于同一种发电机组，额定功率类别不同，其大小也不同。所有国家标准以及 ISO8528-5（GB/T2820.5）均规定制造商在产品标牌上额定功率前必须标明功率类别，即加词头：COP，PRP 或 LTP。这样表示，既能反映发电机组的实际情况，又便于用户使用。

（5）制动马力（BHP）

制动马力未考虑其他部件损耗的动力，并不是输出动力，而是从总输出功率中减去各种机械损失功率的总和。

（6）电功率（EkW）

kV·A 就是千伏安，乘上功率因数就是千瓦（kW）。如果功率因数是 0.8，那么，400kV·A 变压器实际输出有功功率为 360kW。

发电机和发动机的特性关系如下：

EkW=Pf × kV·A；

BkW=EkW/Eff；

kV·A= 发电机的 kV·A 输出。

式中，EkW 为电功率；BkW 为发动机功率；Eff 为发电机效率；Pf 为相连接的负载的功率因数。

2. 柴油发电机组的功率匹配比

发电机组匹配比是指内燃机的标定功率与发电机的标定功率之比。

从总体上来讲，匹配比没有固定数值，但对于某一种机组而言，可以确定相应的匹配比值。确定匹配比值的原则是保证发电机组在规定的环境条件或现场条件下能发出额定功率并可靠运行。匹配比值不宜过大，否则会造成资源浪费，增大机组重量和体积，机组长期在低负载下运行将导致指标恶化。对于固定和船用发电机组，一般选择在 1.03 ~ 1.18 最为经济。

3. 柴油发电机组的功率修正

内燃发电机组的功率修正与内燃机的功率修正有着密切的关系，但又有区别。内燃机功率修正的目的是，当试验现场的环境条件为非标准环境条件时，为了对内燃机的性能做出判断，应将有关指标值（如功率、油耗等）修正到标准状况或者是把内燃机在标准环境条件下的有关指标值按现场条件进行修正，以便正确使用内燃机。

4. 柴油发电机组的电气性能指标

作为发电设备，柴油发电机组应能向用电设备提供符合质量要求的电能，而衡量电能质量的重要内容是柴油发电机组的主要电气性能指标。因此，使用者必须了解柴油发电机组的主要电气性能指标，性能指标如表 10–1 所示。

表 10–1 柴油发电机组各项指标

种类 \ 指标	稳态电压调整率 /%	电压稳定时间 /s	频率调整率 /%		频率稳定时间 /s	波动率 /%		说明
			稳定	瞬态		电压	频率	
Ⅰ	1	0.5	0.3	2	3	0.3	0.25	机组在 0 ~ 25% 额定负载下，其电压波动率和频率波动率允许比表列数值大 0.5
Ⅱ	1	0.5	1	5	3	0.5	0.5	
Ⅲ	3	1	3	7	5	0.5	0.5	
Ⅳ	5	3	5	7	6	1	–1	

（1）调整率

①稳态电压调整率

稳态电压调整率指机组在负载变化后的稳定电压相对于机组在空载时稳定电压的偏差程度，用百分比表示。稳态电压调整率取决于励磁调节器的调节能力。调节能力越强，稳态电压调整率越小。

②稳态频率调整率

稳态频率调整率指机组负载变化前后的稳定频率的差值与额定频率的比值。

③瞬态频率调整率

瞬态频率调整率指负载变化时，瞬时频率与负载变化前的频率的差值相对于额定频率的比值。

（2）波动率

①电压波动率。电压波动率指机组的电压在负载不变时，由于机组内部的原因产生的

波动。

②频率波动率。频率波动率指机组的频率在负载不变时，由于机组内部原因产生的波动。

（3）稳定时间

稳定时间指从负载突变时起，至电压或频率开始稳定所需的时间。

（4）空载电压整定范围

空载电压稳定范围为 95% ～105% 额定值。若机组的额定电压为 400V，则其电压稳定范围应为 380～420V，这就保证了由于输电线路产生电压降后，用电设备仍有正常的工作电压。当空载电压整定范围为 95% ～105%（对不可控相复励机组只考核 100%）额定电压时，稳态电压调整率和波动率应满足表 10–1 的有关规定。

（5）发电机电压波形正弦性畸变率

电压的理想波形是正弦波，但实际上发电机感应电动势中含有三次及三次以上的高次谐波，三次谐波励磁的发电机尤为严重。因此，发电机的电压波形产生正弦性畸变。

电压波形正弦性畸变率是总的谐波电压相对于基波电压的百分比。机组在空载额定电压时，线电压波形正弦性畸变率应不大于 10%（通常用失真度测量仪测定）。

电压波形正弦性畸变率过大，会使发电机严重发热，温度升高，发电机的绝缘受到影响。同时也对电气设备的正常工作有影响，例如可能引起继电保护、自动装置、电子计算机等的误动作或工作不正常。

（6）三相负载不平衡

三相不平衡负载将导致发电机三相绕组所供给的电流不平衡，使发电机的线电压之间产生偏差，同时使发电机发热和振动。对三相异步电动机，将产生对转子起制动作用的反向旋转磁场。因此，规定柴油发电机组三相中任何一相电流均不得超过额定值。各相电流不平衡度不超 25% 额定电流时，线电压的最高（或最低）值与三相线电压平均值之差，不超过三相线电压平均值的 5%。

二 外观质量的检查及基本技术要求

试验前的检查，应详细认真，当发现问题时，要根据情况进行必要的处理，以保障试验的顺利进行和试验数据的准确性。检查的项目及要求如下：

①外观尺寸应符合设计要求，各指示仪表完整，指示正确。

②机组的焊接应牢固，焊缝应均匀，无裂纹、药皮、残渣、焊穿、咬边、漏焊及气孔等缺陷，焊渣和焊药应清除干净。

③机座端盖无裂纹与缺陷，各部件应完整牢固，不得松动。

④机组涂漆部分的漆膜应均匀，无明显裂纹和脱落现象。

⑤机组电镀件的镀层应光滑，无漏镀斑点、锈蚀等现象。

⑥发电机组内、外部清洁，整齐，铭牌清晰、齐全，接地端子牢固可靠。

⑦引出线标记准确，接线盒各部分紧固螺栓无松动，接线、插座无损伤，连接插座紧固无松动。

⑧在环境温度 25℃时测量定子绕组电阻值，阻值与标准值相对误差应不超过 ±10%。

⑨用 1000V 兆欧表测量定子绕组冷态绝缘电阻不低于 10MΩ，热态绝缘电阻不低于 2MΩ。

⑩耐压试验：50Hz、交流 2500V、1min，无击穿闪络现象。

⑪轴承转动灵活无异响，温升不超过 55K。

三 成套性的检查

①机组成套性的检查按供需双方协议要求进行。

②每台机组应随附下列文件：合格证、使用说明书（至少包括技术数据）、结构和用途说明、安装保养和维修规程、电路图和电气接线图、备品清单（包括备件和附件清单）、专用工具和通用工具清单、产品履历书等。

③机组应按备品清单配齐维修用的工具及备用附件，在保用期内能用所配工具及所备附件进行已损零部件的修理和更换。

四 标志、包装和储运的检查

1. 机组的标志、储运

①机组的标志文字采用汉语或议定的文种，操作标志和指示标志，在机组运行时应是清晰易辨的。

②机组的电路图应制成清晰的标牌，安装在操作者工作时易于查看的位置。

③机组及其备用附件在包装前，凡未经涂漆或电镀保护的裸露金属应采取临时性防锈保护措施。

④机组按产品技术条件规定的储存期和方法储存应无损。

⑤机组根据需要应能适合各种运输方式。

2. 发电机组的标牌

标牌应固定在明显位置，其尺寸和要求应严格按 GB/T13306 的规定执行。机组的标志至少应包括下列项目：

名称、型号和相数。

额定转速（r/min）和额定频率（Hz）。

额定电压（V）和额定电流（A）。

额定功率（kW）和额定功率因数。

机组质量（kg 或 t）。

生产厂家名称。

机组编号和出厂日期。

标准代号及编号。

五 性能试验

1. 绕组绝缘电阻的测定和耐交流电压试验

这两项试验所用设备及试验方法与“同步发电机试验”相关部分完全相同，值得注意的是：对线路中的半导体元件（例如整流二极管或整流桥模块等）不进行本项试验，因此在试验时应将这些元件两端短路或将其与试验电路断开。

对于已在单机试验时进行过耐电压试验的交流同步发电机绕组，本次试验时，应将耐电压值降至标准规定的 80%。

2. 发电机组启动性能的检查

启动性能的检查，利用机组的启动装置，按照使用说明书的规定，启动机组三次，每两次的时间间隔为 10min，三次启动中，有一次启动成功即为合格。在试验过程中应注意以下几点：

①机组使用的燃油、润滑油均按产品规范的规定。

②机组在试验室或自然环境中进行试验。

③具有两种以上启动方式的内燃发电机组，每种启动方式应分别进行三次，启动成功后即停机，10min 后方可进行下一次启动。

④按机组使用说明书的规定做好启动前的各项准备工作。

⑤一人记录，一人操作机组，启动过程中不允许作任何调整或更换零件。

⑥记录员下达“开始启动”指令后用秒表开始计时，操作人员立即启动机组（低温环境下先采取低温启动措施再启动机组）。

⑦启动后机组建立电压，控制屏指示灯亮，可带满载稳定工作（低温环境下可带 25% 额定负载稳定工作）表示启动成功。从下达开始启动指令至机组带满载工作的全部过程所用的时间，即启动成功时间。

⑧在环境温度较低时启动机组，采用产品规范规定的低温启动措施。低温启动措施的准备时间应计入启动成功的时间。

⑨记录环境温度、相对湿度、大气压力和启动成功时间。

3. 检查相序

对三相交流同步发电机，用相序仪检查其输出端的相序。对三相四线制出线方式的，设正相序排列顺序为 U、V、W、N 或 A、B、C、N 或 L1、L2、L3、N，则当发电机的 4 条引出线通过端子板（或接线板）与外电路相连接时，应符合表 10-2 的规定（其中包括使用不同颜色导线时的规定）。

表 10-2 三相四线制出线方式正相序排列顺序及导线颜色的规定

导线相序符号		竖直排列时	水平横向排列时	水平前后排列时	颜色
相线	U（A，L1）	上	左	远	黄
	V（B，L2）	中	中	中下	绿
	W（C，L3）	下	右	近	红
中性线（零线）N		最下	最右	最近	浅蓝（或黑）

没有相序仪时，可连接一台已知转向的三相交流电动机，若两者在相对应连接后电动机的转向正确，说明该被试发电机的出线相序也正确，否则不正确。

4. 检查控制屏上指示仪表的工作情况及准确度

在空载和满载运行时，同时记录试验用的高精度仪表（按试验方法标准规定的仪表准确度配置的仪表，一般安装在试验台上，所以称为试验台仪表）和机组控制屏上的仪表（简称机组仪表）所显示的数值。对于电流表和功率表，如果利用了电流互感器，还应求出实际电流值和功率值。

机组仪表测量值与试验台仪表测量值之差占机组仪表满量程的百分数，即机组仪表的准确度，所得数值应符合机组控制屏上仪表所标志的准确度等级。

例如：试验台上的电压表读数为 400V（准确度为 0.5 级），机组控制屏上的电压表读数为 395V（满量程为 500V），该电压表的准确度为 1.5 级，则机组控制屏上该电压表的实际准确度为：

$$\frac{395-400}{500}\times100\%=-1.0\%$$

符合 1.5 级的要求，证明该电压表的准确度合格。

5. 检查和调整空载电压调整范围

先将机组的转速调到接近额定值，电压调节装置置于中间位置。然后发电机加载到额定值，保持功率因数在额定值（0.8 或 1.0，按技术条件要求），此时，转速也为额定值。最后卸除负载，空载运行。此时转速应不超过额值的 105%，否则应调整发动机使其符合要求。

将电压调节装置调到两个极限位置，即最大和最小位置，记录两个位置的电压值。两个电压值之间的范围即该被试机组的空载电压调整范围。

机组的空载电压整定范围应不小于 95% ~ 105% 额定电压。

6. 稳态短路特性测定试验和突然短路试验

（1）稳态短路特性测定试验

稳态短路特性测定试验的试验方法、计算和绘制特性曲线等与“同步发电机试验”的相关部分完全相同。

（2）突然短路试验

突然短路试验的目的有两个，一个是测定突然短路电流；另一个是检查保护装置（主要是具有过流保护的发电机输出用断路器）动作的可靠性。

短路试验前，内燃发电机组空载运行。将转速调整到额定值，电压调整到技术条件规定的数值，无规定时，按额定电压的 95%调整。

应进行三相之间短路、两相之间短路、一相对中性线短路共三次试验。

对试验用短路开关的要求、测定短路电流的试验设备及方法等与“同步发电机试验”的相关部分完全相同。

当保护装置不动作时，应尽快人工切断电路。允许进行 1 次调整后再次进行试验。试验后应检验机组是否出现损伤。

7. 测定电压和频率的稳态调整率

试验在机组冷态和热态两种状态下分别进行一次，试验结果都应符合标准要求。

试验方法：试验前，应先调整发电机组的有关装置，使发电机组的空载电压整定范围在标准以内（例如 95% ~ 105%），然后将输出电压调整到额定值，此时机组的频率应为额定值的 103% ~ 105%。再给机组加负载到满载，并使转速和功率因数都达到额定值，满足上述条件后，去掉负载。此时电压还应等于或接近额定值，若与额定值相差较多，则应再次进行上述调整，直至达到上述要求为止。

8. 连续运行试验和过载试验

为节约试验时间和费用，在连续运行 12h 试验中（额定运行 11h，110%额定负载 1h）可同时进行几项试验。

一般情况下，在 5h 后机组温升就会达到稳定，所以应根据人员和自然情况（白天容易操作），在第 6 ~ 11h 内决定停机测量电机绕组的热态直流电阻以及有关元件的温度，即完成热试验。对三相复励交流同步发电机而言，要测量的绕组和元件较多，因此需多人配合完成，可设专人读秒表和指挥。

①试验开始前，应对机组进行调整，使输出电压和频率、输出功率、功率因数均为额定值。记录上述数据，另外还应记录试验环境数据（大气压力、环境温度和相对湿度）和机组发动机的润滑油温度和压力，冷却液温度，发电机的进、出风温度和铁芯温度（或机座表面温度）等数据。

② 1h 过载运行测量完成温升数据后，继续调整机组在额定工况下运行到第 11h 结束。然后调整负载达到 110%额定值，尽量保证电压、频率和功率因数也为额定值。

③ 12h 运行试验是否合格的判定标准，在 12h 运行试验中，机组应无漏油、漏水、漏气、油温或水温过高、突然自动停机、运行声音异常、电压和频率下降到最低限度（无法调高）等不正常现象。

六 发电机组的完井鉴定

①风扇头、曲轴后油封完好无渗漏。

②所有护罩和护盖完好，无变形。

③所有供气、供油管线畅通，接头无松动或泄漏。

④防爆装置齐全完好，排气管无泄漏。

⑤冷却系统无泄漏，无接头松动；冷却液液面达到标准规定位置；散热片无油泥封堵。

⑥冷却系统无渗漏、软管无老化现象。

⑦水泵无泄漏。

⑧风扇驱动皮带无开裂、老化。

⑨润滑油油质、油位符合规定要求，其余润滑点有效润滑。

⑩曲轴箱密封圈、曲轴箱、润滑油滤清器、润滑油加油塞、传感器等部件处无泄漏。

⑪ 各种仪表完好齐全、灵敏，油温、水温、机油压力符合要求，仪表盘固定牢固。

⑫ 测量发电机电阻值。

⑬ 曲轴箱呼吸器畅通、滤网清洁。

第三节　其他设备检查

一　气源净化装置

①压缩机润滑油油位、油质符合规定要求，视窗清晰。

②机组护罩完好齐全。

③压缩机风扇皮带松紧度适中，无开裂、老化。

④各连接管线、接头、阀件牢固无松动，无泄漏。

⑤配电柜、电动机接线牢靠，开关完好。

⑥压缩机、干燥机、储气罐安全阀灵敏可靠，压力表完好，储气罐有定期检测，安全阀有定期校验。

⑦仪表、指示灯齐全完好、无损坏。

⑧检查储气罐、中冷器内有无积水。

⑨电动压风机散热器是否污堵，控制柜内电器元件是否正常。

二　并车箱

①并车箱中润滑油油质、油量、油压符合规定要求。

②检查传动链条是否完好，别针有无缺失。

③检查气胎离合器与摩擦毂的间隙、摩擦片磨损情况。

④各控制手柄应作灵活好用。

⑤各旋转件的护罩、过桥梯子、栏杆应齐全、紧固。

⑥润滑系统软管、气路管线无老化或损坏。

⑦各气控阀、管线、接头等处无漏气；各快速放气阀畅通，无卡阻现象。

⑧轴端、轴承端盖、箱盖、油路等处无渗漏。

三 柴油罐

①油泵电机、罐体接地桩、线齐全、完好。

②各连接管线、接头、阀件、油泵牢固无松动，无渗漏。

③防火、防爆标识清晰完好。

④柴油罐罐顶呼吸器完好。

⑤柴油罐加油口有胶皮密封垫，无老化、破损，密封良好。

四 电控房、网电装置

①房体无明显锈蚀、破损，密封性能良好。

②房内及电控柜内卫生清洁、无灰尘、无杂物，通道畅通无阻碍。

③空调正常工作。

④仪表和指示灯应工作正常、固定牢靠。

⑤地板绝缘胶皮完好无破损。

⑥有检维修警示牌，维修锁定装置齐全可靠。

⑦固定螺丝、接线端子紧固。

⑧各控制柜门完好无变形。

⑨检查电控房烟雾报警器和温湿计是否正常、断路器操作手柄有无损坏、绝缘接地检测系统和防滑系统、能耗制动和无功补偿自动投切等功能是否正常。

五 交直流电机

①接线盒盖固定螺钉紧固、无缺损，接线盒无严重变形，密封良好。

②辅助开关按钮工作灵敏可靠，锁销齐全。

③风机吸入口滤网、风道完好，无破损、进风通畅。

④检测电机绕组绝缘阻值。

六 电缆及其他电气设备

①检查电缆有无破损老化现象。

②检查接线盒格兰密封是否符合防爆要求。

③电缆槽完好，无破损变形。

④检查防爆箱、柜、接线盒、插接头、灯具等有无破损，是否满足防爆要求。

安全风险提示

①穿戴好劳保用品，严格执行安全操作规程。

②除非已经熟知操作和保养手册里的说明和警告，否则不要操作发动机。

③检查验收电气设备前，必须断开电源，严格落实能量隔离与挂牌上锁制度。

④检查验收电气设备前，确保设备进行可靠接地，接地电阻小于 4Ω。

⑤严禁随意触摸运转设备的旋转部位。

⑥作业现场应配备规定数量的灭火器，检查与验收人员必须熟知灭火器的使用方法。

⑦发动机运行时滤清器含有高温高压液体。遵循控制阀上的说明以避免造成伤害。

⑧确保所检查验收设备的卡箍、护板和隔热板安装正确。

⑨高处作业时，应系好安全带，严格执行高处作业的操作规程及安全要求。

⑩其他安全注意事项，请执行相关规定。

思考题

1. 柴油机现场调试验收主要内容有哪些？
2. 柴油机性能试验主要内容有哪些？
3. 发电机组验收的性能试验主要有哪些？

扫一扫
获取更多资源

第十一章

故障排除

PART 11

动力设备是石油钻井行业中不可缺少的关键设备，由于其工况复杂，工作条件恶劣，在使用中，由于摩擦、外力、应力及化学反应的作用，零部件会逐渐磨损和腐蚀，甚至断裂，导致故障停机。如何能快速、准确地找出故障点、排除故障，对于保证钻井作业的连续性和安全性具有重要意义。

第一节　动力设备故障概述

一　柴油机故障概述

任何机械在使用过程中都不可避免会发生故障，柴油机也不例外，本节就柴油机的故障定义、故障现象、故障判断原则、排除方法以及故障预防等做简要介绍。

（一）故障的定义

柴油机在规定的使用条件和时间内无法完成其规定功能的事故称为柴油机故障。柴油机由于使用不当或工作条件恶劣，可能在没有达到规定的工作时间以前，就因为某些零部件的损坏而发生故障。柴油机故障包括两方面：失效和性能降低。

1. 失效

引起柴油机立即丧失功能的破坏性故障称为失效。例如：柴油机烧瓦、抱缸、曲轴断裂等。

2. 性能降低

即引起柴油机的主要性能指标下降的故障。例如：柴油机功率下降、油耗增高、冒黑烟、机组异响、压缩压力不足等。

柴油机使用性能变坏的主要标志有：

①柴油机工作无力，加负荷后转速突然急剧下降，声音突变，排气冒黑烟。

②柴油机在常温下启动困难，预热后曲轴轴承、连杆轴承和活塞销有敲击声。

③柴油机在温度正常时，气缸压力达不到规定压力的 70%。

④柴油机的燃油、润滑油消耗量显著增加。

⑤气缸圆度、圆柱度、活塞与气缸的间隙、曲轴轴颈和连杆轴颈的圆度和圆柱度超过规定的极限。

⑥柴油机运转中伴随正常机械运转以外的不正常声音，且伴随着负载变化声音也变大或降低。

（二）常见故障现象

1. 外观异常

柴油机工作时出现冒黑烟、白烟、蓝烟，有漏水、漏油或漏气现象等。

2. 气味异常

柴油机发出焦臭味、烟味等异常气味。

3. 温度异常

柴油机润滑油、冷却液温度过高，排气温度过高，轴承过热等外观及机体部位温度异常。

4. 压力异常

柴油机燃油、润滑油压力过低，气缸内压缩压力过低等。

5. 声音异常

柴油机工作时，出现不正常的敲击声、放炮声、啸叫声。

6. 动作异常

柴油机启动困难，启动后无法带载，工作时出现强烈振动等。

7. 消耗异常

柴油、润滑油和冷却液的消耗过量；或者应该消耗的不但未消耗反而增多，如油底壳内的润滑油液位异常升高等。

（三）故障产生原因

柴油机故障主要有以下原因。

1. 违章操作

操作者未严格遵守操作规程，使用一些不正确的操作方法操作，造成零部件损坏，使柴油机产生故障。常见的不正确操作方法有：

①新机或刚更换过气缸、活塞、活塞环、轴承等零件的柴油机，不经过充分磨合而直接带高负荷使用，造成零件严重磨损，甚至出现“拉缸”、活塞卡住等严重事故。

②冷车启动后，不经过暖车，直接带负荷使用，造成零件严重磨损，而引起一系列故障。

③润滑油量不足，仍继续使用，使润滑条件恶化，造成零件严重磨损，甚至使零件表面烧损。

④冷却液量不足，使受热零件温度过高而烧损。在柴油机运转过程中发现缺少冷却液时，大量快速直接加入常温冷却液或冷水，使受热零件骤冷而产生变形或裂纹。

⑤长时间超负荷、超速运转及发生飞车事故，造成零件严重磨损或损坏。

⑥运转中润滑油和冷却液温度过低或润滑油温度过高、油压过低，加快零件磨损。

⑦带负荷停车，受热零件因冷却过快造成骤冷裂纹，或由于机体后沸腾现象导致非正常停机后零部件局部温度过高导致损坏和寿命缩短的情况。

⑧高速运转中使用减压机构非正常停车，造成减压机构或配气系统零件（如气门弹簧）损坏。

2. 使用维护不良

柴油机在使用过程中，未按要求进行维护保养，主要项点如下：

①不定时清洗燃油滤清器和燃油箱，造成燃油供给系统堵塞，供油量不足，使柴油机工作无力，或使用劣质滤芯使大量杂质随燃油进入各精密偶件内，破坏其正常工作性能。

②添加润滑油或定期更换润滑油不及时，造成润滑油量不足或润滑油污染变质而丧失润滑性能。不按时清洗润滑油滤清器，造成润滑油流通阻力增加，甚至堵塞油道，使润滑条件恶化，引起零件严重磨损。

③空气滤清器清理不及时，致使滤清效果变差，导致流通阻力增大、进气量减少，造成柴油机工作无力和引起气缸等零件的严重磨损。

④检查和调整气门间隙不及时，因气门间隙过大，造成柴油机配气机构加速磨损和气门弹簧断裂等事故。

⑤未按照规定检查喷油器喷油压力、雾化情况，喷油正时、供油时间等参数，导致柴油机工作异常。

⑥未按照规定检查蓄电池充电量、未及时补充电解液或气源压力过低、压缩气体储备不足，导致启动能源动力不足，造成启动困难等故障。

3. 柴油机装配和调整错误

柴油机所有配合部位都有严格的装配要求，若不符合规定要求，则会引起故障。常遇到的装配问题如下：

①活塞与气缸套配合间隙不符合要求、活塞环开口位置没有交错安装、油环安装位置不正确等，均会造成活塞漏气和窜油现象。

②主轴承和连杆轴承装配位置颠倒或错换，配合间隙及扭紧力矩不符合规定，造成磨损严重或烧瓦等事故。

③定时齿轮啮合装配关系错误，造成活塞与气门碰撞。供油时间不正确，使燃烧恶化、功率不足、排气冒烟、启动困难，甚至根本不能启动。

④气门间隙不符合要求，造成气门关闭不严，加速配气机构零件的磨损。

⑤供油提前角不正确，各缸供油间隔和供油量不均匀，使柴油机运转不稳定、启动困难、燃烧情况恶化。

⑥各压力调节系统调整不正确（如润滑油压力调节阀、油压低自动停车装置等），使系统工作不正常。

4. 柴油机零部件质量不合格

由于零部件的材质、加工精度不符合要求，使用时又未进行严格的检查，有时零件存在着内部缺陷，检查时受条件的限制，难以发现，而在使用过程中暴露出来，造成柴油机故障。常见问题如下：

①主要铸件（如气缸盖、机体等）存在着缩松、砂眼、细小裂纹等铸造缺陷，这些缺

陷在检查中不易发现，安装到柴油机上初期运行时也不易暴露，运转一段时间后，上述缺陷逐渐扩大，造成零件损坏。

②零件在加工制造时，未完全消除内应力，使其在使用中变形，丧失原来的加工精度和配合关系（如气缸盖的翘曲变形）。

③零件加工尺寸不合格（如主轴孔同轴度不合格，工作时产生偏磨现象，甚至造成烧瓦等事故）。

（四）常用的故障判断方法

能否精准监测一台柴油机的工作动态，在很大程度上取决于操作者的实际经验，在工作中一定要注意积累。

1. 生产现场机械式柴油机常用的故障诊断方法

（1）观察法

依靠人的直观视觉、判断柴油机工作情况。此法可观察柴油机外观、各项消耗、仪表指示等是否有异常现象。为了观察方便，可拆下有关观察部位的窗盖、盖板和罩壳等。

（2）听诊法

利用人的听觉、借助于某种工具来判定柴油机工作情况。此法主要用于倾听柴油机的异常响声，在具体利用时可采取以下两种办法。

工具听诊：利用测听工具监听异常部位，判断监听部位是否存在异常响声。

远距听诊：离开柴油机一定距离后，凭操作者的听觉，判断柴油机是否有异常响声，这样可排除柴油机本身的一些干扰，效果较好。

（3）嗅闻法

利用人的嗅觉，判断柴油机散发出的气味是否有异常。

（4）触摸法

利用人的触觉，判断柴油机工作情况。例如，用手触摸旋转部位外壳可判断轴承温度是否正常。用手触摸进气道，可判断柴油机进气门工作状态是否正常。

（5）仪器检查法

利用检测仪器，监测柴油机的工作情况。这种方法，只要保证了仪器的工作性能，监测结果是比较准确可靠的。

2. 电喷柴油机故障判断的基本原则及方法

（1）基本原则

造成电喷柴油机不工作或工作不正常的原因是多方面的，故障检查难易程度也不一样。检修故障时如能遵循故障诊断的一些基本原则，可以提高故障判断效率，进而准确、迅速地找出故障所在。

先外后内：发动机出现故障后，首先观察电控系统的故障指示灯，如果指示灯没有常亮或闪烁显示故障，一般应先考虑机械方面故障。如果指示灯点亮，可通过闪码来确定故障位置并进行相应处理。柴油机出现的绝大多数故障比较简单，能以简单方法检查的故障部位应先予以检查。若直观诊断未找出故障，需借助于仪器、仪表或其他专用工具时，也应对较容易检查的部位先进行检查。

先熟后生：由于设计、制造、技术和使用环境等各方面原因，现代柴油机出现的故障往往带有某个机型或生产厂家的一些特点。例如，发动机的某一故障现象可能是以某些总成或部件的故障最为常见，应先对这些常见故障部位进行检查。若未找出故障，再对其他不常见的故障部位进行检查。这样做便于迅速找到故障，提高维修效率。

代码优先：现代柴油机大多具有故障自诊断功能，发动机运行时，故障自诊断系统随时监测运行情况，一旦监测到故障，便以代码的形式储存到计算机的存储器内，同时通过故障警告灯及蜂鸣器提示报警。检修故障时，通过人工或仪器读取故障码，查出故障码指出的故障，从而排除故障。待故障码所指的故障消除后，如果发动机故障现象还未消除，或者属于无故障码输出，则需对柴油机其他可能的故障部位进行检查。

先思后行：检修故障时，应先进行故障分析，了解可能的故障原因，再进行故障检查，可避免无效的检查。

先备后用：电控系统工作的好坏，与系统中的电器部件的性能和电气线路有关，一般通过电压或电阻等参数来判断。如果没有这些维修数据，将会给故障检查带来许多困难。因此在检修设备时，应尽可能准备好有关的维修数据和相关的维修资料。当某一模块或部件导致故障且现场无法修复时，常用新件替换法处理故障。

（2）判断方法

电喷柴油机故障判断方法可分为初步诊断和深入诊断。初步诊断是根据故障现象，判断出故障产生原因的大致范围。深入诊断是根据初步诊断的结果对故障原因进行分析、查找，直到找出产生故障的具体部位。

电喷柴油机故障诊断手段，可分为直观诊断、利用自诊断系统诊断、简单仪表诊断和专用仪器诊断等。

直观诊断：直观诊断就是通过人的感官对柴油机进行看、问、听、试、嗅等，了解和掌握故障现象的特点，通过分析、判断得出结论的诊断方法。

直观诊断方法根据诊断者的经验和对诊断设备的熟悉程度，在运用的范围上有极大的差别。经验丰富的专家，可以利用直观诊断方法诊断绝大多数故障，包括对确定故障性质的初步诊断和确定具体故障原因的深入诊断。

利用自带诊断系统诊断：在电喷柴油机故障诊断中，自带诊断系统是一种简便快捷的诊断方法，但有其局限性，诊断的范围满足不了实际使用中对故障诊断的要求，通常只能提供与电喷系统有关的电气装置或线路故障，做出初步诊断结论，具体故障原因，还需要通过直接诊断和常规仪器仪表进行深入诊断。

利用常规仪器诊断：利用常规仪器诊断，是利用万用表、绝缘接地电阻检测表和示波器为主的通用仪表，对电控柴油机故障进行诊断。其特点是诊断方法简单、设备费用低，可用于对故障进行深入诊断。缺点是对操作者的要求较高，在利用常规仪器诊断时，操作者必须详细地了解系统的结构和线路连接情况，才能取得准确的诊断效果。

利用专用诊断仪诊断：采用专用诊断仪可大大提高对电子控制系统的诊断效率。但是专用诊断仪器成本较高，因此一般适用于专业化的故障诊断和修理厂家。

（五）故障判断的一般步骤

（1）分清故障现象

操作者密切注意柴油机运行状况，运用实践经验，通过看、听、摸、嗅等直接感觉，及时发现柴油机的异常现象，对其进行分析，并考虑以下问题：

①之前出现过哪些症状？

②之前进行过哪些修理和保养工作？

③之前是否出现过类似故障？

当柴油机出现故障后，如果柴油机具备试机条件，可运转一段时间，以便进一步观察故障现象并进行分析，否则应立即停车。

（2）判断故障发生的部位

根据柴油机故障现象，运用实践经验，结合柴油机构造和工作原理及操作、维护保养情况，进行综合分析，以便初步判断故障发生的部位。

（3）检查故障

通过综合分析初步确定故障部位后，进行具体检查，确定故障原因。在进行故障检查时，应遵循先外后内、由表及里、从简到繁、按系分段的原则，有顺序、有步骤地进行检查、分析判断，对于明显的故障现象可直接确定故障部位。对于难以判断的故障，需要拆检时，要通过仔细分析，有针对性地、按顺序依次拆检。严禁为查找某一故障原因将整台柴油机拆散，在拆解过程中破坏了原配合精度，造成新的故障隐患。

（4）排除故障

在确定故障的部位后，采取必要措施进行排除、修复，恢复柴油机的正常工作。在柴油机排除故障后，还应查找故障产生的原因并消除，以免重复发生相同的故障。

（六）柴油机故障的预防

（1）提高操作者素质

操作者必须熟知柴油机的工作原理、构造特点、各部分的功用及性能、使用要求，熟悉柴油机使用和维护方法，能熟练进行操作。

（2）严格按照操作规程进行操作

操作规程是柴油机正确使用、操作和经验的总结。因此，操作者必须掌握相关柴油机使用保养和操作规程，并在工作中严格执行。许多柴油机发生故障是操作者未遵守操作规程所致。

（3）做好维护保养工作

做好维护保养工作是防止和减少故障的有效方法。操作者在日常工作中应严格按照维护保养要求，进行定期维护保养。

（4）使用合格的燃油、润滑油、冷却液

严格按照规定使用合格的燃油、润滑油、冷却液，并按照季节变化更换适宜的燃油、润滑油。

（5）注意运行中的检查

操作者在日常工作中，必须密切注意柴油机的运行状况，不放过任何微小的变化，对一切故障现象要早发现、早处理，以免造成严重事故。

二 发电机组故障概述

钻井作业现场环境差、风险高，关键设备的安全性和可靠性必须得到保证。在现场设备调试和维护维修过程中，会遇见各种不同的故障，维护人员必须熟悉系统原理和设备性能参数，掌握必要的应急处置方法，确保故障出现时，能迅速查找出原因，并将其排除，这是钻井设备维护人员所要具备的基本素质。

（一）故障排除的基本要求

1. 人员的素质要求

设备维修人员必须具备以下素质：

（1）专业知识面广

维修人员不但要掌握了解发电机组工作原理、结构性能、机械传动及机械加工工艺方面的基础知识，还应掌握计算机原理、电子技术、电工原理、参数设置及维修方法。

（2）勤于学习，善于分析总结

维修人员要勤于学习、善于分析，在实际工作中，记录好维修排除故障的经过，总结分析故障排查过程中存在的不足，不断积累工作经验。

（3）有较强的实践能力

维修人员要具备查看报警信息、检查、修改参数、调用自诊断功能的能力，还应具备较强的实践能力，会使用维修工具、仪表和仪器进行故障的检测和排除。

2. 必要的技术资料和技术储备

排除故障的工作效率，主要取决于维修人员对系统和运用技术资料的熟练程度。故障维修时所必需的技术资料和技术储备如下：

（1）维修资料方面

设备维修中的一个常见问题是资料不全，有关设备的主要控制系统相关资料少，给维修工作造成很大的困难，可以从以下几方面着手解决。

①尽可能收集维修厂家的技术资料。

②积极配合厂家技术人员做好设备的调试验收工作，记录设备调试过程中的各项性能参数。

③通过杂志、技术书籍、同行之间的交流、互联网查询等途径获取所需资料。

（2）必要的备件储备

备件储备是一个必不可少的技术准备手段，在处理故障时，可采用替换法快速判断故障点。

①修复。维修中，对换下来的故障零件应尽可能进行修复。

②代用。在大多数情况下，许多零件可以用其他类似规格、型号的零件替代，维修人员应掌握相关零件的工作原理、特性参数及替代方法。

③技术改造。维修中，当某个零件损坏又无备件时，可以考虑进行一些小改动，使用其他零件实现同样的功能。

（3）掌握设备的控制原理

熟练掌握控制工作原理，实现原理图与实际配线的一一对应，是提高故障排除速度的基础。

（二）故障排除的一般原则

在对故障进行诊断时，应遵循先外后内、先简后繁、先熟后生、先硬件后软件、先备后用的基本原则，以便尽快找到故障原因和位置。

①应保证相关操作人员及钻机系统的安全。当故障对人身和设备造成严重威胁时，应迅速报告现场负责人员并采取紧急措施，如切断设备电源、停机或系统急停等。

②应防止故障范围扩大，减少经济损失。凡对系统运行无重大影响的设备发生故障时应隔离操作，迅速切断故障点，保护电路未正确动作时应手动操作，然后根据现场生产状况及时处理。

③在检查及排除故障过程中，应严格遵守操作规范及设备操作说明书的规定，防止因检查操作不当造成新的故障点。

④在排除故障的过程中，应遵循先分析判断、再检查确定的原则，要做到每次测量均有明确目的。在找出有故障点的元器件后，应进一步确定引起故障的根本原因。

（三）故障排除的一般步骤

故障排除没有固定模式，也没有统一标准，因人而异，因事而异。通常排除故障时，所采用步骤大致可分为：故障现象分析→设备检查→确定故障点→故障排除→排除后性能观察→故障排除过程记录总结。

1. 故障现象分析

故障现象分析是对所有可能存在故障的原始状态信息进行收集和判断。在故障现象受到干扰以前，对所有信息都应进行仔细分析。这些原始信息一般可以从以下几个方面获得：

（1）详细询问设备故障现象

通过询问获得设备使用及变化过程、损坏前后情况信息、前期维修情况、过去类似故障现象和原因以及曾经采取的措施等基本情况。

（2）观察和初步检查

通过直观检查，判断是否发生破裂、异响、异味、过热、变色等现象。对设备进行全面观察会得到有价值的线索。初步检查的内容包括检查装置（操作指示灯、传动装置的报警、故障代码、工控机报警信息等）、操作开关的位置以及控制机构、连锁信号装置等。

（3）通电试车

在做好安全防范措施的情况下，按正常操作程序启动设备，采用试运转的方法收集设备故障信息，以便对故障做出正确分析，从中发现最有可能存在故障区域的线索。

2. 设备检查

根据初步结论和疑问，进一步检查，避免不必要的拆卸，防止故障的扩大化和复杂化。不要轻易对控制装置的程序、参数进行调整，因为一般情况下，故障未排除而盲目调整参数会掩盖症状。

3. 确定故障点

根据故障现象，结合设备原理及控制特点进行分析和判断，确定故障发生在什么范围，是系统故障还是机械故障、是主电路还是控制电路或辅助电路、是电源部分还是参数调整不合适造成的、是人为造成还是随机性的，等等，逐步缩小查找范围，直至找到故障点。

4. 故障排除

在确定故障点以后，应按照系统的要求进行修复或更换，无论是修复还是更换，排除故障对于现场维修人员来说，一般比查找故障要简单得多。

5. 排除后性能观察

故障排除完以后，上电前还应进一步检查，通过检查证实故障确实已经排除，然后进行试运行操作，以确认设备是否已正常运转，同时还应向操作人员说明应注意的问题。

6. 故障排除过程记录

故障排除过程记录、总结提高是一个很重要的环节，是对整个故障排除过程的一次认真梳理。故障记录、总结提高对于现场维修人员经验积累、综合业务水平提高都有很好的帮助。

（四）故障排除的常用方法

解决故障要求维修人员掌握一些排除故障的常用方法。

1. 常规检查法

依靠人的感觉器官或借助于一些简单仪器、仪表来寻找故障原因。

2. 原理分析法

根据控制系统的组成原理图，通过追踪与故障相关联的信号，进行分析判断，找出故障点，查出故障原因。

3. 常规参数测量法

（1）电阻测试法

电阻测试法指利用万用表的电阻挡，测量元器件、线路、触头等是否符合标准值或测量其通断，是一种常用测量方法。测量时，应注意选择所使用的量程，以及校对表的准确性，使用电阻测试法时要注意被测线路是否有回路，并严禁带电测量。有时也需要用兆欧表测量相与地之间的绝缘电阻。

（2）电压测试法

电压测试法指利用万用表的电压挡通过测量电源、负载电压或开路电压，判断线路是否正常。测量时应选择合适的量程，测量未知交流或开路电压时应选用最高挡，以免损坏万用表、伤及操作者。测量直流电压时，要注意万用表的正负极性。

（3）电流测试法

电流测试法指测量线路中的电流是否符合标准值以判断故障原因。弱电回路常采用将电流表或万用表电流挡串接在电路中进行测量；强电回路常采用钳形电流表检测线路电流值。

4. 仪器测试法

借助各种仪器、仪表测量各种参数，如用示波器观察波形及参数的变化，以便分析故障原因。钻井现场多用于检测可控硅触发电路脉冲波形，以及通过直流输出电压波形查找SCR 的故障。

5. 比较、分析、判断法

比较、分析、判断法是根据电控系统的工作原理，控制各环节的动作程序以及它们之间的逻辑关系，结合故障现象，进行综合比较、分析和判断，减少测量与检查环节，并迅速判断故障范围。

6. 元器件替换法

在故障判定中如怀疑某个元器件或电路板有故障，可替换试验，看故障是否消失。替换时要注意，接线正确、参数一致，否则会产生新的故障。

7. 调整参数法

有些装置出现故障时，线路中元器件并未损坏，线路接触良好，只是外界因素致使系统参数发生改变或不能自动修正系统值，从而造成系统不能正常工作，应根据具体情况进行参数调整。

8. 工控机在线监控法

设备出现故障时，通过工控机或是进入 PLC 程序，利用 STEP7 软件进行在线监控，查看故障设备对应程序段，就能很快找出故障点。该方法虽然可以快速、有效地判断出故障点，但是它要求维修人员要熟知工控机、PLC 编程以及 STEP7 软件等。

9. 信号与报警指示检查法

信号与报警指示检查法主要针对变频器故障、各种有状态或故障指示的电器以及 PLC 故障。变频器出现故障时，控制面板会显示相应故障代码，可以通过查看变频器使用手册查出故障并解决。此外，PLC 数据输入、输出模块以及通讯模块上也有很多故障和状态指示灯。通过指示灯的指示状态也可以查出相应故障点。这要求维修人员熟悉整套系统控制信号间的逻辑关系以及对应控制信号的地址。

10. 逐级检测法

逐级检测法多用于检查 MCC（电机控制中心）控制单元的故障。在使用该方法前，首先要分清是控制回路故障还是电源回路故障，然后对控制回路或是电源回路进行逐级监测。该方法需要带电操作，维修人员应做好安全防护，指定监护人员，防止突发情况。

第二节　柴油机常见故障排除

柴油机结构比较复杂，出现故障时，应根据其现象、性质来分析是属于柴油机工作原理的范畴，还是由柴油机哪个部件或零件引起。遵循从现象入手，由表及里，先易后难，按系分段的原则查找故障原因。

一　柴油机启动困难

1. 故障现象

柴油机经过多次启动，仍不能爆发自行运转时，则应视为无法启动。当发生启动困难故障时，一般有以下几种情况：

①启动时，曲轴根本不转或者转动很慢，即启动转速太低。

②启动时，启动转速正常，但柴油机不爆发。

③启动时，柴油机虽然爆发，但柴油机运转不正常，转速不稳定，甚至熄火。

2. 故障原因及排除方法

（1）启动系统故障及排除方法

①启动马达损坏。排除方法：修理或更换启动马达。

②启动齿轮啮合不良。排除方法：调整安装位置，保持正常啮合。

③气源压力不足。排除方法：充气至 0.6 ~ 1.0MPa。

④启动管系泄漏。排除方法：排除泄漏现象。

⑤继气器卡滞。排除方法：拆检清洗。

⑥油控阀或气控阀失灵。排除方法：拆检油控阀或气控阀。

⑦电气元件（启动开关、继电器、电磁阀）失灵。排除方法：检修或更换元件。

⑧蓄电池充电不足。排除方法：检查保养蓄电池，按要求充电。

⑨电器线路接触不良。排除方法：检修并重新连接电器线路。

⑩电源导线横截面积、长度不符合要求。排除方法：更换符合规格、长度的导线。

以上①~⑥适用于气马达启动系统；⑦~⑩适用于电马达启动系统。

（2）燃油系统故障及排除方法

①燃油量不足或燃油箱阀门关闭。排除方法：添加燃油或打开阀门。

②如果柴油机启动时转速正常，但不能着火运行，且排气管不断地冒出白色浓烟，说明个别气缸内的柴油没有得到充分燃烧或柴油中含水过多。故障的原因多是燃油系统内有

空气或水分。排除方法：更换合格燃油，排除系统内空气。

③喷油器工作不正常或供油时间不正确。排除方法：检查、调整、校验喷油器，检查供油提前角。

④燃油滤清器堵塞或油路阀门关闭。排除方法：清洗或更换燃油滤清器，打开进回油阀门。

⑤油量调节齿杆卡住，齿杆不在加油位置。排除方法：检修、调整或更换。

⑥超速安全装置没复位。排除方法：检查、调整复位至启动前的工作状态。

⑦电磁阀损坏。排除方法：检查电磁阀线圈及开闭状态，必要时更换。

（3）进、排气系统故障及排除方法

①空气滤清器滤芯污堵或进气道堵塞。排除方法：清理空气滤芯或进气道。

②配气正时不正确。排除方法：重新检查配气相位。

③气门、活塞环或气缸盖处漏气。排除方法：检修更换气门、活塞环或气缸垫片。

（4）润滑系统故障

①润滑油温度过低，黏度大。排除方法：预热或更换润滑油。

②预供油泵供油压力不足。排除方法：检修预供油泵，检查管路连接和润滑油量。

（5）使用与维护方面

①油压低自动停车装置操纵杆未扳下。排除方法：扳下操纵杆使拨叉与定位块脱开，使油门拉杆恢复到最大供油位置。

②低温环境不易启动。排除方法：应使用必要的润滑油并采取机体预热措施。

③柴油机长时间连续怠速运转，产生过多的积炭。排除方法：合理分配使用动力设备，避免柴油机长期低速低负荷运转。

④电子液压执行器调节拉杆位置不正确。排除方法：保养拉杆两端球头，调节拉杆长度至满足怠速、满速、带载要求。

⑤使用电子液压执行器的机组，超速保护后，防爆装置无法复位。排除方法：释放超速安全装置管路内的压力，将超速、防爆装置复位。

⑥充电机不充电。排除方法：检查充电机驱动皮带，连线和充电机调压器。

⑦蓄电池虚接或无电。排除方法：检查蓄电池连接和输出电压。

⑧紧急停机开关未复位或开关线路故障导致无法启动。排除方法：复位紧急停机开关，检查处理开关线路故障。

⑨停机开关断开。排除方法：检查处理故障，打开停机开关。

（6）电喷柴油机根据控制模式不同还应注意以下项点

①燃油电子单体泵柱塞磨损严重，雾化不良。排除方法：更换电子单体泵。

②燃油电子单体泵供油正时不正确。排除方法：检查、调整校验燃油电子单体泵供油正时。

③防爆装置故障。排除方法：检查修理空气切断阀电磁阀及机械部分故障，扳动手柄复位至开启状态。

④故障报警未消除导致无法启动。排除方法：根据故障代码，检查排除相应故障，清除 ECM 中的故障记录后，启动柴油机。

⑤大气压力、增压压力、转速、正时传感器故障。排除方法：检查清理大气压力、增压器压力、转速、正时传感器，按需更换。

⑥气动马达启动电磁阀故障。排除方法：拆检清理电磁阀，疏通电磁阀及气马达推盘离合器气道。

⑦电控系统故障。排除方法：检查柴油机控制面板、燃油单体泵电磁阀、PWM 脉宽调制模块、ECM 电控模块、电子调速模块等的控制电源及线路连接是否正常，性能是否良好，根据具体情况进行处理。

⑧柴油机启动开关或远程启动开关故障。排除方法：检查处理线路故障，检修或更换启动开关。

二 柴油机转速不稳

1. 故障现象

柴油机正常运转时，转速应该是稳定的。当柴油机转速不稳时一般有两种情况：一是柴油机转速有规律的忽高忽低，即通常所说的“游车”。此种情况多发生在柴油机低速运转工况时。另一种是柴油机转速无规律的忽高忽低。

2. 故障原因及排除方法

①油路堵塞或有空气。排除方法：疏通油路堵塞部位和排除气阻。

②喷油泵调节拉杆或齿条转动不灵活。排除方法：调整检修喷油泵。

③出油阀磨损或弹簧弹力不足。排除方法：更换出油阀或弹簧。

④调速器技术状态不良。调速器弹簧疲劳，以致弹性减弱，使调速器杠杆轴配合过松，造成作用于杠杆两端的力，因不易平衡而“游车”。另外，滚轮或顶帽面上出现凹坑或麻点，伸缩轴运动不能自如，造成调速器阻力大，而产生“游车”。调速器内油位过高也会导致柴油机“游车”。排除方法：更换合格的调速器弹簧，保证调速器内润滑油液位符合规定；若滚轮或顶帽损坏，及时修理或更换滚轮、顶帽。

⑤输油泵进、出油管装反，导致供油不足，造成大幅度“游车”。排除方法：调整输油泵进出油管线。

⑥调速弹簧共振引起“游车”，由于柴油机地脚螺栓松动、轴承间隙过大、曲轴平衡不良、飞轮与曲轴连接松动、曲轴轴向游动过大、机架损坏或刚性差等，使发动机在工作中产生振动，引起调速弹簧共振，使供油量忽大忽小，造成发动机转速不稳。排除方法：检查调整轴承间隙、曲轴平衡、飞轮连接，紧固柴油机地脚螺栓。避免柴油机在共振区间运转。

⑦电子液压执行器故障。排除方法：保养拉杆两端球头，调节拉杆长度至满足怠速、满速要求或根据情况按需更换。

⑧燃油压力波动。排除方法：检查燃油歧管油压，满负荷时应大于（400 ± 30）kPa，如果油压出现波动现象，检查输油泵及旁通阀，拆检燃油压力调节阀。

⑨燃油系统有空气。排除方法：检查输油泵及进油管路，排除泄漏，防止空气进入。

⑩燃油歧管到气缸盖的油管漏油。排除方法：检查燃油歧管到气缸盖的油管，必要时更换油管。

⑪ 燃油温度过高。排除方法：检查处理燃油冷却不良故障，提高燃油降温效率，使输油泵进油口的燃油温度低于 60℃（最佳温度 40 ~ 50℃）。

⑫ 选用燃油标号不当，不能满足环境需求。排除方法：更换符合环境要求的燃油。

电喷柴油机还应注意以下项点。

①柴油机供油正时不正确。排除方法：检查、调整校验柴油机供油正时。

②电子调速模块故障。排除方法：结合对比法检查电子模块的故障点，根据情况按需更换已上传程序的新调速模块。

③个别缸燃油单体泵柱塞卡滞或行程弹簧断裂。排除方法：更换燃油单体泵。

④多缸电子燃油单体泵更换后没有刷新序列号，造成 PWM 模块故障，导致 ECM 不能有效地识别，出现供油正时和喷油量的差别，造成柴油机工作不稳定。排除方法：更换电子燃油单体泵后使用 ET 软件更新序列号，检查 PWM 模块，按需更换。

三 柴油机功率不足

柴油机所发出的功率主要与作用在活塞顶上的燃料燃烧所产生的压力大小有关，而燃烧压力的大小主要取决于燃料在燃烧室中燃烧的程度。影响燃烧的主要因素有气缸的进气量、燃料供给系统的供油质量、供油时间及气缸内的压缩压力等。

1. 故障现象

柴油机功率不足是指柴油机发挥不出应有的功率，并伴随排烟异常、转速降低、运转不稳等现象。

2. 故障原因及排除方法

（1）燃油系统故障

①燃油质量不符合使用要求或含水。排除方法：更换合格燃油，含水时排除积水。

②燃油管路不畅通，油管泄漏。排除方法：不畅通时，疏通管路，泄漏时检修燃油管路。

③燃油滤清器污堵。排除方法：进行清洗或更换。

④喷油器堵塞、雾化不良。排除方法：堵塞时，进行清洗，雾化不良时进行检修或更换喷油器。

⑤供油定时不正确。排除方法：重新进行调整。

⑥喷油泵铅封被破坏而导致供油量不足。排除方法：被破坏时，重新调试并铅封。

⑦调速器限位螺钉发生位移。排除方法：重新调试并铅封。

⑧喷油泵柱塞、出油阀偶件磨损严重。排除方法：更换新件并调试。

⑨喷油泵柱塞、出油阀弹簧弹力不足。排除方法：按需更换柱塞、出油阀弹簧。

⑩油头伸出高度不符合规定。排除方法：按规定重新进行调整。

⑪ 喷油泵凸轮轴磨损严重。排除方法：更换凸轮轴。

⑫ 调速器拉杆螺钉旋入太多致使齿杆伸出长度不够。排除方法：重新进行调整。

⑬ 电子液压执行器调节拉杆位置不正确。排除方法：保养拉杆两端球头，调节拉杆长度至满足怠速、满速要求。

（2）配气机构及进排气系统故障

①空气滤清器污堵。排除方法：清理空气滤清器。

②空气滤清器纸芯潮胀。排除方法：更换滤芯。

③进、排气道不畅通。排除方法：清理进、排气通道。

④配气定时不正确。排除方法：重新调整配气定时。

⑤气门间隙不正确。排除方法：检查调整气门间隙至规定值。

⑥进、排气门座下陷严重。排除方法：更换气门座。

⑦进、排气门漏气。排除方法：漏气时，研修气门。

⑧气缸盖或活塞环漏气。排除方法：漏气时，更换气缸垫或活塞环。

⑨中冷器脏污。排除方法：清洗中冷器。

⑩进、排气凸轮、挺柱磨损严重。排除方法：更换配气凸轮轴或挺柱。

⑪ 进气管道密封不严。排除方法：进行拆检并更换密封件。

⑫ 排气引管阻力过大，消声器不匹配。排除方法：按规定要求设置排气引管和消声器。

⑬ 增压器污堵。排除方法：清理增压器。

⑭ 增压器不匹配。排除方法：更换匹配的增压器。

⑮ 进气温度过高。排除方法：检查中冷器污堵时需清理，水泵工作不正常时，检修或更换水泵。

⑯ 中冷器水路堵塞。排除方法：清洗疏通中冷器。

（3）电喷柴油机根据控制模式不同还应注意以下项点

①燃油单体泵堵塞、雾化不良。排除方法：堵塞时，进行清洗疏通油嘴喷孔，雾化不良时按需更换燃油单体泵。

②燃油单体泵供油正时不正确。排除方法：重新检查校验单体泵供油正时。

③燃油单体泵驱动凸轮轴或挺杆磨损严重。排除方法：按需更换凸轮轴或挺杆。

④燃油压力太低。排除方法：检查燃油歧管油压，在满负荷应大于（400 ± 30）kPa，如果油压低于 276kPa 则更换滤清器，如果油压仍然太低，检查输油泵及旁通阀，检查燃油压力调节阀。调整最大燃油设置至规范值（415 ~ 450kPa）。

⑤燃油温度太高。排除方法：检查处理燃油冷却不良故障，提高燃油降温效率，使输油泵进油口的燃油温度不高于 60℃（最佳温度为 40 ~ 50℃）。

⑥防爆装置故障。排除方法：检查修理空气切断阀电磁阀及机械部分故障，扳动手柄

复位至全开状态。

⑦ ECM 或传感器故障会导致柴油机电控系统失去正常的操作功能，出现动力不足、转速下降等故障。排除方法：检查 ECM 处理器，清理大气压力、增压器进气压力等相关传感器，查找故障原因按需更换。

四 柴油机突然停车

1. 故障现象

柴油机一旦失去连续运转的必要条件，便不能正常工作，出现自动或突然停车现象，使钻井施工不能正常进行。当发生突然停车时，一般有两种情况：一是突然停止运转；二是转速慢慢下降，然后停止运转。

2. 故障原因及排除方法

（1）燃油系统故障

①燃油油量不足。排除方法：确保油箱内的柴油充足，及时添加燃油。

②燃油质量差或管路堵塞。排除方法：检查燃油中是否混有水；燃油管路是否堵塞；混有水时，排放积水；堵塞时，疏通管路。

③燃油管路有空气。排除方法：进空气时，查明原因并排除空气。

（2）安全保护装置方面的故障

①油压低自动停车装置故障。排除方法：查明润滑油压力低的原因并排除，检修油压低自动停车装置。电喷柴油发电机组还需清除电控单元记录的故障代码。

②柴油机超速运行，超速安全装置发生作用。排除方法：查明超速原因并排除。

③超速安全装置故障。排除方法：产生故障时，检修并重新调整超速安全装置。

④防爆装置故障。排除方法：检修防爆装置。

（3）使用与保养方面的故障

①正时齿轮或喷油泵传动装置联轴器损坏。排除方法：拆检并更换有关零件。

②由于负荷的突然增加、超负荷而导致柴油机停车。排除方法：应注意避免突加负荷；负荷过大时，合理并机使用柴油机，合理分配负载。

③气门间隙不正确。排除方法：检查调整气门间隙。

④中冷器及进气管道密封不严。排除方法：检查更换密封件，处理漏气故障。

⑤涡轮增压器变形或积炭。排除方法：检查修理或按需更换。

（4）注意项点

①电控系统故障报警。排除方法：读取故障代码，查找并处理停机原因。

②柴油机控制面板故障。排除方法：查找控制面板 24V 供电线路故障点并处理相应故障。

③ SCR 房调速模块故障。排除方法：检查连接线路供电是否正常，端子固定是否良好。按需重新进行程序上传，确保程序正常使用。

④曲轴箱压力过高。排除方法：检查判断曲轴箱压力传感器是否工作正常，检修清理曲轴箱燃爆压力安全阀，清理柴油机曲轴箱呼吸器确保排气通畅，检查气缸、活塞是否磨损。

⑤速度传感器、正时传感器故障。排除方法：对比检查传感器有无损坏，连接线路是否正常，按需更换。

⑥燃油压力过低。排除方法：检查燃油歧管油压，满负荷时应大于276kPa，如果低于276kPa，更换燃油滤清器，如果油压仍然过低，检查输油泵及其旁通阀，检查燃油压力调节阀。

⑦燃油单体泵故障。排除方法：检查各缸排气温度，查找温度异常缸的原因进行检查调整，或按需更换。

⑧燃油温度过高。排除方法：检查处理燃油冷却不良故障，提高燃油降温效率，使输油泵进油口的燃油温度低于60℃（最佳温度为40～50℃）。

五 润滑油稀释或润滑油液面升高

1. 故障现象

柴油机油底壳润滑油液面不断上升，且伴随润滑油稀释、压力下降等现象。

2. 故障原因及排除方法

（1）冷却系统故障

①气缸套封水圈漏水，流入油底壳。排除方法：更换缸套密封圈后更换新润滑油。

②水泵水封漏水，漏入油底壳。排除方法：更换水封或水泵后更换新润滑油。

③气缸盖喷油器护套漏水，从缸盖回油道进入油底壳。排除方法：更换喷油器护套后更换新润滑油。

④润滑油冷却器芯子漏水，随润滑油进入润滑系统（一般情况下是停车后进入油底壳）。排除方法：查找故障原因，排除故障后更换新润滑油。

（2）燃油系统故障

①输油泵漏油。排除方法：检修或更换输油泵后更换新润滑油。

②喷油器进油管和高压油管接头连接处、喷油器回油管接头处漏油，都从缸盖流入油底壳。排除方法：检查排除管路漏点后更换润滑油。

③喷油器雾化不良，呈液粒状从缸壁流入油底壳。排除方法：校验喷油器，更换新润滑油。

④燃油回油管路堵塞，造成燃油压力增大，密封不严导致燃油漏入缸内。排除方法：检查回油管路，保证畅通，排除后更换润滑油。

（3）使用与保养

①增压器支撑体冻裂，冷却液从回油道进入油底壳。排除方法：更换支撑体后更换新润滑油。

②中冷器芯子漏水，一般是从进气管进入燃烧室再流入油底壳。排除方法：修理或更

换中冷器后更换新润滑油。

③齿轮罩壳内水腔漏水，一般从螺栓底孔进入油底壳。排除方法：查找故障原因，并更换新润滑油。

④超速安全装置油阀间隙大。例如：柴油从超速安全装置油阀间隙漏入润滑油。排除方法：更换超速安全装置后更换润滑油。

⑤配气机构故障使气门无法打开，使喷入气缸内的燃油燃烧不良，过多的燃油从缸壁流入油底壳。排除方法：检查配气机构，调整气门间隙。

⑥缸套或缸盖裂纹，冷却液从裂纹处进入油底壳。排除方法：更换缸套或缸盖后更换润滑油。

⑦机体有裂纹，冷却液从裂纹处进入油底壳。排除方法：视裂纹大小予以修复或更换后更换新润滑油。

（4）注意项点

①燃油单体泵上下两道密封圈老化，导致燃油随润滑油或气缸间隙流入油底壳。排除方法：更换燃油单体泵密封，调整供油行程后更换润滑油。

②燃油单体泵雾化不良，呈液粒状从缸壁流入油底壳。排除方法：更换燃油单体泵，调整供油行程后更换新润滑油。

③缸盖与机体连接处隔板破裂，水道窜水管与油道窜油管密封老化或破损后连通，导致冷却液通过气缸进入油底壳。排除方法：更换缸盖与机体连接处隔板及缸盖垫子，更换窜水管、窜油管密封。按要求紧固缸盖，调整气门间隙和供油行程后更换新润滑油。

六 润滑油消耗量过多

1. 故障现象

润滑油消耗过多，是影响柴油机经济性指标的主要原因之一。具体表现为：油底壳液面下降快、排气管向外排润滑油、排气管冒蓝烟、呼吸器排烟大。

2. 故障原因及排除方法

（1）进气系统故障

进、排气门与气门导管间隙超标。排除方法：检查气门杆及气门导管，按需更换。

（2）使用维护不当

①活塞环与环槽间隙增大，致使润滑油窜入燃烧室内燃烧，气缸套磨损严重。排除方法：更换活塞环及气缸套。

②活塞环装倒，润滑油窜入燃烧室内燃烧。排除方法：按标准更换活塞环。

③活塞环卡死或折断。排除方法：清洗胶结的活塞环或者更换新件。

④活塞环开口重合。排除方法：拆下活塞，按要求错开活塞环的开口位置。

⑤缸套、活塞、活塞环磨损超标，润滑油进入燃烧室燃烧。排除方法；按需更换缸套、活塞及活塞环。

⑥油位过高。排除方法：检查调整油位至合适位置。

⑦润滑油压力太高。排除方法：调整润滑油压力。

⑧润滑油油路有泄漏处。排除方法：检查维修或更换油路泄漏处部件。

⑨增压器中间体轴承间隙超标，润滑油在废气涡轮燃烧后排出。排除方法：更换增压器中间体轴承，或按需更换增压器。

⑩柴油机超负荷运转。排除方法：如超负荷则降低负荷使用。

⑪ 高原地区气压低。排除方法：高原地区应使用高原机或限负荷使用。

⑫ 机油温度太高。排除方法：降低负载使用，检查机油冷却器芯管是否堵塞，堵塞时清理疏通或按需更换。

⑬ 机油冷却器芯管破裂。排除方法：检查修理机油冷却器芯或按需更换。

⑭ 曲轴箱润滑油温度高，油蒸汽从呼吸器大量排出。排除方法：检查曲柄连杆装置有无异常发热情况。检查润滑油油位是否过高，保证曲轴箱有足够的气体空间。

（3）注意项点

呼吸器堵塞、燃爆安全阀故障导致曲轴箱压力高。排除方法：检查清洗呼吸器，拆检燃爆安全阀。

七 柴油机温度过高

1. 故障现象

柴油机温度过高是指柴油机水温、油温、排温、轴承温度等超过正常值的现象，会导致充气量减少、润滑油黏度降低、运动件拉毛、摩擦阻力增加等。

2. 故障原因及排除方法

（1）冷却系统故障

①散热器内冷却液不足。排除方法：添加冷却液。

②水泵供水不足。排除方法：检修或更换水泵。

③风扇皮带松弛或打滑。排除方法：调整张紧轮或更换皮带。

④散热水箱芯子或冷却管路堵塞。排除方法：清洗冷却管路和水箱芯子。

⑤有气阻现象（水管内有气泡形成气塞）。排除方法：排出冷却系统内空气。

⑥耦合器不起作用，风扇转速太低或不转。排除方法：检修耦合器排除故障。

⑦散热器外部污物较多，使其散热效率大大降低。排除方法：清理散热器外部污物。

⑧节温器失灵，导致冷却液循环不畅。排除方法：检查节温器工作情况，必要时更换。

⑨海水热交换器换热能力下降。排除方法：清理换热器或检修更换海水提升泵。

（2）燃烧过程故障

①供油提前角过小，柴油机产生后燃现象，使柴油机受热严重。排除方法：按要求调整供油提前角度。检查调整燃油单体泵供油行程。

②进、排气门关闭不严，气门间隙过小。排除方法：按要求检查气门密封性并调整气

门间隙。

③燃烧室内积炭过多，导热不良，使气缸内的热量不能传到冷却液里去，造成气缸内部温度很高。排除方法：清理燃烧室内积炭，提高散热效率。

④各缸供油量不均匀，个别气缸供油量过大，造成局部气缸过热。排除方法：按要求检查调整喷油泵。

（3）使用与维护保养不当

①水温表损坏，水温表显示数值不真实。排除方法：更换水温表及传感器。

②柴油机长时间超载运行使柴油机温度过高。排除方法：合理分配功率，减轻柴油机单机负荷。

③因润滑油路堵塞，造成润滑油压力下降，润滑油量小，造成润滑不良。润滑表面出现干摩擦现象，使局部温度骤增。排除方法：疏通润滑油路，调整润滑油压力至规定值。

④增压器中间体浮动轴承故障，润滑油随废气排出，在排气道及消声器内后燃烧造成排气温度过高。排除方法：检查修理增压器。

⑤散热器处压力盖损坏。排除方法：检查散热器盖内的密封垫，检查泄压阀的密封垫，按需更换新垫片。

⑥燃烧气体或空气进入冷却系统。排除方法：如果发现水箱内不断冒出气泡，应检查水泵进水口一侧是否有泄漏，气缸盖垫有无裂缝或缺陷，按需更换气缸盖、气缸垫。

⑦排气不畅。排除方法：检测柴油机的排气背压，检查排气管是否太长或是否堵塞。排气消声器内是否有水或防护板松动，检查增压器是否损坏，必要时进行修理或按需更换。

（4）注意项点

①燃油单体泵供油行程过小，柴油机产生后燃现象，使柴油机受热严重。排除方法：检查调整燃油单体泵供油行程。

②各缸燃油单体泵供油行程不一致，个别缸供油量过大，造成局部气缸过热。排除方法：检查调整各缸燃油单体泵供油行程。

八 柴油机振动过大

1. 故障现象

柴油机在使用中如果振动过大，往往会同时出现固定螺栓松动或断裂、柴油机与底座共振严重、有严重敲击声等现象。柴油机振动大会造成严重危害，应尽快确定振动源并予以消除，避免柴油机零部件因振动过大而损坏。

2. 故障原因及排除方法

①扭振减振器失效。排除方法：检修或更换减振器。

②飞轮连接松动或不平衡。排除方法：检查紧固连接螺栓，严重时更换飞轮。

③柴油机与被驱动机械对中性差，万向联轴器卡滞不灵活。排除方法：重新校正柴油机与被驱动机械对中性，必要时更换万向联轴器。

④底座固定螺栓松动。排除方法：检查并紧固。

⑤柴油机底座部分刚性差。排除方法：按照柴油机安装标准加固底座。

⑥各轴承磨损严重，间隙过大。排除方法：检查测量后按需更换。

⑦增压器涡轮叶片或压气机叶片损坏。排除方法：按需更换增压器。

⑧平衡轴齿轮装配位置有误。排除方法：按照规定标记重新装配。

⑨个别缸工作不平衡或严重爆震冲击。排除方法：校验喷油泵，校正喷油量及供油时间。

⑩柴油机驱动部分飞轮减震器胶块磨损严重。排除方法：更换减震胶皮。

⑪柴油机与驱动电机同轴度偏差过大。排除方法：检查校验柴油机与驱动电机同轴度。

⑫减震器螺钉松动。排除方法：检查并拧紧减震器螺钉。

⑬采用前后双轴承支撑的发电机，轴承磨损超标。排除方法：更换发电机前后轴承及轴承座。重新校对电机与柴油机的同轴度。

⑭电喷柴油机根据控制模式，还应注意个别缸燃油单体泵供油是否正时过早或过晚。排除方法：检查、调整各缸燃油单体泵供油正时。

九 柴油机润滑油压力异常

1. 故障现象

当出现油压异常时，润滑油压力表指示的数值远低于或高于技术要求。

2. 故障原因及排除方法

①润滑油滤清器污堵，工作时阻力大，使润滑油流通能力减小，造成油压过低。排除方法：更换润滑油滤清器滤芯。

②润滑油泵故障或管路有空气，产生气阻，均造成润滑油流量减小，引起油压过低。排除方法：检修或更换润滑油泵、排除润滑油管路中的空气。

③油底壳油量不足，使油泵流量减小，或者润滑油管路破裂，也会造成油压不足。排除方法：更换破裂管路，加足润滑油。

④润滑油压力与黏度有直接关系，当润滑油内进入水或柴油，或者油温太高时，都会使润滑油黏度下降，从而引起油压降低。排除方法：通过化验来确定润滑油中是否有柴油或水。排除故障后更换润滑油和润滑油滤芯。

⑤风扇转速过低，水泵供水不足，油冷器冷却不良，均造成油温过高，致使油压过低。排除方法：检查调整风扇传动皮带和传动液力耦合器，使风扇达到规定的转速；修理或更换水泵或散热器；必要时清洗或修理润滑油冷却器。

⑥调压阀弹簧断裂，使系统内压力失去平衡，造成回油量大，而使主油道内润滑油压力过低。同样，当调压阀磨损、卡滞或调整不当，使润滑油回油过多，也会引起主油道油压过低。排除方法：对调压阀卡滞或断裂的弹簧进行更换、修理或调整。

⑦机油泵吸油管受阻。排除方法：修理或更换吸油管。

⑧机油泵泄压阀常开。排除方法：清洗机油泵泄压阀及壳体，按需更换新件。

⑨曲轴和轴瓦间隙过大。排除方法：判断是否因曲轴轴瓦间隙过大或烧瓦引起油压下降，必要时更换轴瓦，使其达到技术要求。

⑩机油传感器故障。排除方法：更换机油压力传感器。

⑪机油泵传动齿轮轴承间隙过大。排除方法：更换机油泵传动齿轮轴承。

十 柴油机排烟异常

燃料完全燃烧后，正常排烟颜色一般为淡灰色，负荷略重时为深灰色，在柴油机使用过程中要注意观察排气烟色，它们是判断柴油机故障的重要依据。常见现象有柴油机排气冒黑烟、蓝烟、白烟、排气管窜火等。

（一）柴油机冒黑烟

1. 故障现象

柴油机在启动或运转中排气管有连续或断续的冒黑烟现象。柴油机排气冒的黑烟是不完全燃烧的产物，是柴油燃烧在高温缺氧情况下裂解释出并聚合而成的。

2. 故障原因及排除方法

（1）排除使用与维护保养不当

①柴油机过载。排除方法：应降低负荷或增加柴油机使用台次共同分配负载。

②柴油机超速运转。排除方法：排除超速原因，调整至额定转速以内。

③供油提前角过小。排除方法：按要求调整供油提前角。

（2）排除燃油供给系统故障

①喷油器雾化不良、滴油、漏油。排除方法：用单缸断油的方法检查各缸喷油器的工作效率是否一致；若有滴油、漏油，应更换或校验喷油器。

②出油阀弹簧断裂、出油阀卡死或密封不严导致个别缸排气温度过低。排除方法：用红外线测温仪检测各缸排气管温度，个别缸温度较低时如果弹簧断裂要更换新件，出油阀卡死或密封不严时更换新件。

③柱塞弹簧断裂，柱塞卡滞。排除方法：打开高压油泵观察窗盖检查，必要时更换柱塞及柱塞弹簧。

④喷油泵有个别油量调节齿圈松动导致个别缸排气温度过低。排除方法：用红外线测温仪检测各缸排气管温度，若个别缸排气温度过低应调整、紧固。

⑤燃油质量不符合使用要求。排除方法：更换合格燃油。

（3）排除进排气系统故障

①空气滤清器堵塞。排除方法：进行清理。

②进、排气通道堵塞。排除方法：进行清理。

③进气管密封不良，排气引管及消声器阻力太大。排除方法：更换进气管密封件，按

规定要求设置排气引管与消声器。

④增压器工作不正常、中冷器不畅通。排除方法：进行检修或更换。

⑤气门间隙不正确。排除方法：按标准进行调整。

⑥配气定时不正确。排除方法：按标准进行调整或进厂修理。

⑦进气温度太高。排除方法：检查进气温度，必要时检查中冷器芯，并进行清洗。

（4）注意项点

①燃油单体泵供油正时不正确。排除方法：按要求调整喷油正时。

②燃油单体泵雾化不良、滴油、漏油。排除方法：检测排气支管温度或用 ET 软件断缸法检查单体燃油泵是否正常，按需更换。

③大气压力传感器故障。排除方法：拆下检查，按需更换。

（二）柴油机冒蓝烟

1. 故障现象

柴油机在启动或运转中排气管有连续或断续的冒蓝烟现象。排气冒蓝烟，主要是润滑油进入燃烧室参与燃烧，导致排气冒蓝烟。

2. 故障原因及排除方法

柴油机冒蓝烟的主要原因是有润滑油进入气缸参与燃烧，生成蓝色气体排出。润滑油进入燃烧室主要有两条途径：一是随进气进入；二是从气缸活塞处进入。

①油浴式空气滤清器油盆内油面过高，润滑油随空气进入燃烧室，造成连续冒蓝烟。排除方法：需要定期检查油盆内液面高度。

②油底壳内润滑油加入过多，导致飞溅润滑油量过大，活塞环泵入燃烧室润滑油量多。排除方法：需要定期检查润滑油液面，过高时放出多余润滑油。

③长期低负荷（标定功率的 40% 以下）运转，活塞与缸套之间的间隙过大，油底壳内润滑油容易窜入燃烧室，与气缸中的混合气混合，出现排气冒蓝烟。排除方法：使用中应根据负荷合理使用柴油机台次，避免长期低负荷运转。

④活塞环卡住或磨损过多、弹性不足、安装错误，活塞或气缸套磨损，使润滑油进入燃烧室，润滑油燃烧后产生蓝色烟雾排出。柴油机表现为润滑油耗量增加，连续冒蓝烟，伴随现象是功率下降。排除方法：应及时按要求更换活塞环，按需更换活塞、气缸套。

⑤对于增压柴油机，如果增压器压气机侧浮动轴承损坏，导致大量润滑油通过压气机进入柴油机进气管，随进气吸入气缸参与燃烧，导致严重冒蓝烟。且转速越高，冒蓝烟现象越重，并伴随增压器的不正常声音。排除方法：检修和更换增压器浮动轴承，清理增压器外壳、叶轮、进气道等。

⑥进气背压高（空滤污堵），润滑油通过增压器轴承吸入气缸参加燃烧。排除方法：应及时检查更换空气滤清器，检查清理进气道。

⑦气缸盖回油道堵塞，导致回油不畅，从气门导管处进入缸内，造成排气冒蓝烟。排除方法：应及时清理气缸盖回油道，确保回油畅通。

（三）柴油机冒白烟

1. 故障现象

白烟是指排气烟色为白色，排气中夹杂燃油蒸气、水蒸气以及不完全燃烧的中间产物。柴油机在刚启动或冷机状态时，排气管冒白烟，是因为柴油机气缸内温度低油气雾化不良而形成。

2. 故障原因及排除方法

柴油机冒白烟的异常现象，呈灰白色的柴油蒸气是燃烧不充分产生的；呈淡白色的水蒸气是冷却液进入气缸产生的。排除柴油机冒白烟的故障，应结合现场的实际状况进行分析，判断故障产生的部位。

①查看水温表，检查冷却液温是否过低。排除方法：过低时暖机后再加负荷。

②燃油中含有水分。排除方法：打开燃油滤清器排空管线，放出少许柴油，检查是否含有水分，含有水分时，排放燃油箱中和燃油管路内的积水。

③中冷器进水。排除方法：打开左、右排进气道边盖，检查进气道内有无冷却液，若有积水则拆检中冷器。

④喷油器雾化不良。排除方法：将柴油机转速提到额定转速，检查喷油器是否存在雾化不良现象。如果存在，用隔断法判断故障部位，取出喷油器，校验或更换喷油器。

⑤气门间隙过小。排除方法：按标准进行调整。

⑥供油提前角不正确。排除方法：按标准调整供油提前角。

电喷柴油机还应注意以下项点：

①单体燃油泵供油正时不正确。排除方法：按要求检查调整单体泵供油正时。

②极寒环境温度过低时，长期停待的柴油机由于燃油、机体、润滑油等温度较低，燃烧环境较差，首次启动后有浓白烟产生，随着机体温度上升白烟慢慢减轻直到正常排烟。排除方法：提前预热润滑油，机组用加热设施保持冷却液及机组自身温度。

（四）柴油机排气管窜火

1. 故障现象

柴油机在启动或运转中排气管有连续或断续的窜火现象。

2. 故障原因及排除方法

①柴油机启动时较困难、启动后中速运转时排气管有连续轻微的窜火现象，随着转速的提高，窜火现象也越来越严重，并伴随动力不足、机体温度过高等现象。一般为供油提前角过迟，配气相位以及部分喷油器、柱塞、出油阀偶件单体燃油泵严重磨损等导致。排除方法：检查校正喷油时间、配气定时、喷油压力，更换磨损严重的柱塞、出油阀偶件。

②柴油机中、高速运转时有断续的窜火现象，且转速越高、负荷越大，窜火现象越严重，并伴随严重的排气管放炮及气缸内金属敲击声。

a. 中速运转出现排气管有断续的窜火现象，转速越高，窜火现象越严重，气缸内伴随严重的金属敲击声。一般为喷油器针阀密封不良并有严重的滴油现象，个别缸气门推杆弯曲、卡滞以及气门弹簧断裂等。排除方法：检查更换相关配件解决。

b. 高速运转时出现严重的排气管窜火现象，并伴随严重的排气管放炮以及柴油机温度过高等现象。一般情况为个别缸排气门密封不良、气门弹簧弹力过弱等导致。排除方法：检查更换气门、气门弹簧、修配气门座圈解决。

c. 气门间隙不正确。排除方法：检查调整气门间隙。

注意项点：

①燃油单体泵供油正时不正确。排除方法：检查调整单体燃油泵供油正时。

②燃油单体泵严重磨损等。排除方法：更换燃油单体泵。

十一 柴油机声音异常

柴油机在正常工作中，也会发出很大的响声，其正常声音应该是连续的、均匀的，主要是进气、排气、燃烧过程和齿轮传动等机械摩擦所发出的。当柴油机内部机件磨损间隙大，零件松动及断裂损坏，零件卡住、装配、调整不正确和工作过程恶化时，便会发出不正常的响声。

柴油机发出不正常响声是多样和复杂的，往往在同台柴油机上，不同性质的故障反映出相似的响声，而在不同的柴油机上，同样性质的故障反映出来的响声却不一样，柴油机工作时，正常声音和不正常声音混在一起，有时很难分辨，但是，不同的响声一般都有不同的规律，操作者只要熟悉本岗位柴油机的正常声音，并能仔细倾听和辨别各种异常声音，根据结构原理，就可迅速正确地判断出故障的原因。

（一）活塞“敲缸”异响

1. 故障现象

在机体附近能听到猛烈清晰的“当当”声。当柴油机转速突然变化或低速运转或大负荷运转时声音更为显著。柴油机在冷状态时，响声明显，温度升高后，响声减弱或消失，这是与主轴承和连杆轴承响声显著不同之处。

2. 故障原因及排除方法

由于活塞与气缸套磨损，配合间隙过大，造成活塞在气缸中往复运动时发生摇摆。排除方法：如运行中响声仅在冷车时，柴油机可继续使用；如柴油机在正常工作温度时仍有明显响声，应尽早检修，以免发生事故性损坏。

（二）活塞销异响

1. 故障现象

在气体膨胀做功的瞬间，发出一种非常尖锐，音调甚高而且明显的金属敲击声。声音如同用小锤打砧子。当柴油机转速由高速突降到低速时，气缸上部可听到尖锐的“当当”

的金属冲击声响。在柴油机低速时，响声缓慢而明显，猛加转速时，响声也加大加快。柴油机温度升高后，响声不减弱，喷油提前角加大时，响声加剧。这与活塞撞击缸盖明显不同。

2. 故障原因及排除方法

活塞销与连杆小头衬套配合松旷，或活塞销与活塞销座孔配合松旷，在气体膨胀做功的瞬间，相互撞击而发出的响声。排除方法：更换活塞或活塞销；更换小头衬套或活塞销。

（三）活塞碰气门异响

1. 故障现象

在柴油机工作时，从气缸盖处发出沉重而均匀、有节奏敲击声。

2. 故障原因及排除方法

由于活塞与气门相碰，因气门间隙调整不正确，使气门卡在开启位置或活塞连杆组安装不正确，润滑不好，积炭，气门弹簧断裂、弹力不足等原因导致活塞碰撞气门。排除方法：调整气门间隙至规定技术要求；改善润滑条件；清除积炭；更换气门及弹簧。

（四）连杆轴承异响

1. 故障现象

在柴油机怠速或中速运转中出现“当”的敲击声，在气缸下部润滑油加注口处声音更加明显，温度发生变化时，响声不变化。

2. 故障原因及排除方法

主要是连杆轴承的螺母没有拧紧、因震动而松动、连杆螺栓松动或折断、轴瓦合金烧毁或脱落、轴瓦磨损过大，而使轴瓦与轴颈间的径向间隙过大所造成。在运转过程中，连杆轴瓦与轴颈因磨损间隙增大后，在做功行程气体爆发推动活塞时，便会产生撞击。排除方法：更换或调整尺寸合适的轴瓦并按规定力矩紧固连杆螺栓，以免出现连杆脱出，打破机体等事故。

（五）主轴承异响

1. 故障现象

柴油机在做功的瞬间互相撞击所产生的声音。在机体两侧中部听声音明显。柴油机发出“吭”“吭”的异常响声，响声比较沉闷。检查时，加大油门提高转速可在柴油机下部听到，用听诊棒听诊时能够听到主轴承发响。

2. 故障原因及排除方法

其原因是主轴颈与轴承的配合松旷或主轴承螺栓、螺母松动，主轴瓦磨损严重或出现烧损现象，装配调整不当等导致使轴瓦与轴颈间的间隙加大。排除方法：如发现主轴承敲击声不正常，应立即停机检查，及时更换轴承，否则会引起其他机件损坏或曲轴折断等重大事故。

（六）气门敲击异响

1. 故障现象

气门传动部件之间敲击的声音，当柴油机低速空载运转时，较容易听出这种响声。低速运转时，发出连续不断、有节奏的较轻微的“嗒嗒”敲击声。柴油机转速提高时，响声也随着提高。如有数只气门响，发出“滴答、滴答”响声且很杂乱。

2. 故障原因排除方法

主要是气门间隙调整过大，气门杆与气门导管间隙过大，挺杆与套筒间隙过大，或由于凸轮磨损，凸轮外形变更，使气门挺杆在凸轮上发生跳动等所造成。

排除方法：气门间隙不符合要求时，可调整间隙。如装配原因造成的故障，则要按需进行修理或更换配件。

（七）齿轮异响

1. 故障现象

主要是齿轮磨损间隙过大或凸轮轴（齿轮轴）弯曲等造成。柴油机高速运转时，在齿轮室处可听到较尖锐而连续的“镳镳”声或“咔啦咔啦”声。在柴油机降低转速时，可听到“喋喋”的敲击声，此响声会由凸轮轴传到齿轮室外壳。

2. 故障原因排除方法

齿轮啮合间隙过大或过小，或齿轮周圈啮合不均匀，个别齿轮齿面磨损严重或有刮痕、断齿等导致。排除方法：检查调整或更换齿轮和相应配件。

（八）燃烧过程不正常异响

1. 喷油时间过早敲击异响的诊断与处理

（1）故障现象

在气缸内产生清脆的“当、当”的敲击声。

（2）故障原因排除方法

燃油在柴油机温度压力较低的情况下喷入燃烧室，造成燃烧室积聚较多燃油，一旦着火燃烧，这些燃油同时燃烧，温度和压力急剧增大；或喷油时间过早，使活塞还在向上止点移动时柴油便燃烧起来，使压力骤增。排除方法：发现上述不正常声响后，应及时检查并调整供油提前角。

电喷柴油机供油始点过早产生异响。排除方法：检查调整燃油单体泵供油正时。

2. 喷油器滴油敲击声的诊断与处理

（1）故障现象

一种无节奏、清脆、响亮的金属敲击声；与此同时，排气管也会出现放炮声和冒灰色白烟，出现柴油机运转不稳定的现象。

（2）故障原因及排除方法

因喷油器针阀卡在喷油位置，或喷油泵出油阀磨损严重、卡住而失去作用，不能及时地开启和关闭，造成喷油嘴处滴油。排除方法：发现上述异常声响，应检查喷油器和出油阀，进行清洗和校验，必要时更换新件。

电喷柴油机产生燃油单体泵滴油敲击声。排除方法：检查清理喷嘴积炭，疏通喷孔，按需更换燃油单体泵。

（九）气门漏气异响

1. 故障现象

柴油机工作性能恶化，导致燃烧不良，排气冒黑烟，启动困难，功率下降，盘转飞轮时，感到压缩压力不足，在排气支管附近，如听到有“唏、唏”的声音，表示发动机排气门有漏气现象；而在进气侧听到有“嘘、嘘”的声响，则表明进气门有漏气现象。进气管处会听到很长的“唏……”声，进气管有烫手的感觉。

2. 故障原因及排除方法

①气门与气门座圈工作斜面磨损、烧蚀、产生斑点或凹陷、有积炭。排除方法：清理积炭，检查气门与气门座之间的密封情况，必要时检修或更换。

②气门杆与气门导管间隙过大，气门杆晃动或气门杆弯曲，气门头部歪斜，导致气门关闭不严。排除方法：检查气门与气门导管之间的密封情况，必要时检修或更换。

③气门弹簧弹力减弱及失去弹性或弹簧折断，导致气门与气门座之间密封不严。排除方法：更换符合要求的气门弹簧。

④气门间隙小，气门杆受热膨胀后，挺杆与摇臂顶开气门，使气门不能完全关闭而漏气。排除方法：按要求检查调整气门间隙。

十二 增压器故障

涡轮增压器经常在高温、高速环境下工作，很容易出现故障。

1. 压气机喘振

（1）故障现象

由于某种原因，压气机内空气流量突然减少，使空气压力产生很大波动，气流在压气机内出现剧烈振荡，并在压气机出口处发出“嚓嚓”的噪声。

（2）故障原因及排除方法

①进气通道堵塞。排除方法：检查更换空气滤清器，清理进气通道，检查中冷器清理表面污堵，保证进气通畅。

②压气机叶轮、涡壳被脏物堵塞或扩压器气流道形状变窄。排除方法：清理增压器内堵塞物，若本体变形及时更换增压器。

③柴油机使用操作不当，如负荷波动较大或紧急停车等。排除方法：按照柴油机操作手册使用柴油机。

2. 异常响声

（1）故障现象

压气机工作时，发出金属碰擦声，有时会听到刺耳的尖叫声。

（2）故障原因及排除方法

①压气机叶轮与壳体之间间隙过小，运转时发生碰擦。排除方法：清理堵塞物，必要时更换部件。

②浮动套或止推片磨损严重，使转子游动量过大，导致叶轮与壳体碰擦。排除方法：更换轴承。

③涡轮机涡轮或压气机叶轮叶片变形及转子轴轴颈发生偏磨，均会使增压器发出刺耳的尖叫声。排除方法：检修更换损坏部件。

④压气机喘振也会发出异常响声。

3. 强振

（1）故障现象

在运转过程中，增压器产生剧烈振动的现象。

（2）故障原因及排除方法

①浮动轴承磨损严重，导致配合间隙过大。排除方法：更换浮动轴承及油封。

②转子轴弯曲度过大。排除方法：校正或更换变形部件。

③增压器支撑固定螺栓松动或损坏。排除方法：紧固或更换增压器支撑架。

④转子动平衡不符合规定。排除方法：校验或更换不合格部件。

4. 转速低

（1）故障现象

压气机出口压力降低，柴油机功率明显下降。

（2）故障原因及排除方法

①增压器长期漏油，会使胶质或积炭聚积，阻碍转子的转动。

排除方法：更换油封，清理胶质或积炭，必要时更换部件。

②轴承烧损。排除方法：排除故障后，更换轴承。

③转子发生碰擦或弯曲变形较严重。排除方法：更换变形部件。

④柴油机排气管漏气或涡轮气道污堵，使涡轮机获得的废气能量减少。

排除方法：检修更换排气管，清理涡轮气道。

十三 柴油机磨损异常

所谓柴油机的早期异常磨损，一般指柴油机在投入使用后，由于没有按照要求进行充分磨合或使用劣质配件，如空气滤芯、润滑油滤芯等，在很短的时间内就使活塞环、缸套、轴瓦等部件损坏较为严重。

（一）柴油机早期磨损原因分析

1. 柴油机长时间超负荷运行

柴油机长时间超负荷运行，导致柴油机温度过高，润滑油黏度下降、压力过低、油膜破坏，轴和轴瓦之间由液体摩擦变为边界摩擦，甚至是干摩擦，导致减磨合金层熔化。出现故障后，在离心滤清器、润滑油滤清器内发现金属颗粒或粉末。

2. 不按规定使用润滑油或使用不合格的润滑油

润滑油含有水分和杂物较多，抗氧化、抗腐蚀能力较差，使用中结胶和积炭严重，且老化变质快。润滑油的性能达不到要求，形成的油膜强度不够，润滑条件恶化，加速了柴油机摩擦副之间的异常磨损。

3. 未按要求及时更换润滑油

柴油机运转一定时间后应按规定换油，如不及时更换，润滑油中杂质和金属磨屑会大量增加，综合性能下降，很快变质，加剧油膜破坏，增加了摩擦副之间的异常磨损并最终导致柴油机发生故障。

4. 润滑油严重不足

润滑油严重不足，润滑条件恶化、冷却不良，导致烧瓦等故障。

5. 冷启动操作不当

当环境温度较低时，润滑油黏度相应增大，此时强行快速启动柴油机，润滑油不能及时到达运动件表面形成油膜，极易导致运动件磨损，造成严重损坏。因此，柴油机在冬季应注意保温、防寒，装有预热装置的柴油机应利用预热装置来辅助启动。

6. 长时间低温运转

长时间低温运转，造成柴油机燃烧不良并产生大量积炭，使气缸套上部产生严重的磨料磨损或电化学腐蚀。

7. 空气滤清器堵塞严重或破损

空气中所含二氧化硅占其杂质含量的一半以上，其硬度极高，若不经过滤直接进入气缸就会加速气缸磨损。

8. 润滑部件的功能减退或失效

柴油机的润滑多由飞溅和压力润滑来完成。如果润滑油油泵失效、润滑油滤清器或润滑冷却喷嘴堵塞、轴瓦早期磨损等都会导致润滑不良和冷却效果变差，致使柴油机的早期磨损。因此，应保证润滑油清洁、零部件性能良好、管路清洁、密封、畅通。

9. 大修机的装配质量原因

柴油机大修时的修理质量对零部件及整机的使用寿命影响很大，频繁地拆装、工作环境不洁、修理技术差、装配质量不合格、调整检测时仪器精度差或使用了劣质配件等都是柴油机早期磨损的重要因素。

10. 新机或大修机没有进行充分良好磨合

对于大部分的国产新机和大修机，在刚投入使用阶段，都需要磨合运转。在此期间内，对转速、负载、操作都有严格要求。如果新机或大修机未经磨合就高负荷、高速运行，就可发生活塞环、缸套等的早期异常磨损。

（二）预防柴油机早期异常磨损的措施

1. 启动时精心操作

启动前要对柴油机进行必要的检查，如安装校正情况、润滑油液位、空气滤清器、冷却液位等。严禁先启动后加水。初次启动时，应先盘车两圈以上，待摩擦表面得到润滑后再启动。启动后应怠速运转升温，待润滑油温度达到 40℃时转入高速空载运行，直到油温正常，方可正常带载。

2. 正确选用润滑油

要严格按季节和柴油机性能要求选用合格的润滑油，不可随意购用劣质润滑油，并经常检查和保持润滑油的数量与质量。

3. 加强滤清器的保养

按时保养空气滤清器、润滑油滤清器和燃油滤清器，是保证柴油机正常使用的重要措施，尤其在沙漠和多风沙地区等恶劣环境使用时更为重要。

4. 及时检测调整柴油机的技术状态

时刻注意观察柴油机运行状态的变化，定时调整、校验，保证柴油机在正常技术状态下工作。

5. 保证维修质量

维修时严格按技术要求进行，选用合格配件，严格控制检测和调试中的每一道工序，确保维修与装配质量。

6. 柴油机的磨合运行期

对有磨合要求的柴油机在磨合期内，要严格按照柴油机使用说明书进行磨合运转及维护保养，定期更换润滑油，检查紧固螺母的锁紧状况，检查和排除漏油、漏气等现象。对柴油机的工作状况、有无异响、烟色有无异常、润滑油是否变质和短缺、各种仪表指示是否正常等都应仔细观察和记录，发现异常情况及时排除。

十四 柴油机“飞车”故障

1. 故障现象

飞车指柴油机转速失去控制，大大超过规定最高使用转速的现象。柴油机的飞车是一种重大的事故，在极短的时间内就有可能造成极大的危害。一旦柴油机发生飞车，操作人员应立即采取紧急停车措施，避免产生更大的损失。

2. 故障原因及排除方法

（1）喷油泵故障

①喷油泵柱塞或调速齿杆卡死在最大供油位置。排除方法：检修喷油泵并校验。

②喷油泵柱塞油量调节齿圈从调节齿杆槽内滑出，使柱塞处于最大供油位置，柴油机一启动就发生飞车。排除方法：检修喷油泵并校验。

③齿轮齿杆式柱塞泵进行装配时，齿条和柱塞齿轮的记号未对准。排除方法：按要求重新调整、装配。

④柱塞套定位螺钉松动或螺钉头磨损变短，失去定位作用。装配时，柱塞套偏转向供油量大的方向。排除方法：更换定位螺钉并紧固。

⑤柱塞弹簧断裂，齿圈脱落卡住齿杆。排除方法：断裂时，更换弹簧，齿杆卡住时检修或更换配件。

⑥油门操纵装置损坏，致使喷油泵柱塞处在最大供油位置。排除方法：检修或更换油门操纵装置。

（2）调速器故障

①调速器拉杆螺钉与拉杆接头处销子松脱。排除方法：重新调整后紧固。

②调速器飞铁作用不灵活或脱落。排除方法：进行检修或更换。

③调速器限位螺钉铅封开封。排除方法：重新调整并铅封。

④调速器内润滑油变质；油位不符合要求。排除方法：更换润滑油；油位过高时放掉多余润滑油，过少时添至规定油位。

（3）使用与保养

①超速安全装置失灵导致转速失控。排除方法：检修或更换超速安全装置。

②高压油泵连接拉杆定位块安装位置不正确，使齿杆卡在最大加油位置。排除方法：如错装时，重新按规定位置安装。

③排除故障后，对柴油机进行全面检查。

十五 曲柄连杆机构故障

曲柄连杆机构是柴油机的运动部件和传动部件的核心部分。所发生的故障主要是受力、受热、受腐蚀、受摩擦、缺油、缺水等，超过这些零部件的允许值所致，而且一旦出现故障，往往容易引起严重后果。这些故障一般有以下几种：

（一）曲轴轴颈异常磨损和烧瓦

1. 故障现象

使用和维修不当或曲轴本身质量存在问题时，将导致曲轴的异常磨损或烧瓦现象。此时表现为：

①主轴承座和连杆大头处温度升高，油压下降和振动加大。

②拆下轴瓦检查时轴瓦有拉伤，轴瓦合金层局部烧熔。

③呼吸器排烟异常，转速、功率下降甚至停车。

④排查离心滤清器，有大量金属粉末。

2. 故障原因及排除方法

（1）磨损的原因及表现

①轴颈与轴承之间的摩擦，造成摩擦表面磨损。

②润滑系统受阻，润滑油不清洁，一些机械杂物充斥在摩擦表面。

③轴颈与轴承的精度不够，配合间隙不合乎规定。

通常连杆轴颈比主轴轴颈的磨损更为严重，这是由于离心力的作用使润滑油中的大部分机械杂物集中到连杆轴颈上，从而引起磨料磨损。另外，各轴颈上的磨损也是不均匀的，沿径向方向的轴颈面总是要比轴颈侧面的磨损大。

轴瓦的磨损也是不均匀的，一般情况下，连杆轴承的上瓦片和主轴承的下瓦片，磨损更为严重。轴颈和轴承的磨损造成配合间隙增大，使润滑油大量泄漏，润滑油压力降低，润滑不良；同时，过大的配合间隙使柴油机工作时发出敲击声。轴颈和轴承严重磨损后，甚至会导致烧瓦和抱轴等重大事故。

（2）磨损后的检测与修理

曲轴轴颈磨损后，要用外径百分尺测量其外径尺寸。测量时应在每一段轴颈上，取两个横截面，并分别测取相互垂直的两个方向的尺寸，以检查其磨损情况。各种柴油机都规定了曲轴轴颈的磨损极限值。当实际磨损超出磨损极限值，或同一轴颈上直径尺寸差（圆柱度）大于规定数值时，应对曲轴轴颈进行磨修，并配换相应尺寸的轴瓦。如济柴 190 系列柴油机，当连杆轴颈的磨损尺寸大于 0.30mm，主轴颈的磨损尺寸大于 0.34mm，同一轴颈上直径尺寸差大于 0.04mm 时，就必须对其进行磨修。

排除方法：轴瓦的内径尺寸用内径百分尺来测量。一般情况下，轴颈和轴瓦磨损后，都要根据磨修后的轴颈尺寸配换新轴瓦。

（二）活塞环异常磨损

1. 故障现象

活塞环随着活塞沿气缸内壁往复运动，由于摩擦作用而产生磨损。当活塞环与气缸壁贴合不良或活塞环外圆表面张力不均匀时，局部接触应力过大，使油膜破坏，出现局部干摩擦现象，使活塞环磨损加剧。同时，与活塞环槽的磨损原因一样，在活塞环的两端面上也要产生一定程度的磨损。

2. 故障原因及排除方法

活塞环严重磨损后，在高温、高压的燃气作用下，活塞环频繁地胀缩，使其弹力减弱，降低了活塞组的密封性能，出现漏气和窜润滑油现象。因此，在拆检柴油机时，一定要检查活塞环的磨损情况及弹力。

排除方法：

磨损后的检测分为活塞环开口间隙测量和活塞环切向弹力检查。此项检查工作一般是在专用的弹力检测器上进行。但在生产现场可采用比较法进行，其方法是：将被检活塞环与一个新活塞环置于同一垂直平面内，且使两环的开口都位于同一侧水平位置，施加同样大小的力于两环之上，观察两环开口间隙的变化，若两环开口间隙变化量相等，则表示该环弹力符合要求。否则，则表示其弹力不足，应更换新环。

当活塞环的磨损超出磨损极限时，一般不再修复，而是直接更换新环。

（三）曲轴断裂

1. 故障现象

曲轴断裂多发生在曲拐和轴颈的连接处。有的在连杆轴颈油孔处，有的在轴颈 R 处，断裂后的断面具有明显的疲劳特征，断面有一部分呈褐色，一部分呈发亮光泽。

曲轴出现断裂时曲轴箱会发出“噗”的沉重裂开声和金属敲击声，柴油机转速不稳，振动，飞轮摆动。

2. 故障原因及排除方法

当外界的负荷变大，超过曲轴本身的承载能力，或者曲轴本身的强度下降，适应不了外界载荷对其要求时，就会产生裂纹。

①当柴油机超负荷运转和供油角度过大时，将产生交变的爆发压力，致使曲轴受到的机械应力增加，曲轴因疲劳而断裂。排除方法：使用中应避免柴油机超负荷运转，保证正确的供油角度和供油时间。

②如果各缸供油量不均或供油角度不均，各缸产生的爆发压力也不均。久而久之，曲轴轴颈因受力不均在圆角处产生应力过大，造成疲劳损坏。排除方法：柴油机使用中应保证各缸供油量和供油时间一致。

③当机体材料硬度不够，强度不足时，尽管主轴承盖紧固力矩相同，但当使用一阶段后，会发生强度不足的主轴承孔变形。排除方法：柴油机的机体材料应有足够的强度和硬度，符合柴油机使用要求。

④当曲轴材质或机械性能不符合要求时，均会造成曲轴本身强度不足，导致工作中的曲轴产生裂纹。排除方法：柴油机必须使用材质或机械性能符合要求的曲轴。

⑤烧瓦引起曲轴断裂，这是由于烧瓦后产生大量热量传不出去，引起曲轴过热，使其强度降低，而发生裂纹。排除方法：使用中应加强维护保养，避免烧瓦事故的出现。

⑥飞轮螺栓松动，飞轮窜动，会使曲轴输出端键槽处裂纹。排除方法：柴油机各部件应固定牢靠，使用中应定期检查、紧固。

⑦减震器失效或安装不正，工作中摆动，使曲轴自由端在键槽处产生裂纹。排除方法：柴油机各部件应固定牢靠，使用中应定期检查、紧固。

⑧柴油机在共振转速下工作。排除方法：柴油机使用中应避开共振区间工作。

⑨曲轴平衡度不符合技术要求，将造成柴油机振动过大，曲轴附加应力增加，超过许用值而产生裂纹。排除方法：曲轴在出厂时应进行平衡度检测，严禁使用检测不合格的部件。

⑩柴油机与工作机械对中误差过大，导致工作中曲轴损伤，甚至断裂。排除方法：柴油机在使用中应严格保证与工作机械的对中性。

第三节　发电机组常见故障排除

一　柴油发电机组无法启动

①首先检查柴油机供油回路，检查供油管线中是否混有空气，供油压力是否满足要求，检查柴油滤芯情况，检查气源供气压力是否正常，当供气压力低或气瓶中含水较多时，导致启动马达转速过低，无法启动柴油机。

②使用万用表检测发电机控制柜中 24V 蓄电池供电电压是否正常，电压较低时，应及时更换。

③柴油机执行器信号故障，包括控制柜执行器控制信号输出电压、电流值不正常，此时应测量交流模块“+”端（TB_{11-1}）和“−”端（TB_{11-2}）之间的电阻是否符合标准值。测量交流组件到执行器的电流值，当柴油机空载运行时该电流应为 30 ~ 60mA，如果无电流或电流太小，则需要更换交流组件。

④转速传感器故障，首先检查线路连接是否完好；其次检查交流模块上给脉冲采集电路的供电电压，即交流模块 510 和 512 端子是否分别为 +12V 和 −12V。对于网电设备，尤其应该注意电瓶电压值；最后检查 526 和 527 之间的电阻值是否正常（阻值一般为 140 ~ 145Ω）。

二　柴油发电机组频率异常

（一）柴油机转速不稳

柴油机转速不稳常见电控故障有：柴油机转速传感器及其信号变换电路故障；柴油发电机组频率解调电路故障；控制系统电子开关电路故障；转速调节控制电路故障；运行状态控制电路故障；并网运行及有功功率分配电路故障；执行器（调速器）信号故障等。

（二）柴油机发出电源频率达不到 50Hz

发电机组发出电源的频率达不到 50Hz 时，可能原因是从变压器 T10 来的交流电压未输送至交流组件，即交流组件没有检测到该反馈信号。使用万用表查找母线排至 T10 变压器，T10 变压器到交流组件间的故障点，并排除掉。若使用 EG−B−3P 执行器时，应保证速度调节旋钮设置在最大位置。

（三）柴油机转速偏低或欠频导致断路器跳闸

可能原因是交流控制组件上的 547 端没有信号，将速度设定到 50Hz，并测量 547 端的电压，该电压应为 +6VDC，发电机速度给定的调节范围为 0 ~ +11VDC。若 547 端电压不正常，查找原因并维修或更换交流模块。

三 发电机输出电压异常

（一）柴油发电机组转速太低

在启动时，如果发电机母线上没有电压，可先将转速升到“运行”状态再观察母线电压。

（二）发电机剩磁电压不足

在励磁机“+”端和励磁机“－”端（发电机端子板 PC11-01 和 PC11-10）之间检测剩磁电压，在启动期间至少为 1VDC，满速时检测发电机的剩磁电压，应为 15 ~ 20VAC。如果以上两项都不存在，表明发电机剩磁不足，需要给励磁机充磁。

（三）发电机转子整流器中二极管短路

使用万用表检测发电机转子端面上旋转整流器整流桥的二极管是否烧损，如有烧损，及时更换。

（四）励磁模块烧坏

使用万用表、示波器等仪器检查、测量发电机柜中励磁电路板或励磁模块的输出端信号是否正常，不正常时应及时更换励磁电路板。

四 发电机电压不能调节

可能原因是交流组件 551 端电压偏低，确认电压调节旋钮设置在一半位置，测量 551 端电压，当发电机输出 600VAC 时，该电压约为 +6VDC，发电机电压给定调节时，551 端电压变化范围为 0 ~ 11VDC。若该电压不正常，查找原因并更换。

五 发电机不能同期并列

发电机同期并列应同时满足电压、周期、相位相同。当待并网发电机电压与系统电压之间差值较大时，并列时就会产生一定的冲击电流，特别是大容量发电机并列时，如果其电压远低于系统电压，那么在并列时除了产生很大的电流冲击，还会使系统电压下降，可能使事故扩大。一般在并列时，应使待并网发电机的电压稍高于系统电压。

如果待并网发电机电压与系统电压的相位差值过大，那么，并列时引起的冲击电流将产生较大同期力矩，可能达到三相短路电流的 2 倍，它将使定子线圈和转轴受到一个很大的冲击应力，可能造成定子端部绕组严重变形，联轴器螺栓被剪断等严重后果。为防止非同期并列，在手动同步装置中加装电压差检测装置和相角闭锁装置，以保证在并列时电压差、相角差不超过允许值。

六 发电机温度异常升高

①转子温度升高。三相负荷不平衡导致转子温度升高，此时应设法调整系统以减少三相负荷的不平衡度，使转子温度降到允许范围之内。

②定子温度升高。测量定子温度用的电阻式测温元件的电阻值有时会在运行中逐步增大，甚至开路，这时就会出现某一点温度突然上升的现象。

③当进风温度正常而出风温度异常升高，表明通风系统失效。

七 发电机定子绕组、转子绕组损坏

发电机定子线圈或转子线圈绝缘击穿、接头开焊等情况会引起接地或相间短路故障。当发电机发生相间短路或接地故障时，故障点通过大电流，引起系统波动，同时伴随异响、电弧火花等，发电机继电保护装置立即动作，断开主开关、励磁开关，发电机停止运行。操作机构失灵没有跳闸时，应立即手动断开，然后检查设备情况，当发现设备有烧损、闪烙等故障时应立即检修。最后应用兆欧表测量一次回路绝缘电阻，若绝缘电阻值正常，则发电机可并网运行。

八 发电机功率分配不均

柴油发电机组的控制单元设计了对柴油机转速控制的并列运行中各机组的主从逻辑控制电路，实现向交流母线供电的各柴油发电机组有功功率均衡分配。在电流调节电路的给定和转速调节电路的输出之间设置主从控制开关，转速调节单元 544 端为主从控制端，在网时电压 −16V，不在网电压为 +10V，可以通过测量各机组的主从端电压来判断故障。出现功率分配不均时可通过更换备用模块来排除故障。

第四节　常见故障案例

一 柴油机常见故障案例

（一）故障名称：润滑油压力低

案例 1：卡特 3512C 柴油机，功率 1200kW，转速 1200r/min，运转 12000h，井上正常钻进作业，运转时发现润滑油压力为 399kPa（正常运行压力 450kPa 左右），低于运行正常压力。

（1）故障分析

根据现场情况分析出现润滑油压力低的原因有液面过低、压力表故障、油温过高、润滑油稀释、润滑油泵故障、调压阀故障、轴承间隙过大等。经过检查，发现油底壳液面升高，运转 5h，液面上升 4cm，黏度明显降低，嗅闻润滑油有明显的燃油气味，确定是有燃油渗入油底壳，燃油进入油底壳的途径有油道裂纹、密封渗漏等，更换输油泵，问题依旧，检查喷油器，发现 3# 缸有渗漏现象。

（2）故障原因

最终确定系喷油器密封损坏导致燃油漏入油底壳，造成润滑油稀释，压力降低。

（3）故障排除

更换喷油器密封，试车恢复正常，故障排除。

案例 2：卡特 3516 柴油机，功率 1000kW，转速 1000r/min，运转 9000h，井上正常钻进作业，运转时发现润滑油压力为 300kPa（正常运行压力 450kPa 左右），低于运行正常压力。

（1）故障分析

根据现场情况分析出现润滑油压力低的原因有液面过低、压力表故障、油温过高、轴承间隙过大、润滑油稀释、润滑油泵故障、调压阀、润滑油滤清器故障等。首先换用副滤芯、更换主滤芯，故障依旧，详细检查更换的滤芯，最后发现滤芯撕裂，部分滤纸不知去向。

（2）故障原因

最终确定系撕裂滤芯的部分滤纸进入主油道的进油口处，堵塞了主油道，造成了系统压力的降低。

（3）故障排除

拆解润滑油滤器，将撕裂的滤纸取出，试车恢复正常，故障排除。

案例 3：卡特 3516 柴油机，功率 1000kW，转速 1000r/min，大修后运转 5000h，井上正常钻进作业，运转时发现润滑油压力为 280kPa（正常运行压力 450kPa 左右），低于运行正常压力。

（1）故障分析

根据现场情况分析出现润滑油压力低的原因有液面过低、压力表故障、油温过高、轴承间隙过大、润滑油稀释、润滑油泵故障、调压阀、滤器故障等。换用副滤芯后故障依旧，检查更换的滤芯，发现污堵严重，有大量的胶皮粉末附着其上。

（2）故障原因

最终确定一是曲轴箱密封使用的不是耐油胶皮，二是曲轴箱密封是整块胶皮没有裁剪，在高温和压力的作用下脱落，掉入油底壳，破碎成粉末堵塞润滑油泵进油口和润滑油滤芯造成了系统压力的降低。

（3）故障排除

排净润滑油、清洗油底壳和油道、更换机滤、清洗滤器，更换合格的曲轴箱密封，故障排除。

案例 4：工况为钻进；故障现象为柴油机在正常运行过程中呼吸口排烟增大，油温升高，柴油机声音异常、振动异常；机型为 C 济柴 12V190B；运转时间为 13000h；机况为大修。

（1）故障分析

停车后，立即盘车，盘车时出现盘转费力现象，检查柴油机润滑油量、冷却液液位正常，打开离心滤清器，发现转子组壳体内部有银白色金属碎屑，随即打开 1 ~ 6 缸观察孔盖板，用撬杠拨动连杆轴瓦，发现 5 缸连杆轴向撬动无间隙，拆解完成后发现，该缸出现了连杆轴瓦烧瓦现象。在现场判断故障过程中，问询班组人员得知，该缸刚更换过缸套活塞。根据拆检情况发现只有此缸发生了烧瓦现象，通过问询现场人员得知，该缸未按要求使用扭矩扳手扭紧连杆螺栓。

（2）故障原因

现场在更换完缸套、活塞组件后未按照规定使用扭矩扳手，扭紧力矩过大导致轴与瓦配合间隙过小，二者不能形成良好的配合，在配合间隙中便不能形成正常的油膜，使瓦处于半干式摩擦状态，由于轴瓦瞬间产生很高热量，轴瓦和轴颈发生膨胀变形，间隙消失，造成烧瓦事故。

（3）故障排除

进厂拆检，轴径磨损未超过规定使用范围。修磨连杆轴颈磨损换用加厚轴瓦，按规定扭矩紧固。试车检查运转正常，故障排除。

案例 5：工况为钻进；故障现象为柴油机在正常运行过程中呼吸口排烟增大，油温升高，柴油机 11# 缸声音异常；机型为 C 济柴 12V190B；运转时间为 17000h；机况为大修。

（1）故障分析

柴油机在运行过程中突然出现呼吸口排烟增大，11# 缸声音异常情况，应按照先易后难原则进行分析，首先在带载和空载两种情况下采用断油方法进行判断，11# 缸声音仍无法消除；停车后，立即盘车，盘车正常；检查柴油润滑油量、水位正常；打开离心滤清器，发现转子组壳体内部有金属碎屑，随即打开 11# 缸观察孔盖板，用撬杠撬动曲轴轴瓦、连杆轴瓦，径向撬动间隙偏大，盘车检查，发现当活塞从上止点向下止点移动时，活塞销处有裂纹情况，在拆检过程中同时发现还伴有拉缸现象。

（2）故障原因

柴油机长期使用，活塞销与连杆小头间隙变大，不能满足润滑油膜的形成，且旷动量变大，活塞销长期在冲击情况下，发生了疲劳裂纹。

（3）故障排除

现场更换活塞销、缸套、活塞等配件，更换润滑油、润滑油滤芯后，恢复正常运行。

案例 6：道依茨 100kW 机械发电机润滑油底壳油面增高。

道依茨 100kW 机械发电机，使用过程中油底壳油面增高，润滑油被稀释。

（1）故障分析

发现油底壳润滑油液位增高，润滑油被稀释，首先分析进入油底壳的是柴油还是防冻液，防冻液消耗正常，发电机呼吸器没有水蒸气排出，证明进入油底壳的是柴油，柴油进入油底壳主要有两种途径，一是喷油器回油渗漏沿着缸盖润滑油道进入油底壳，二是喷油器雾化不良柴油沿着缸套进入油底壳润滑油被稀释。该道依茨 100kW 机械式发电机运转使用 12000h，作为营房发电机使用，日常正常维护保养，但未做气门间隙检查调整工作。打开机头罩壳后检查气门间隙，发现 2 缸进气门间隙过大，摇臂凸头与挺杆接触面干涩无油磨损较大。

（2）故障原因

通过拆解分析发现 2 缸进气门挺杆磨损大，造成进气门间隙大，发电机工作时，2 缸气门间隙大无法正常打开进气门，空气无法进入气缸，喷入气缸内的燃油无法燃烧，直接沿缸套流入油底壳。导致油底壳油液位升高。

（3）故障排除及措施

拆卸摇臂清洗疏通油道，更换挺杆，调整该缸气门间隙，更换油底壳润滑油。启动发电机故障排除。针对该故障采取相应措施：一是严格按照操作规程检查调整气门间隙，每次运行检查好摇臂润滑情况。二是严格按照操作规程检查校验喷油器。

案例 7：G 济柴 12V190 柴油机，运转时间 1000h，新机。钻进工况下，运转时突然出现润滑油压力下降，柴油机异响现象。

（1）故障分析

新机投产，运转了 1000h，设备按要求维护保养。正常使用柴油机时润滑油应保持足够的压力满足摩擦副运动表面的润滑、冷却要求。在没有出现超速飞车的情况下，压力下降一般先从润滑系统查找故障。根据异常声音来源可以确定问题部位。

（2）故障原因

经检查油底壳润滑油位确定油量充足，启动柴油机检查发现润滑油滤前、滤后压力正常。主油道压力下降，随机打开几个气门室上罩壳发现气门摇臂总成润滑油量较前期有所下降。检查至有异响的气缸时发现摇臂总成固定螺栓全部断裂，气门挺杆从配气机构滚轮摇臂座脱出。该缸缸盖严重发热。初步判断，厂家安装所用螺栓强度不足导致螺栓断裂。

（3）故障排除

清理气缸下罩壳内配件，取出摇臂总成固定断头螺丝后检查固定螺纹正常，清洗气门摇臂总成、油道，检查摇臂与摇臂轴的轴向、径向间隙正常，进、排气门组附件完整。检查配气凸轮摇臂座无磨损及断裂现象，气门挺杆无明显变形。更换摇臂总成及符合要求固定螺栓，调整气门间隙，试机观察异响消失，但摇臂总成润滑油出油量明显过多，润滑油压力未见提高。随即检查其他缸摇臂总成润滑油量，确认只有问题缸润滑油量超标。拆下缸盖检查后发现机体与缸盖连接处油道节流阀损坏导致润滑油量过大。更换节流阀阀芯后复装缸盖，再次按规定调整气门间隙后试车，运转正常，故障解除。

（二）故障名称：启动困难

案例 1：卡特 3516B 柴油机，气马达启动，功率 1717kW，转速 1500r/min，运转

20000h，启动多次未成功。

（1）故障分析

根据现场情况分析出现启动困难的原因有压缩空气压力低、管路不畅，电气系统故障、燃油系统故障等。通过排查确定燃油系统和电气系统正常，问题集中在启动系统，拆除管路减压阀阀芯，启动成功。

（2）故障原因

现场用空压机额定压力 1.0MPa，气马达允许压力为 0.65 ~ 1.05MPa，不需要减压阀进行减压，安装减压阀在一定程度上导致启动马达转速太低柴油机无法爆发。最终确定是管路减压阀造成启动困难。

（3）故障排除

拆除减压阀阀芯，多次启动正常，故障排除。

案例 2：卡特 3406 柴油机，气马达启动，功率 300kW，转速 1800r/min，运转 6000h，启动多次未成功。

（1）故障分析

根据现场情况分析出现启动困难的原因有压缩空气压力低、管路不畅、电气系统故障、燃油系统故障等。通过排查确定了启动系统和电气系统工作正常，拆检油水分离器，发现滤芯脏污严重，更换油水分离器滤芯，顺利启动。

（2）故障原因

最终确定是燃油系统油水分离器滤芯脏污严重导致过油不畅。

（3）故障排除

更换油水分离器滤芯，多次启动试验，启动正常，由于海上空气潮湿，燃油中不可避免会有冷凝水的沉积，所以燃油系统管路中安装油水分离器至关重要。

案例 3：某队卡特 3512B 发电机组，搬迁完成后调试机组时 1#、2#、3# 发电机正常启动，4# 发电机出现无法启动现象。

（1）故障分析

主要原因可能是搬迁过程导致燃油管路堵塞，供油不足、燃油管路空气未排净；启动系统气源压力低、气路堵塞等。

（2）故障原因

逐级检查排除后确定系 4# 机组启动气管线内铁锈颗粒堵塞启动电磁阀及气马达推盘离合器气道引起的故障。

（3）故障排除

清理启动电磁阀线圈及铁芯，疏通、清理阀体内四通分路气道，疏通清理气马达推盘离合器减压气道后，检测气路元件工作正常。恢复启动马达管路连接试机，正常启动，故障排除。

案例 4：沃尔沃 300kW 发电机组启动困难。

沃尔沃 300kW 发电机当天正常停机后，第二天启动时启动电机运转正常，但柴油机无法启动。

（1）故障分析

该沃尔沃 300kW 发电机已累计运转 24000h，但未出现拉缸窜气现象，排除拉缸启动困难因素；了解维护保养情况后发现，发电机滤清器未超保养时间，油路检查正常；检查高压油泵调速器电磁阀及线路是否正常。

（2）故障原因

通过了解和分析查找出原因，由于该机组役龄较长，线路存在老化现象，发电工搞卫生时将飞轮罩壳上转速传感器线路铜芯碰断，塑料外皮没完全断开，造成发电机启动时转速传感器无信号，调速器电磁阀不工作无法打开高压油泵，造成了柴油机的无法启动。

（3）故障排除及措施

将断开的转速传感器线路重新接好，故障排除。针对该故障采取相应措施，对老化线路做好检查更换，对其他老化元件加强检查更换。

案例 5：卡特 3412C 发电机电瓶故障造成无法启动。

卡特 3412C 发电机，启动前油路正常，电瓶电压正常，启动发电机控制盘显示频闪，启动电机无反应。

（1）故障分析

该卡特 3412C 发电机已累计运转 20000h，未出现拉缸窜气现象，能正常运转；启动电机无反应，首先检查电瓶电压、电瓶连线、启动电机状况好坏，测量两电瓶极桩电压 25V，但测量电瓶与机组搭铁之间的电压为 15V。

（2）故障原因

电瓶极桩虚接，达不到启动电压，造成启动故障。

（3）故障排除及措施

拆除电瓶极桩卡箍，清理电瓶极桩，更换电瓶极桩卡箍，接好电瓶线，紧固电瓶极桩卡箍后测量电瓶正极桩与机组搭铁之间电压为 25V，启动发电机正常，控制屏显示正常，故障排除。该故障应采取的措施是，经常检查电瓶极桩卡箍是否松动，启动电流大接触不牢易产生电打火损坏电瓶极桩及卡箍。紧固好的卡箍及电瓶极桩上涂抹一层润滑脂，避免极桩的氧化及腐蚀。

（三）故障名称：排气冒黑烟，排气声音不均匀，有时伴有放炮声

案例：某队济柴 Z12V190B 型 2# 柴油机，大修机，运转时间为 7600h。正常钻进作业过程中，发现排气冒黑烟，排气声音不均匀，有时伴有放炮声，温度低时，发现 12# 缸有少量的燃油从排气管渗出，怀疑是 12# 缸喷油器工作不正常，更换 3 次喷油器，故障仍未排除。

（1）故障分析

引起这种现象的主要原因是喷油器工作不良、出油阀弹簧断裂、柱塞弹簧断裂以及进排气或个别缸故障。换了 3 次喷油器，故障仍未排除，12# 缸有少量的燃油从排气管渗出，

经过逐步排查，发现12#缸高压油泵挺柱组件正时螺母松动，造成该缸喷油过晚，喷入该缸的燃料在活塞下行中进行，气缸内的温度和压力达不到正常的爆发压力和温度，着火延迟期延长；柴油机负荷重温度高时，部分燃料尚能燃烧，当柴油机负荷轻温度低时，大部分喷入该缸的燃油在排气过程中进入排气管中，造成柴油机燃烧恶化，柴油机冒黑烟，排气声音不均匀，有时伴有放炮声，并有少量的燃油从排气管渗出，一部分燃油随气缸内壁渗入油底壳内，稀释了油底壳的润滑油。

（2）故障原因

最终确定12号缸高压油泵挺柱组件正时螺母松动，引起正时螺钉倒扣，使该缸的供油提前角迟后了18°，主要是单缸柴油机供油提前角不正确造成的故障。

（3）故障排除

调整该缸供油提前角和供油始点间隔角，锁紧挺柱组件正时螺母，试车恢复正常，故障排除。

（四）故障名称：柴油机飞车故障

案例：工况为钻进；故障现象为柴油机出现飞车现象；机型为C济柴12V190B；运转时间为17000h；机况为大修。

（1）故障分析

该柴油机为一大修机，在打完单根卸载后，柴油机转速失去控制。产生飞车现象时，高压油泵齿条处于最大供油位置，怀疑是高压油泵或调速器故障。检查高压油泵，齿条无卡滞，高压油泵边盖拆开，各零部件正常；打开调速器上盖，发现齿条连接杆销钉脱落，调速器有银白色金属碎屑和断裂。

（2）故障原因

长期高负荷运转，零部件老化磨损严重，调速器拉杆与高压油泵齿条连接销磨损严重，导致连接销别针断裂，连接销脱落引起飞车。

（3）故障排除

更换调速器拉杆与高压油泵齿条连接销，更换连接销别针，检查更换磨损的零部件，清理调速器内杂质，疏通油路，更换新油，加强柴油机调速器内连接部件的定期检查。

（五）故障名称：自动停车故障

案例1：某队济柴Z12V190B型1#柴油机，是一大修机，运转时间为100h。正常钻进作业过程中发现柴油机有间断冒黑烟现象，转速不稳，卸掉负荷，柴油机转速上升很快，有飞车的趋势，带负荷后转速下降很快，反复几次，空载运转一段时间后，突然停车。

（1）故障分析

引起这种现象的主要原因是喷油器的工作效率不一致、出油阀弹簧断裂、喷油泵柱塞偶件卡死、喷油泵个别缸油量调节齿圈松动、齿杆卡滞以及调速器缓冲弹簧、飞铁衬套、运动件磨损严重等。根据故障现象，首先检查了柴油机的高压油泵，最后发现柴油机齿条在较大的供油位置不灵活，主要原因是两高压油泵安装精度低，两齿条同轴度偏差大，齿条连接杆与球接头连接又过紧，不能补偿两齿条活动时同轴度偏差，造成齿条活动不灵活，柴油机转速不稳，或自动停车。

（2）故障原因

最终确定是高压油泵齿条连接杆，连接球接头连接过紧，主副泵与支架的垂直度偏差大，造成主副泵齿条连接后活动不灵活，从而出现故障。

（3）故障排除

调整主副泵与支架的垂直度偏差和齿条连接杆连接球接头的松紧度。

案例 2：某队珀金斯发电机组，400kW，1500r/min，新机。运转 100h 后风扇皮带断裂，打坏风扇叶片、风扇护罩，自动停机。

（1）故障分析

考虑到该发电机经过长时间海运，且新机刚磨合保养完成。可能是运输期间颠簸导致机组装配位置发生改变；风扇头总成油封损坏导致轴承润滑油变质；风扇皮带松紧度调整不当；皮带轮系不同轴；局部高温导致风扇皮带老化。

（2）故障原因

经检查发现运输过程中剧烈颠簸造成风扇涨紧轮与曲轴带轮、风扇总成带轮端面平面度误差过大，由于风扇皮带偏磨发热严重失去弹性，过早老化，帘布层剥落导致皮带断裂打坏风扇叶片及风扇护罩。

（3）故障排除

重新调整涨紧轮与机体间隙，保证风扇总成轮槽、曲轴轮槽、涨紧轮轮槽端面一致，更换风扇扇叶、风扇皮带，调整松紧度后试机运转平稳，故障解决。

案例 3：G 济柴 12V190ZL 柴油机，运转时间 860h，新机。钻进工况下，运转时突然出现润滑油压力骤降为 0，自动停车现象。

（1）故障分析

该机为新机投入运行，运转了 860h，设备刚出磨合期按要求维护保养。正常使用柴油机时润滑油应保持足够的压力，保证摩擦副运动表面的润滑、冷却作用。在没有出现超速飞车自动停机的情况下，自动停机主要由润滑系统故障导致。

（2）故障原因

检查油底壳润滑油位确定油量充足，启动柴油机检查发现启动瞬间仪表显示主油道有压力，几秒后油压骤降为 0。检查润滑油压力单向 - 调节阀、油压低自动停车装置后未见明显异常，故障原因集中在润滑油泵及管路故障。拆检外置润滑油泵后未发现明显异常，齿轮组连接润滑油泵的中间传动齿轮跳动异常。进一步检查后发现中间传动齿轮内铜制衬套碎裂，丧失中间轮系传递作用，导致润滑油泵失去动力，无法保证润滑油流动性及润滑压力。

（3）故障排除

由于在柴油机保修期内且增压 2000 型 190 柴油机齿轮系安装位置具有特殊性，现场无法修理。逐级汇报公司，协调济柴 190 柴油机厂家及修理厂家尽快安排技术人员到井确认故障信息，安排进厂修理。

二 发电机组常见故障案例

案例 1：卡特 3512B 型柴油发电机组，功率 1200kW，转速 1500r/min，柴油发电机组 1500r/min 高速运转时，输出三相交流电压 600V。正常钻进作业时，突然一台发电机主断路器跳闸，检查发现柴油机仍在高速运转，但发电机输出电压仅 40V 左右，同步控制器具有欠压保护功能，使主断路器分闸。

（1）故障分析

柴油机运转正常，发电机输出电压 40V，需检查励磁回路是否正常，引起励磁回路故障的原因主要有励磁板 DC24V 供电故障、励磁机供电故障、励磁机损坏、电压互感器故障等；通过现场对发电机的检查和测量，发现该发电机励磁机三相绕组开路，无法形成有效磁场从而使发电机输出电压低，主断路器跳闸。

（2）故障原因

通过检测确定该故障原因为发电机励磁机三相绕组前端熔断器固定座插针接触不良，导致励磁机工作不良，发电机输出电压低，主断路器跳闸。

（3）故障排除

重新打磨、固定该熔断器固定座插针，测量励磁机三相绕组正常后试车，发电机输出电压正常，故障排除。

案例 2：卡特 3512B 柴油发电机组，发电机整体拆除送回厂家检修。回装后，启动发电机发现输出电压为零。

（1）故障分析

根据现场情况分析出现发电机输出电压为零的原因有发电机励磁模块故障、发电机柜内线路调压板故障、发电机控制屏反馈信号故障、woodward 控制器程序故障、电压检测系统故障等。

（2）故障原因

经检测发现发电机励磁模块烧毁，无法正常工作，发电机输出电压为零。

（3）故障排除

更换发电机励磁模块后，对发电机进行重新充磁，试车运行，输出电压 600V，故障排除。

案例 3：卡特柴油发电机组型号为 3516B；发电机型号为 SR4B；额定转速为 1500r/min。两台发电机并机使用正常运转，突然出现逆功故障，母排电压降至 570V 左右，无法满足正常工作需要。

（1）故障分析

发电机逆功，母排电压降低，初步判断为出现逆功故障的发电机引起压降，断开逆功故障发电机断路器，母排电压恢复至600V。发电机发电过程与CDVR（调压板）和励磁线圈有关，启动发电机怠速运转，测得发电机端子排励磁电压15V，电压不超过20伏，用万用表检查熔断器正常。拆开发电机端盖，检查励磁线，发现其中一根导线接触不良，重新紧固该导线。试运行发电机，怠速电压302V正常，满速输出电压600V正常，并网正常。

（2）故障原因

发电机运转振动大，震脱励磁线，失去励磁电流后发电机输出电压远小于系统电压，母排电压降低，发电机出现逆功现象。

（3）故障排除

重新紧固励磁线，试车恢复正常。

案例4：卡特3512B发电机组，1200kW，转速1500r/min。钻进工况下，准备倒1#发电机使用。空载至并车几分钟后跳闸，转速降低，自动停机，再次启动无怠速、不爆发、排气无烟。

（1）故障分析

根据现场情况分析出现发电机跳闸、自动停机的原因有电控房故障、发电机燃油系统故障、发电机电控故障等。

（2）故障原因

断路器跳闸多数由于电压、频率过低或过高导致脱扣线圈脱扣。转速下降，停车可能是燃油系统、电控系统故障导致。经检查机体电控部分正常，润滑系统正常，SCR房内断路器结构完好，功能正常。故障的原因只能从燃油系统分析。经过逐级检查发现发电房底部靠近1#发电机的进油管线有渗漏，导致油路进空气自动停机。

（3）故障排除

处理油路泄漏问题，应先将管线排空。单独外接进回油连接故障发电机，多次启动后机组油路排空完毕，具备正常启动的条件。连接主油路后试机运转正常，带载观察运转正常，故障解除。

案例5：沃尔沃400kW发电机启动后运转正常，但电压表显示无电压。

（1）故障分析

沃尔沃400kW电喷发电机运转无电压输出，应先检查电压表好坏、互感器好坏、励磁线圈、主线圈、旋转整流器等部件。

（2）故障原因

通过拆卸检查，发现旋转整流器上的压敏电阻烧损。由于旋转整流器长时间运转导致表面聚集了很多灰尘，而空气潮湿使得表面的灰尘引起短路，烧损了压敏电阻，导致旋转整流器无电压输出，主励磁绕组不发电。

（3）故障排除

更换旋转整流器上的压敏电阻，故障排除。应定期清理电球内部线圈及元件上的灰尘，防止灰尘受潮短路。

案例6：卡特3512B柴油机组，线上一台柴油发电机组正在正常运行，准备启动另外一台柴油发电机时，发现柴油发电机无法正常启动，只是在气马达的带动下空转而不爆发，试启动其余 3 台，发现同样的问题。下线在用发电机组，发电机自动停机。

（1）故障分析

由于长期搬家，油路内未排净空气导致供油不畅；沙漠地区路面颠簸，容易造成线路虚接；另外，常年高温地区使用，线路易提前出现氧化老化现象。

（2）故障原因

搬迁前发电机组运转正常，搬家安装后发现发电机组不能正常启动，先排除供油管路问题，以及柴油罐滤芯等问题。排除柴油发电机进油问题后，检查 HOC 电池，测量电池电压为 24V，测量 593–597 端子电压为 28V，检查发现与 HOC 电池连接的 289 号、298 端子线虚接，导致直流组件、调速模块供电电压不足无法正常工作，发电机无法启动。

（3）故障排除

处理 24V 电瓶极桩氧化，处理 289 号、298 号线固定连接。相关线路松动、虚接后顺利启动，试运转平稳，故障解决。

案例 7：卡特 C18 发电机正常运转时，机头罩壳 4 缸凸轮轴支撑轴承处外表面油漆烧黑，伴随敲击声增大，迅速卸载停机，待机组冷却后查找原因。

（1）故障分析

机组冷却后拆解机头罩壳，发现烧损部位为 4 缸凸轮轴支撑的轴承部位，其余各轴承处也存在缺油问题。凸轮轴轴承缺油造成轴瓦抱轴跑外圆，轴瓦烧损外表面漆面烧损。分析凸轮轴油道缺油，了解维护保养情况正常，滤子使用 450h 还未到更换周期，润滑油压力也正常。

（2）故障原因

通过综合分析，判断为凸轮轴油道堵塞，进厂拆解检查，发现机体自由端通往凸轮轴的油道内有滤纸堵塞情况。

（3）故障排除

检查其余缸的磨损情况，检查凸轮轴烧损情况（是否必须更换）切开使用的滤芯，滤芯的滤纸被吸入柴油机凸轮轴油道，造成故障。采取措施查找落实滤芯生产厂家、使用时间。相应缩短润滑油滤芯更换周期；采购原厂家滤芯。

案例 8：卡特 3512B 发电机，机头罩壳被喷油器顶裂，打开机头罩壳发现喷油器压板螺栓断裂，油底壳润滑油有轻微乳化现象，缸套、连杆、螺栓等部位表面出现锈蚀。

（1）故障分析

该卡特 3512B 发电机累计运转 5000h，平时使用网电，每半个月带负载运转一次，从故障现象中看出，发电机有进水的可能，防冻液的液位正常，排除防冻液泄漏。由于排气管法兰密封不严，下雨时，雨水从法兰平面流入缸内。

（2）故障原因

由于日常搬家拆卸排气管，安装法兰时未安装密封垫，雨水顺法兰平面流入气门处于开启状态的缸内，雨水一部分存于缸内，一部分顺缸壁漏入油底壳，启车时未盘车，直接启车造成顶缸，喷油器由一个压板螺栓固定比较薄弱，缸内的雨水受压将喷油器压板螺栓顶断，喷油器被顶出，顶烂了机头罩壳。

（3）故障排除

取出喷油器压板断螺栓，拆卸缸盖，清理缸内积水，更换顶坏的喷油器，更换机头罩壳，更换润滑油。采取措施：密封排气管安装法兰，启动发电机之前必须盘车 2 周以上。

案例 9：威尔逊 500kW 发电机气门弹簧断裂，气门关闭不严，敲击活塞声音异常。

（1）故障分析

该威尔逊 500kW 发电机已累计运转 23000h，气门弹簧应属于疲劳断裂，拆解缸盖后发现，气门大头磨损严重，密封锥面已磨平。

（2）故障原因

通过分析得知，威尔逊 500kW 发电机气门弹簧断裂故障是疲劳损坏造成的。

（3）故障排除

更换所有气门、气门座研磨做好密封试验，更换所有气门弹簧。采取措施：针对使用到该年限的发电机进行预防性维修，更换气门、气门座、气门弹簧。

案例 10：某队营地发电机，运转时间为 12060h；机况为新；故障现象为柴油机振动异常。

（1）故障分析

新机投入运行，且运转了 12060h，未大修，按时维护保养，运转时不平稳，机组摆动明显，怀疑基础不平、机组底座固定螺栓松脱或机脚减震胶皮老化。

（2）故障原因

柴油机使用时间较长，各零部件运转时间过长，配件疲劳磨损严重，运转时机体摆动导致机体固定处松脱，严重时将会导致曲轴故障。通过检查发现发电机组自由端与发电房地板固定两侧压板螺丝滑扣，自由端两侧机脚减震胶皮老化严重，橡胶件失去弹性。

（3）故障排除

更换、紧固发电机组与发电房地板固定螺栓，更换发电机组机脚减震胶皮。试运转观察，振动消失，故障解决。

三 其他设备常见故障

案例 1：寿力螺杆压缩机窜气，停止加载后，从空气滤清器处向外窜气。

（1）故障分析

最小压力阀关闭不严，阀芯卡滞，进气阀密封不严等。

（2）故障原因

由于该寿力螺杆压缩机与活塞式压缩机共同使用，使用活塞式压缩机时，气体反复作用在最小压力阀阀芯上，造成最小压力阀阀芯损坏，关闭不严。

（3）故障排除

检查进气阀密封性，更换最小压力阀。

案例 2：液力耦合器减速箱无动力输出，液力传动油中有大量金属末。

（1）故障分析

液力耦合器减速箱，涡轮轴端部的轴承是由扁螺母及齿形锁片固定的，由于长时间运转，齿形锁片失效，固定轴承的扁螺母松动，涡轮产生摆动碰撞泵轮，造成损坏。经过统计分析，液力耦合器减速箱运转时间在 15000h 以上后，发生故障多数是由此处造成。

（2）故障原因

由于长时间运转，固定涡轮轴承的扁螺母锁片失效，扁螺母松动，造成涡轮、泵轮碰撞损坏。

（3）故障排除

修理更换泵轮、涡轮。采取措施：

①将齿形锁片加厚，增加强度。

②重新加工固定扁螺母上开槽，在槽中钻孔攻丝安装小螺栓，通过紧固螺栓改变丝扣间预紧力，达到扁螺母防松的目的。

③根据使用时间进行预防性维修。

案例 3：并车箱空套轴承空转时摆动严重。

（1）故障分析

空套轴承磨损、空套轴承内轨在轴上松动、空套轴承外轨松动造成间隙大摆动。空套轴承多是维修过的，使用 2 年左右再次损坏。

（2）故障原因

空套轴承的内轨在轴上松动后将轴径磨细，多数修复方法是在轴径上进行滚花处理，修复后使用寿命短。空套轴承外轨松动间隙变大之后，通过焊补再车削到装配尺寸，由于车削的精度不高，装配的空套轴承在使用 2 年后，又会产生松动。

（3）故障排除

更换轴承，修复轴承配合表面。采取措施：加强修理质量把控，对空套轴承内轨配合轴径可以采用冷焊补板工艺恢复装配尺寸；对焊修车削后的空套轴承外轨配合面进行精磨。

案例 4：工况为下套管作业，故障现象为耦合器呼吸口有大量油气喷出，机型为 YOZJ750–21FLSh；运转时间为 17777h；机况为大修。

（1）故障分析

该柴油机为大修机，下套管作业期间耦合器呼吸口有油气喷出，怀疑是油量过多或者是油路堵塞，检查油位，发现油位正常，清洗滤清器发现有银白色金属碎屑。

（2）故障原因

长期高负荷运转，耦合器零部件老化磨损严重，产生大量金属碎屑，影响油质，造成油路堵塞，油温升高，腔内憋压，大量油气从呼吸口喷出。

（3）故障排除

拆解检查，清理油底壳杂质，疏通油路，检查更换磨损的零部件，更换新油，定期清理滤清器。

安全风险提示：

①穿戴好劳保用品，严格执行安全操作规程。

②除非已经熟知操作和保养手册里的说明和警告，否则不要操作发动机。

③排除电气设备故障前，必须断开电源，严格落实能量隔离与挂牌上锁制度。

④排除电气设备故障前，必须确保设备已经可靠接地，接地电阻小于 4Ω。

⑤严禁随意触摸运转设备的旋转部位。

⑥作业现场应配备规定数量的灭火器，工作人员必须熟知灭火器的使用方法。

⑦发动机运行时滤清器含有高温高压液体。遵循控制阀上的说明以避免造成伤害。

⑧确保所检查验收设备的卡箍、护板和隔热板安装正确。

⑨高处作业时，应系好安全带，严格执行高处作业的操作规程及安全要求。

⑩其他安全注意事项，执行相关规定。

思考题

1. 常见的柴油机故障有哪些？
2. 柴油机早期磨损的主要原因有哪些？
3. 电喷柴油机故障判断的基本原则及方法有哪些？
4. 怎样才能更好地预防柴油机故障的发生？
5. 用常规参数测量法排除的发电机故障主要有哪些？
6. 发电机组常见的故障主要有哪些？
7. 柴油机功率不足的主要原因有哪些？
8. 柴油机启动困难的主要原因有哪些？

扫一扫
获取更多资源

参考文献

[1] 许乃强，蔡行荣，庄衍平 . 柴油发电机组新技术及应用［M］. 北京：机械工业出版社，2018.

[2] 孟祥卿，蒋华东 . 电驱动石油钻机电气技术［M］. 北京：石油工业出版社，2015.

[3] 杨成慧 . 智能仪表技术［M］. 北京：北京大学出版社，2017.

[4] 孙玉霞，李双喜，李继和 . 机械密封技术［M］. 北京：化学工业出版社，2014.

[5] 孙开元，郝振洁 . 机械密封结构图例及应用［M］. 北京：化学工业出版社，2017.

[6] 路秀广，马春成，于水 . 钻井柴油机故障诊断与排除［M］. 青岛：中国石油大学出版社，2017.

[7] 黄志坚 . 润滑技术及应用［M］. 北京：化学工业出版社，2015.

[8] 杨维俊 . 电控柴油发动机结构原理与维修［M］. 北京：机械工业出版社，2015.

[9] 杨贵恒 . 内燃发电机组技术手册［M］. 北京：化学工业出版社，2015.

[10] 程瑞亮 . 石油钻井设备使用与维护［M］. 北京：石油工业出版社，2015.

[11] 乐嘉谦 . 仪表工手册［M］. 北京：化学工业出版社，2003.

[12] 刘圣华，周龙保 . 内燃机学［M］. 北京：机械工业出版社，2017.

[13] 郭建樑 . 柴油发动机高压共轨电控系统原理与故障检修［M］. 北京：机械工业出版社，2015.

[14] 中国石油天然气集团公司人事服务中心 . 钻井柴油机工［M］. 青岛：石油大学出版社，2004.

[15] 孙松尧 . 钻井机械［M］. 石油工业出版社，2006.

[16] 张桂林，王吉坡，路秀广 . 石油钻井工［M］. 中国石化出版社，2014.

[17] 宁辰校 . 气动技术入门与提高［M］. 化学工业出版社，2021.

[18] 李新德 . 气动元件与系统［M］. 中国电力出版社，2015.

[19] 中国石油天然气集团公司职业技能鉴定指导中心 . 钻井柴油机工［M］. 青岛：中国石油大学出版社，2011.

附录

附录 1　设备润滑油使用推荐及润滑表

附表 1-1　济柴 Z12V190B、G 济柴 12V190PZL 型柴油机润滑表

序号	润滑部位	加油位置	润滑油（脂）牌号	加油周期 /h	备注
1	调速器	油塞孔	CF-415W-40（夏）10W-30(冬）柴油润滑油	100	加至内燃机油刚从侧面螺堵孔流出
2	喷油泵（两处）	油标尺座孔 2		100	机器加油时油面应保持在二刻线内
3	油底壳	呼吸器		250	
4	气动预供油泵	支撑盖板和中间体油孔		250	
5	油雾器	油塞孔		250	
6	喷油泵传动装置齿轮联轴器	螺堵孔	3 号石墨锂基润滑脂或二硫化钼锂基润滑脂	250	
7	连接器	直通式压注油杯		250	
8	水泵（两处）	动静环结合表面	“7903” 密封润滑脂	3000	
9	操纵装置	各运动件结合表面	夏：NLGI3 冬：NLGI1 极压锂基润滑脂	750	
10	气动马达	油杯		250	
11	防爆装置	各运动件支撑部位		750	
12	风扇轴	直通式压注油杯		750	
13	气囊离合器导气装置	螺堵孔		750	
14	风扇传动轴承处	直通式压注油杯		750	

附表 1-2　A 济柴 12V190PZL、BL 济柴 12V190PZL 柴油机润滑表

序号	润滑部位	加油位置	润滑油（脂）牌号	加油周期 /h	备注
1	电液调速器	上端盖	美孚多威力 1 号	1000	加至液面观察孔刻度位置
2	液压调速器	上端盖	透平油	1000	
3	喷油泵	油标尺座孔 2	CF-4 或 CH-415W-40（夏）10W-30（冬）柴油内燃机油	100	
4	油底壳	呼吸器		250	柴油机工作时，油面应保持在高低刻线之间
5	预供油泵、机油泵	支撑盖板和中间体油孔		250	
6	喷油器	油塞孔		250	
7	喷油泵传动装置	螺堵孔	3 号石墨锂基润滑脂或二硫化钼锂基润滑脂	250	
8	连接器	直通式压注油杯		250	
9	水泵（两处）	静动环结合表面	“7903”密封润滑脂	3000	

续表

序号	润滑部位	加油位置	润滑油（脂）牌号	加油周期 /h	备注
10	执行机构	各运动件结合表面	夏：L-XBCHB3 冬：L-XBCHB1 极压锂基润滑脂	250	
11	气动马达	油杯		250	
12	防爆装置	各运动件支撑部位		750	
13	风扇轴	直通式压注油杯		750	
14	风扇传动轴承处	直通式压注油杯		750	

附表 1-3　液力耦合器润滑表

序号	润滑部位	加油位置	润滑油（脂）牌号	加油周期 /h	加油量 /L	备注
1	油底壳	呼吸器	夏：6 号液力传动油 冬：8 号液力传动油	按质换油	370L	油标尺刻度
2	风扇轴承	油嘴	夏：NLGI3 冬：NLGI1 极压锂基润滑脂	150	50	
3	风扇传动轴承	油嘴		150	50	

附表 1-4　VOLVO 柴油发电机润滑表

序号	润滑部位	加油位置	润滑油（脂）牌号	加 / 换油周期 /h	加油量 /L	备注
1	油底壳	呼吸器	VDS-2CF15W-40 或 APICH-415W-40	250	油标尺两刻度之间	每班检查
2	风扇传动轴	轴承 1 处	KluberAsonicGHY72 润滑脂	维修时一次性涂抹	200	
3	风扇传动轴惰轮	1 处			100	
4	发电机	支撑轴承 2 处			250	
5	冷却箱＋机身＋管道	冷却箱上部	VOLVOPENTA 冷却液（乙二醇）	2 年或 5000h	44L	每班检查
6	机油滤芯	3 只		250		250h 更换一次
7	燃油滤芯	2 只		800		800h 更换一次

附表 1-5　卡特柴油发电机组润滑表

序号	润滑部位	加油位置	润滑油（脂）牌号	加 / 换油周期 /h	加油量 /L	备注
1	油底壳	呼吸器	CF15W40 或 APICH-415W40	250	油标尺两刻度之间	每班检查油位、油质
2	风扇传动轴	轴承 1 处	KluberAsonicGHY72 润滑脂	维修时一次性涂抹	150	
3	风扇传动轴惰轮	1 处			100	
4	发电机	支撑轴承 2 处			250	
5	机油滤芯	3 只		250		250h 更换一次
6	燃油滤芯			1000		1000h 更换一次
7	风机、水泵油脂	轴承		250		
8	冷却液			500		500h 更换一次

附表 1-6　威尔逊柴油发电机组润滑表

序号	润滑部位	加油位置	润滑油（脂）牌号	加 / 换油周期 /h	加油量 /L	备注
1	油底壳	呼吸器	CF15W40 或 APICH-415W40	250	油标尺两 刻度之间	每班检查油位、 油质
2	风扇传动轴	轴承 1 处	KluberAsonicGHY72 润滑脂	维修时一次性 涂抹	150	
3	风扇传动轴惰轮	1 处			100	
4	发电机	支撑轴承 2 处			250	
5	机油滤芯	3 只		250		250h 更换一次
6	燃油滤芯			1000		1000h 更换一次
7	风机、水泵油脂	轴承		250		
8	冷却液			500		500h 更换一次

附表 1-7　LS12/50HH 螺杆压缩机润滑表

序号	润滑部位	加油位置	润滑油（脂）牌号	加 / 换油周期 /h	加油量 /L	备注
1	螺杆压缩机	机头	Sullube32 或 24KT 寿力螺杆压专用油	8000	30	每班检查
2	机油滤芯	2 处		500		清理或更换
3	冷却器	1 处		500		检查
4	主电机	3 只	MPEGNLGI2#GNLGI0# （冬）	2000	100	维修时一次性加注
5	电机风扇				100	
6	空气滤清器	1				1000h 更换一次

附表 1-8　SRC 单螺杆压缩机系统流程表

序号	润滑部位	加油位置	润滑油（脂）牌号	加 / 换油周期 /h	加油量 /L	备注
1	螺杆压缩机	机头	Rs32 或 46 单螺杆压缩机专用油	5000	30	每班检查
2	机油滤芯	2 处		500		清理或更换
3	冷却器	1 处		500		检查
4	主电机	3 只	夏：NLGI3 极压锂基脂 冬：NLGI1 极压锂基脂 或 7022 低温极压锂基脂或 2# 硫化钼极压锂基脂	1000	100	维修时一次性 加注
5	电机风扇				100	
6	空气滤清器	1				1000h 更换一次

附表 1-9　2V-6.5/12 电动、自动压缩机润滑表

序号	润滑部位	加油位置	点数	润滑油（脂）牌号	加 / 换油周期 /h	加油量 /L	备注
1	油底壳、油 泵、机油滤	呼吸器	1	CF-415W40	250	油标尺两刻 度之间	每班检查油位， 按质换油
2	风扇轴承	油嘴	1	夏：NLGI3 极压锂基脂 冬：NLGI1 极压锂基脂 或 7022 低温极压锂基脂 或 2# 硫化钼极压锂基脂	150	50	每班检查
3	传动轴承	油嘴	2			100	
4	导气龙头	油嘴	1			30	

附表 1-10　1VF-3/8、2V-3/8 电动压风机润滑表

序号	润滑部位	加油位置	点数	润滑油（脂）牌号	加 / 换油周期 /h	加油量 /L	备注
1	油底壳、油泵、机油滤	呼吸器	1	CF-415W40	250	油标尺两刻度之间	每班检查油位，按质换油
2	风扇轴承	油嘴	1	夏：NLGI3 极压锂基脂 冬：NLGI1 极压锂基脂 或 7022 低温极压锂基脂 或 2# 硫化钼极压锂基脂	150	50	每班检查
3	电机	轴承	2		500	100	

附录 2　卡特柴油机相关技术数据

附表 2-1　卡特 3500 系列柴油机部分修理数据查询表

序号	零部件名称	规定要求	技术数值	备注
1	缸径	标准值	170.025mm ± 0.025mm	
		极限值	170.152mm	
		维修值	170.152mm ± 0.025mm	二次维修值
			170.229mm ± 0.025mm	三次维修值
2	上部气环	标准值	0.625mm ± 0.125mm	
		极限值	0.860mm	
3	中间气环	标准值	1.000mm ± 0.150mm	
		极限值	1.400mm	
4	油环	标准值	0.700mm ± 0.190mm	
		极限值	0.940mm	
5	活塞销轴径	标准值	69.962mm ± 0.005mm	
		极限值	69.930mm	
6	连杆小头孔径	标准值	70.000mm ± 0.008mm	
		极限值	70.050mm	
7	连杆孔径	标准值	143.028mm ± 0.015mm	去瓦测量
		标准值	135.147~135.206mm	加瓦测量
8	连杆轴径	标准值	135.00mm ± 0.025mm	
		极限值	134.893mm	
		维修值	134.370mm ± 0.025mm	二次维修值
			133.730mm ± 0.025mm	三次维修值
9	曲轴扰度	标准值	0~0.040mm	
		极限值	0.05mm	
10	主轴径	标准值	160.000mm ± 0.025mm	
		维修值	159.370mm ± 0.025mm	二次维修值
			158.730mm ± 0.025mm	三次维修值
		压铅标准值	0.122~0.200mm	
		压铅极限值	0.241mm	
11	进气门杆	标准值	9.441mm ± 0.008mm	
		极限值	9.361mm	
12	排气门杆	标准值	9.441mm ± 0.008mm	
		极限值	9.361mm	

续表

序号	零部件名称	规定要求	技术数值	备注
13	进气门导管	标准值	9.487mm ± 0.025mm	
		极限值	9.540mm	
14	摇臂孔径	标准值	37.140mm ± 0.015mm	
		极限值	37.750mm	
15	摇臂轴颈	标准值	37.084mm ± 0.013mm	
		极限值	37.055mm	
16	进气门弹簧	标准值	62.500mm	
		极限值	62.100mm	
17	连杆瓦	标准值	135.133 ~ 135.194mm	

附表 2-2 卡特 3500 系列柴油机部分安装扭矩值查询表

序号	旋紧部件名称	旋紧扭矩	备注
1	连杆螺栓	90N · m ± 5N · m	第一次旋紧
		再旋转 90°	第二次旋紧
2	单体泵螺栓	75N · m ± 7N · m	
3	气门摇臂螺栓	136N · m ± 5N · m	机械柴油机
		215N · m ± 40N · m	电喷柴油机
4	主轴瓦	150N · m ± 10N · m	第一次旋紧
		再旋转 180°	第二次旋紧
5	缸盖螺栓	30N · m ± 5N · m	第一次旋紧
		400N · m ± 35N · m	第二次旋紧
		575N · m ± 20N · m	第三次旋紧
6	缸盖小螺栓	55N · m ± 10N · m	

附表 2-3 卡特 3406 柴油机部分修理数据查询表

序号	零部件名称	规定要求	技术数值	备注
1	曲轴轴颈	标准值	120.650mm ± 0.020mm	
2	连杆轴颈	标准值	90.000mm ± 0.020mm	
3	曲轴弯曲度	极限值	0.0125mm	
4	曲轴轴向间隙	极限值	0.890mm	
5	飞轮四点定位	极限值	0.150mm	
6	缸套内径	标准值	137.185mm ± 0.030mm	
7	气环	标准值	0.724mm ± 0.190mm	
8	油环	标准值	1.080mm ± 0.190mm	
9	活塞销孔	标准值	55.436mm ± 0.013mm	

附表 2-4　卡特 3406 柴油机部分安装扭矩值查询表

序号	旋紧部件名称	旋紧扭矩	备注
1	高压油管	40N・m ± 7N・m	
2	油嘴压盖	48N・m ± 7N・m	
3	喷油器套	205N・m ± 14N・m	
4	缸盖螺栓	270N・m ± 25N・m	第一次旋紧
		470N・m ± 20N・m	第二次旋紧
5	主轴瓦	258N・m ± 14N・m	第一次旋紧
		120° ± 5°	第二次旋紧
6	连杆螺栓	90N・m ± 8N・m	第一次旋紧
		90° ± 5°	第二次旋紧
7	带螺母的连杆螺栓	80N・m ± 6N・m	第一次旋紧
		120° ± 5°	第二次旋紧